건축개론

울산대학교 건축학부 지음

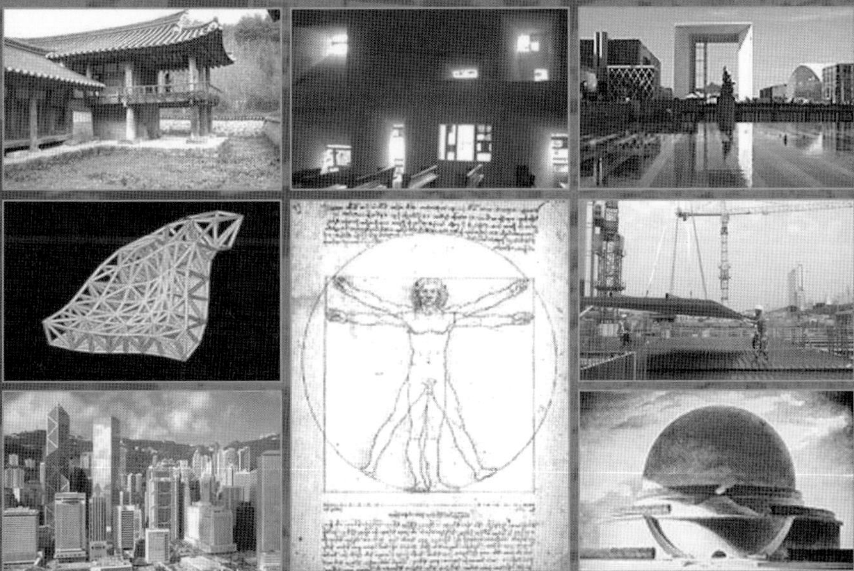

UUP

건축개론

2016년 8월 30일 초판 5쇄 발행
2011년 2월 28일 초판 4쇄 발행
2011년 2월 28일 초판 3쇄 발행
2007년 2월 22일 초판 2쇄 발행
2006년 2월 19일 초판 발행

지은이 임 충 신 외 공저
발행인 오 연 천
발행처 UUP(울산대학교출판부)
680-749 울산광역시 남구 대학로 93
☏ 052-259-2488, FAX. 277-3011
등록 제 370-1996-000001호(1996.3.13)

ISBN 978-89-7868-942-7 정가 11,000원

머 리 말

건축은 매우 폭이 넓은 분야이다. 건축은 물리적 구축물로서의 건축과 그 안팎에서 일어나는 인간 활동을 모두 포괄하는 분야이기 때문이다.

건축개론은 건축분야에 새로이 입문하는 초심자들로 하여금 건축에 대하여 넓고 얇게 이해시키기 위한 과목이다. 건축개론은 건축이 무엇인가에서부터 시작하여 건축의 역사, 건축이 포괄하는 기본적 개념인 공간, 환경, 구조, 기능, 형태, 표현 등을 다룬다. 이러한 개념들은 건축교육에서 각기 하나의 분야로서 교과과정의 골격을 이루고 있는 개념들이기도 하다.

신입생들이 건축에 대해서 폭넓게 이해하는 일은 매우 중요하다. 상급반으로 진급하면서 건축학/건축공학 전공을 선택해야하기 때문이기도 하고 또 매 학기 수강과목을 선택하는데도 교과목에 대한 예비지식이 필요하기 때문이다.

건축은 빠르게 변화하는 분야다. 2006학년도부터는 건축개론의 포괄적인 성격에 맞춰 여러 교수들이 분야별로 분담하여 교재를 만들어 수업하기로 하였다. 신입생들이 한 교수의 생각보다 여러 교수의 다양한 생각을 접할 수 있다면 그것이 변화하는 건축의 시대적 요구에 따르는 길이라고 믿는다.

신입생들은 이 책을 전문서라기보다는 하나의 안내서로 보기 바란다. 건축의 복합성은 이미 한정된 정보로 포괄할 수 있는 범위를 넘어섰으며 건축의 다양성은 이미 한 사람의 생각으로 정의할 수 있는 범위를 넘어섰다. 신입생들은 복합성과 다양성의 바다 위를 가는 항해자와 같다. 목적지는 항해자가 스스로 정할 노릇이다. 이 과정에서 건축개론서가 등대의 역할을 할 수 있다면 매우 다행한 일이다. 건축개론 수업이 끝날 때쯤 중간 목적지라도 가늠할 수 있다면 더욱 다행한 일일 것이다.

건축의 길은 긴 여정이다. 처음 몇 해로 성패가 갈리는 분야와는 거리가 멀다. 건축에 왕도가 따로 없다. 길이 하나만 있지도 않다. 처음에는 넓게 펼치고 나중에 좁혀가야 한다. 지름길을 찾아 요령을 피우기보다 정도를 찾아 끈기를 갖고 한발자국씩 앞으로 가야 한다. 이 책은 상급반 학생들에게 건축공부의 심도를 높이는 데 길잡이가 되고 졸업생들에게는 평생교육의 도우미가 되기를 기대한다.

이 책을 펴내는데 애써주신 울산대학교 건축대학 교수님들께 감사드린다.

교수님들은 평상적인 교육, 연구, 봉사의 일에 더하여 건축대학 설립에 따른 일, 건축학/건축공학 두 분야의 인증에 따른 일, 그 밖의 모든 번거로운 일을 무릅쓰고 원고를 마감해 주셨다. 원고 편집을 마무리해 준 대학원 최호현 군에게도 감사한다. 앞으로도 여러분이 계속해서 손볼 일을 생각하면 이 책은 끝이 아닌 시작인지라 감사보다 미안한 감이 앞선다.

2006년 2월

대표저자 임 충 신

차 례

제 1 장 *좋은 건축이란 무엇인가?*

임 충 신

1-1. 집은 왜 짓나?

1-2. 건축은 삶을 담는 그릇이다

1-3. 건축에 대한 여러 사람들의 생각

1-4. 좋은 건축이란 무엇인가?

1-1. 집은 왜 짓나?

1-1-1. 동물의 집

많은 동물들이 종의 번식이나 생명의 유지, 또는 집단 생활의 영위를 위해 본능적으로 집을 짓는다. 동물의 집은 다양한 재료와 구조를 이용하여 다양한 형태로 지어진다. 동물들은 모자라지도 남지도 않게 짓는다. 다른 동물들이 쓰다가 버린 빈 집을 고쳐 쓰기도 하고 헌 재료를 다시 쓰기도 한다. 별다른 재료 없이 나무나 흙에 굴을 파서 집으로 쓰기도 하고, 나뭇가지, 지푸라기, 흙, 돌 등 주변에서 쉽게 구할 수 있는 재료를 이용하여 소박한 집을 짓는다. 오늘날 환경보존의 최대 이슈인 '지속가능성'의 모범적인 사례라고 할 수 있다. 최소한의 재료를 효율적으로 쓰므로 구조적으로도 효율적이며 보통 직선보다는 자연친화적인 곡선으로 되어 있다.

(1) 새둥지

새들은 알을 낳고, 품고, 새끼가 부화하여 날기까지 보살피기 위해 둥지를 튼다. 나뭇가지에 잔가지를 얼기설기 엮어 지붕 없이 오목한 둥지를 틀거나 지붕을 덮어 굴처럼 만들기도 하며 풀을 주머니처럼 엮어 매달기도 한다. 딱따구리는 별다른 재료 없이 나무에 구멍을 파서 둥지로 쓴다. 제비는 흙을 침으로 개어 시멘트를 만들어 제법 오래가는 집을 지으며 다음 해 다시 이용하기도 한다.

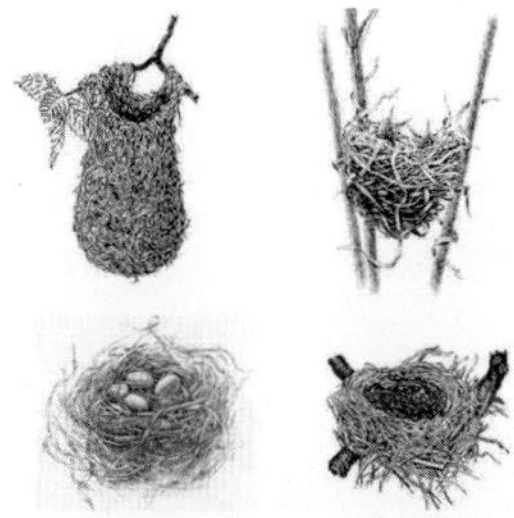

<그림 1-2> 새둥지

(2) 설치류의 굴집

설치류들은 자손 번식과 천적으로부터의 보호를 위해 땅굴을 파서 집을 만든다. 안전을 위해 입구를 여러 개 둔다.

<그림 1-3> 런던 지하철역

(3) 곤충의 집

개미와 벌은 조직생활을 하는 대표적인 곤충으로서 양육, 보관 등 다양한 용도의 공간을 갖춘 집을 짓는다. 개

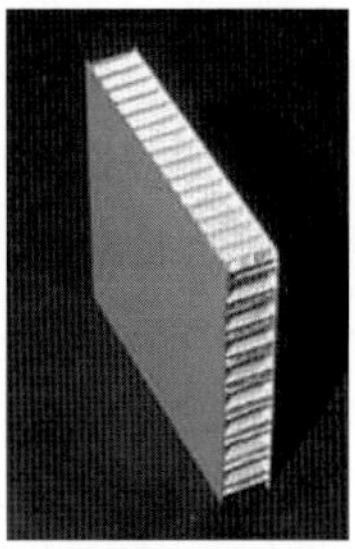

<그림 1-4>
벌집구조를
이용한 문짝

미는 굴을 파서 집을 짓는데 용도에 따라 다른 방들을 만든다. 벌은 밀납으로 육각형 격자식 평면으로 된 집을 짓는다. 가벼운 재료로 만든 벌집구조(beehive)는 건물의 문짝이나 비행기 제작에 응용되기도 한다.

(4) 거미줄

거미는 몸에서 실을 뽑아 케이블 구조로 거미줄을 친다. 거미줄은 날아다니는 먹이를 포획하기 위한 것이다.

지속가능성(sustainability)

자연계의 순환의 논리에 맞게 생산, 이용, 처리함으로써 자연계 존속에 부담을 주지 않는 성질을 의미한다. 예컨대 화석연료 사용은 비순환적 변화를 초래하므로 지속불가이며, 태양열 이용은 지속가능하다.

1972년 스톡홀름에서 열린 유엔 인간 환경회의, 1987년 브룬트란트에서 열린 환경과 개발에 관한 세계회의, 1992년 리우에서 열린 유엔 환경개발회의 등을 통해 '지속가능성'을 향한 세계의 공동노력이 구체화되고 있다.

1972년, UN인간 환경 회의(스톡홀름)는 United Nations Environment Programme(UNEP)를 설립하기로 결의했다. 각국의 정부는 습지의 보호, 멸종위기의 생물 무역의 규제 등의 생물종에 대한 문제를 다루는 여러 지역적, 국제적 조약에 서명을 했다. 독성 화학물이나 공해에 대한 규제와 함께 이런 조약들은 멸종의 속도를 늦추기는 했지만 종을 보존하지는 못했다. 예를 들어, 어떤 동물이나 식물을 취하고 파는 행위를 규제하는 국제적 협의는 과도한 수확과 밀렵을 감소시켰다.

1987년에, 환경과 개발에 관한 세계 회의 (Brundtland 회의)는 경제적 개발은 반드시 생태학적으로 덜 파괴적이어야 한다고 결론을 내렸다. Our Commission Future라는 획기적인 보고서에는 다음과 같은 말들이 있다: "인간성은 지속 가능한 개발을 할 수 있는 능력을 가지고 있다-후세대가 그들의 욕구를 충족시키는 능력에 배치됨이 없이 현재의 욕구를 충족시키는 개발을 할 수 있는 능력을 가지고 있다." 보고서는 또한 "환경적으로 건전한 경제개발의 새 시대"를 요구했다.

1992년, 브라질 리우 데 자네이루의 UN 환경 개발 회의에서 세계의 지도자들이 만나는 역사상 가장 큰 회의가 열렸다. "지구 정상회담"에서 두개의 협의 사항을 포함하는 역사적인 협정이 체결되었다. 하나는 이산화탄소와 같이 온실효과를 일으키는 가스들의 방출을 대상으로 하는 기후 협약이고, 다른 하나는 생물 다양성을 보존과 지속 가능한 사용을 최초로 협의한 생물 다양성 협약이다. 생물 다양성 협약은 즉각적이고 광범위한 동의를 얻었다. 리우 회의에서 150개국 이상의 국가가 협정을 체결했고, 그 이래로 175개국 이상의 국가가 비준했다.

(5) 이동식 집

달팽이는 아예 집을 지고 다닌다. 집게는 빈 소라껍질을 주워서 집으로 삼고 그것을 지고 다닌다. 모두 개체를 천적으로부터 보호하기 위한 것이다.

<그림 1-5> 벌집 모양의 건축-뉴질란드 국회의사당, Basil Spence 1964

1-1-2. 사람의 집

요즘에도 볼 수 있는 유목민의 텐트나 밀림에서 원시적인 삶을 유지하는 종족들의 경우에서 우리는 인류 초기의 주거생활을 추정할 수 있으며 원시유적에서 그 증거를 찾아 볼 수 있다. 사람은 영장류로서 손을 자유롭게 썼으므로 원시시대부터 동물의 집보다 훨씬 발전된 집을 지었다. 특히 지붕을 덮을 줄 알았다. 사람은 사회적인 동물로서 종족유지와 개체 보호라는 일차적 목적 외에도 사회생활을 유지하기 위해 집을 필요로 했으며, 본능적 삶을 지속하는 동물과 달리 문명의 발전시키고 이에 따라 다른 종류의 건축을 만들어 갔다.

<그림 1-6> 거미줄 모양의 건축-뮌헨 올림픽 경기장, G. Benische 1972

사람의 건축이 동물의 집과 다른 점이 있다면 바뀐다는 것이다.

따라서 한 시대의 건축은 그 시대상을 표현한다. 건축의 변화가 반드시 긍정적인 발전을 의미하는 것은 아니다. 현대건축은 문명의 이점과 문제점을 동시에 표현하고 있다. 예컨대 동물의 집이나 토속적 건축들이 자연친화적이고 지속가능한 데 비해서 현대건축이 그렇지 못하다는 점이 문제점으로 떠오르고 있다.

<그림 1-7> 소라를 닮은 건축-Guggenheim Museum, New York, F.L. Wright 1959

(1) 원시주거

밀림지대의 원시 부족들은 나뭇가지를 엮어 공간을 만들고 그 위에 나뭇잎으로 지붕을 이은 간단한 주거를 몇 시간 안에 만들어 쓴다. 원시 유적 중에는 흙벽돌을 빚어 만들거나 돌을 쌓아 만든 집터들이 있다. 지붕은 둥글게 덮기도 하고 평평하게 덮기도 했다. 우리나라의 청동기 주거 유적에서 볼 수 있는 움집(수혈식 주거)은 땅을 파서 바닥으로 삼고 그 위에 나무 기둥을 세우고 서까래를 얹어 지붕을 덮은 것이다

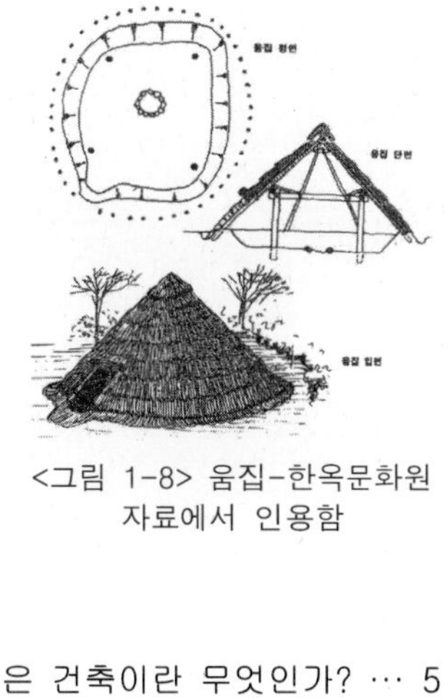

<그림 1-8> 움집-한옥문화원 자료에서 인용함

(2) 유목민의 텐트

세계 각처의 유목민들은 새 정착지에 이르러 몇 시간 안에 재조립 할 수 있는 이동식 주거를 발전시켰다.

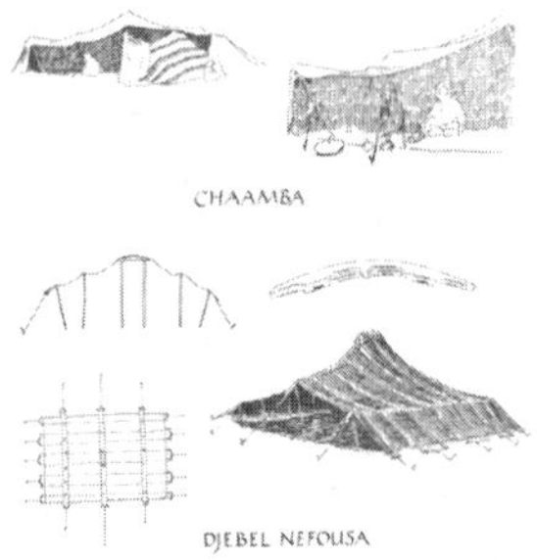

<그림 1-9> 유목민의 텐트

(3) 굴 집

터어키의 카파도치아(Cappadocia) 지방에는 사암으로 이루어진 바위산에 동굴을 파고 살았던 원시 유적이 있다. 중국 서안에서는 지금까지도 두터운 황토층에 지하 주거를 만들어 사는 사람들이 있다.

<그림 1-10> 카파토치아의 동굴주거

(4) 이동식 주거

모빌홈 또는 모빌하우스라고 부르는 이동식 주거는 보통 공장에서 제작하여 설치장소에 운반하여 사용하는 박스형 주거를 말한다. 미국에서는 흔히 도시 외곽에 이동식 주거 파크(mobile home park)를 두고 주거용으로 임대 운영한다. 우리나라에서는 컨테이너하우스라고 부르며 보통 주거용이 아닌 현장사무소, 창고 등의 임시적 용도로 쓰인다. Camper는 실제로 옮겨 다닐 수 있는 레저용 주거를 말한다.

<그림 1-11> 캠퍼와 모빌홈

1-1-3. 사람은 왜 집을 짓나?

동물들이 종족의 번식과 개체의 보호라는 본능적인 이유에서 집을 짓는다. 사람의 경우에도 생존이라는 기본적인 이유 외에도 사회적인 이유들이 추가된다.

<그림 1-12> 설경 (수채화, 임병규 작 1998)

(1) 기후요소로부터의 보호

사람은 동물에 비해 기후 적응력이 현저하게 뒤떨어지므로 자연 기후에 노출된 상태로 살아갈 수 없다. 사람은 눈, 비, 바람, 추위, 더위 등 혹독한 기후로부터 스스로를 보호하기 위해 집이 필요하다. 토속적인 건축은 기후대에 따라 사뭇 다른 모습을 지니는 데 비해 현대적인 건축은 세계적으로 많은 공통점을 지닌다. 어떤 경우든 기후요소로부터의 보호는 필수적이다.

(2) 사생활 보호

시회적인 동물인 사람은 일찍부터 사회생활을 해왔으며 사회생활의 기본 단위는 가정이다. 사람은 숙식, 휴식, 단란, 육아 등 가정의 사생활을 보호하기 위해서 집을 필요로 한다.

<그림 1-13> 가족 모임

(3) 집단생활 영위

사람은 정치, 사회, 문화, 교육, 상공업 등 집단생활을 영위하기 위해서 마을과 도시를 만들고 공공건물을 짓는다. 또한 사람들은 문명이 발달함에 따라 새로이 요구되는 시설물을 짓는다.

<그림 1-14> 도시의 광장-Piazza S. Pietro, Vatican

(4) 표현의 수단

사람은 실용적인 이유만으로 옷을 입는 것이 아니다. 사람은 옷을 통해 무엇인가를 표현하고 싶어 한다. 명절이 되면 꼬까옷을 입어 축제 분위기를 만들고 특별한 의식에는 이에 맞는 옷을 지어 입는다. 건축도 마찬가지다. 사람은 건축을 통해 실용적인 요구를 충족하는 것 외에 표현적인 욕구도 충족시킨다.

교회는 신의 성스러움을 표현하고 궁궐은 국왕의 위엄을 표현한다. 작고 소박한 주거조차도 그 안에 사는 사람들의 삶과 생각을 표현한다. 표현도 건축의 이유가 되는 것이다.

<그림 1-15> Science Center New Metropolis, Amsterdam-R. Piano 1997

1-2. 건축은 삶을 담는 그릇이다

1-2-1. 다양한 그릇의 생김새와 쓰임새

음식을 담는 그릇의 생김새는 참으로 다양하다. 밥그릇, 국그릇, 접시, 대접, 간장종지 등 그릇의 생김새는 쓰임새에 따라 다르다. 사기그릇, 유리그릇, 나무그릇, 쇠그릇 등 그릇의 생김새는 만드는 재료에 따라서도 다르다. 건축의 다양성을 그릇의 다양성에 비춰 생각해보자.

<그림 1-16> wine glass

(1) 각종 술잔

술잔을 예로 들어보자. 소주잔, 양주잔, 포도주잔, 꼬냑잔, 맥주잔 등은 담는 술의 종류와 그것을 마시는 방법에 따라 천차만별이다.

<그림 1-17> 한식과 양식 상차림

(2) 한식/양식의 상차림

음식문화의 차이를 살펴보자. 온 세상의 그릇들을 모아보면 그 종류가 얼마나 많겠는가? 그릇의 생김새는 쓰임새에 따라서도 다르지만 문화의 차이에 따라서도 다르다.

(3) 그릇의 특성

그릇이 그릇으로서의 역할을 하려면 몇 가지 조건을 갖추어야한다.

우선은 음식을 담을 수 있어야 한다. 쓸모가 있어야 한다는 말이다. 또 적당히 튼튼해야 한다. 힘없이 깨지거나거나 휘어지면 쓸 수 없다. 또한 그릇은 보기 좋아야 한다. 미운 그릇을 누가 쓰겠는가.

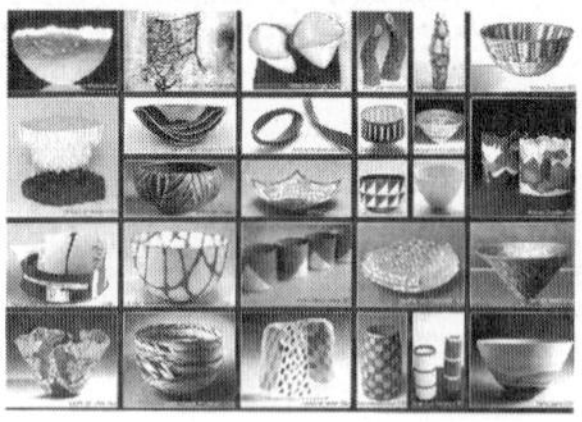

<그림 1-18> 그릇의 특성-Coloured Porcelain

1-2-2. 각종 공간과 삶의 양태

삶이 연극이라면 건축은 연극 무대와 같다. 연극 없는 무대가 없듯 삶이 없는 건축은 있을 수 없다.

삶을 도외시한 건축은 생명 없는 기념비일 뿐이다. 그런 의미에서 건축은 거기에 담겨지는 내용으로서의 삶과, 그것이 행해지는 장소로서의 공간을 전제로 한다. 건축은 적어도 이 두 가지 개념을 포함하는 정의를 필요로 하므로 다음과 같이 정의해 보기로 한다.

"건축은 삶을 담는 그릇이다."

건축은 우리의 모든 생활을 담는다.

<그림 1-19> 삶을 담는 그릇-Bilbao Guggenheim Museum, Gehry 1997

주거는 가정생활을 담고, 교회는 종교의식을 담는다. 학교는 교육활동을 담고 미술관은 미술행사를 담는다. 건축을 그릇에 비유하는 것은 매우 적절한 것이다. 담는 음식물의 종류와 먹거나 마시는 사람의 행태(behaviour)에 따라서 그릇의 크기와 모양이 달라지듯이 건축이라는 삶의 그릇도 그 안에서의 생활의 내용 및 행태에 따라 매우 다

양한 형태(form)를 취한다. 또 그릇은 그것을 만드는 재료(material)에 따라 다양한 구조(structure)와 질감(texture)을 갖는다.

건축은 언제나 사람의 삶을 담고 있으므로 건축의 의미는 그 안의 삶에까지 확대된다. 건축은 그 자체로서는 정적 존재로 볼 수 있으나 그 안에서의 삶은 매우 동적이다. 따라서 건축과 그 안의 사람들 사이에는 언제나 역동적인 상관관계가 성립한다. 거기에는 가시적인, 또는 물리적인 요소와 함께 비가시적인, 비물리적인 요소가 함께 공존하는 것이다.

<그림 1-20> 파리의 공원-Parc de Butte Chaumon

1-2-3. 도시도 그릇이다

한 걸음 더 나아가 많은 건축과 사람들의 삶을 담고 있는 도시도 커다란 그릇이다. 도시는 마치 계란 판 안의 계란처럼 독립적인 건축들을 담고 있는 것이 아니다. 도시를 인체에 비유하자면 건물 군, 도로망, 상하수, 통신망, 조경 등이 그 안에서 오장육부를 이루고 있는 것과 같다. 도시 안에서 많은 요소들이 유기적인 관계를 맺고 있는 것이다.

<그림 1-21> 도시의 모습-파리 도심

1-3. 건축에 대한 여러 사람들의 생각

1-3-1. 옛 사람들의 생각

B.C. 1세기경 로마 시대의 건축가 비트루비우스는 아마도 현존하는 가장 오래된 건축전문서인 <De Architectura>(건축십서)에서 건축의 세 가지 기본적인 원칙으로 구조적 안정성(firmitas)과 공간의 유용성(utilitas), 그리고 아름다운 외관(venustas)을 들었다.

16세기 이탈리아 르네상스 건축가 팔라디오는 그의 <Il quattro libri dell'architettura>(건축사서, 1570)에서 건축의 조건으로 실용성(comodita), 내구성(perpetuita)과 아름다움(bellezza)을 언급하였다.

한편 영국의 정치가이자 작가인 웟튼(Watten, 1568-1639)은 실용성(commodity), 견고성(firmness)과 즐거움(delight)을 언급하였는데 모두가 같은 맥락에서 건축의 필요조건을 제시한 것으로 볼 수 있다.

말하자면 건축에는 비트루비우스 이래로 전통적으로 강조되는 세 가지 요소들이 있는 셈이다. 그것을 현대적 언어로 바꾸어 말하면 구조(構造 ; structure), 기능(機能 ; function), 아름다움(美 ; beauty)이라고 할 수 있다.

<표 1-1> 건축 삼원칙

저 자	시 기	건축 삼원칙		
Vitruvius	B.C. 1세기	firmitas	utilitas	venustas
Palladio	16세기	perpetuita	comodita	bellezza
Watten	17세기	firmness	commodity	delight
의미		견고함	유용성	아름다움
건축용어		구조	기능	형태미

1-3-2. 근대 건축가들의 생각

<그림 1-22> German Pavilion, Barcelona-Mies Van der Rohe, 1929

미국 근대건축의 선구자인 루이스 설리반(Louis Sullivan, 1856-1924)은 "형태는 기능을 따른다." (Form follows function)고 했다. 이는 기능적인 형태가 아름답다는 뜻으로 근대건축의 기능주의적 이념을 대변하는 말이 되었다.

<그림 1-23> 르 꼬르뷔제

르꼬르뷔지에(Le Corbusier, 1887-1965)는 1920년대 그의 <건축을 향하여> (Ver une Architecture)라는 책에서 "집은 살기 위한 기계다"라는, 역시 기능주의적인 선언을 하였다. 그는 당시에 유행하던 잡다한 복고풍 건축에 대한 비판적인 반론으로 이를 제기한 것이다.

미스 반데로에(Mies van der Rohe, 1886-1969)는 'less is more'라는 그의 유명한 표어에 걸맞게 그의 건축에서 공간과 재료와 구조의 투명성을 강조했다. 그는 또한 건축을 '공간속에서 변화되어 가는 시대의 의지'로 정의함으로써 건축의 시대적 역할을 강조하였다.

르꼬르뷔제(Le Corbusier, 1887-1965)

본명은 Charles-Edouard Jeanneret-Gris. 1887년 스위스의 La Chaux de Fonds에서 태어났다. 아버지의 직업이었던 시계문자판 세공을 배우기 위해 15세부터 3년 동안 미술학교에 다녔는데 거기서 그가 유일한 스승이라 불렀던 L'Eplattenier를 만나 그의 영향으로 건축에 입문하게 되었다. William Morris, John Ruskin, Plato, Pythagoras, Owen Jones 등의 사상을 폭넓게 접하게 된 것도 그의 영향이었으나 그는 스승의 복고적인 예술관을 따르지는 않았다. 기계미와 기능주의에의 심취, Bauhaus, Perret와의 관계 등은 그의 독자적인 시대관에 따른 판단이었다. 그의 건축수업은 기본적으로 독학에 의한 것이었으며 1907년부터 1911년 사이에 유럽 여러 곳의 건축을 답사하며 건축에 대한 소양을 길렀다.

Corbusier는 파리에서 August Perret 밑에서 배우면서 종합예술적인 사고의 폭을 넓혔고 1914년 그의 근대건축 5원칙을 포함한 Dom-ino를 발표했다. 30세가 된 1917년에는 파리에 정식으로 이주하였다. 1920년 화가 Ozenfant과 함께 L'Esprit Nouveaux라는 전위예술 평론지를 발간했으며 이 때부터 Le Corbusier라는 이름을 쓰기 시작했다. 1922년에는 근대도시 안 Ville Contemporaine를 발표하고 1923년에는 그의 근대적인 건축관을 집약한 책 Ver Une Architecture를 발간했다. 이후로도 그는 많은 작품을 남겼으며 그의 관심사는 주택, 집합주택으로부터 도시에 이르는 광범위한 것이었고 그 내용은 시대를 앞서가는 혁신적인 것이었다. 세상이 그를 항상 호의적으로 받아들인 것은 아니었지만 그는 이론 없이 20세기 근대건축을 이끌어 온 거장으로 기억되며 세월이 갈수록 그 영향력이 오히려 커가는 경향이 있다. 그는 1965년 프랑스에서 위대한 건축가로서의 생을 마감하였다.

<그림 1-24>
현대건축-김수근, Ventury, Meier, MVRDV, Koolhaas, Gehry의 건축

<그림 1-25> 미스 반데로에

1-3-3. 현대 건축가들의 생각

제2차 세계대전(1939-45)을 계기로 서구 중심의 기능주의(functionalism)와 국제주의(internationalism) 양식으로 대표되는 20세기 초반의 근대건축은 단순성을 탈피하는 방향으로 전환하게 된다. 20세기 후반 세계의 건축은 후기 근대건축(late modern architecture)을 거쳐 포스트모던 건축(post-modern architecture)으로 발전하고 있다. 이 시기의 건축은 해체주의(deconstructivism), 지역주의(regionalism) 등, 하나의 이념이나 양식으로 대표될 수 없을 정도로 매우 다변적으로 전개되고 있다.

미스 반데로에(Ludwig Mies Van der Rohe, 1886-1969)

미스 반데로에는 1886년 독일 아헨에서 태어났다. 집안 사업인 석공예를 배우고 브루노 파울 사무소를 거쳐 1908년(22세)부터 4년간 Peter Behrens 스투디오에서 일하며 구조를 익혔다. 그는 러시아 구성주의와 네델란드 데스틸 운동에 깊은 관심을 가졌으며 쉰켈의 기둥-보 구조로부터 특유의 철재와 유리를 조합한 설계 아이디어를 얻었다. 1923년부터 G잡지에서 일했고 Weissenhofsiedlung(Stuttgart) 프로젝트의 책임자, 1930년대 Gropius에 이어 Bauhaus 교장으로 일하면서 1920-30년대 근대건축 철학 형성에 큰 기여를 했다.

'Less is more'라는 유명한 표어에 걸맞게 그는 재료의 정직성과 구조의 순수성을 바탕으로 한 건축을 통해 사유적이고 중성적인 공간을 창조하려 노력했다. 1929년 설계한 바르셀로나 박람회 독일관은 그의 건축사상을 잘 표현했다. 1938년 나치를 피해 미국으로 이주한 이후 IIT 건축학과장을 맡았다. 이후 20여 년간 그는 Seagram Building 등을 설계하며 skin and bone 건축 이상을 성취했다. 그는 1969년 제 2의 고향이라 할 수 있는 시카고에서 타계했다.

1-4. 좋은 건축이란 무엇인가?

1-4-1. 좋은 건축이란?

건축대학 웹사이트에서 "좋은 건축이란 무엇인가?"라는 질문에 대한 답을 받아보았다. 좋은 건축의 요건으로 들어온 의견들을 키워드로 정리해보면 친환경, 자연 친화, 에너지 절약, 삶의 질, 물리지 않는 맛, 멋, 보기 좋음, 아늑함, 평범함, 특이함, 현대적 기술, 시대상 표현, 개인적 판단, 보편적 가치, 공감 등이었다.

친환경, 자연친화, 에너지 절약 등은 현대의 환경적 위기의식을 반영한 사항으로, 삶의 질, 물리지 않는 맛, 멋, 보기 좋음, 아늑함, 평범함 등은 아마도 일시적 관람자가 아닌 장기적 사용자 입장에서의 시각을 반영한 것으로, 특이함, 현대적 기술, 시대상 표현, 개인적 판단 등은 건축의 조형 예술적 특성을 반영한 것으로, 보편적 가치, 공감 등은 건축의 공공성을 반영한 것으로 보인다.

<그림 1-26>
건축은 꽃과 같다

건축은 꽃과 같다. 제각기 개성을 가지고 있다.

여러분도 같은 질문에 때 묻지 않은 생각으로 자유로운 답을 해보자.

1-4-2. 세기적 이슈 : 지속가능성

지구를 떠난 인간의 모습은 상상할 수 없다. 사람들은 지구촌 각처에서 전통적으로 풍토적인(vernacular) 건축에 나무, 돌, 흙 등, 주변에서 얻기 쉬운 재료를 사용하여 지역기후에 맞는 건축기술을 발전시켜왔다. 풍토적인 건축은 자연친화적인 형태, 재료 및 건축기술을 이용한다는 점에서 자연계의 순환에 큰 부담을 주지 않는 특성이 있다.

그러나 산업혁명 이후의 과학지식과 산업의 발달은 인구의 도시집중을 가져왔으며, 이 과정에서 무절제한 도시의 확장은 자원고갈과 환경오염이라는 바람직하지 않은 부산물을 발생시켜 인류의 앞날을 어둡게 하고 있다. 산업혁명이 시작된 18세기 초에 비해서 2세기가 경과한 지금, 재생 불가능한 자원의 고갈(화석에너지), 수질오염, 대기오염 등의 문제는 지구상에서 생물의 다양성을 감소시키고 급기야 인류의 생존조차 위협하는 단계에 이르렀다.

<그림 1-27> 지 구

따라서 우리는 기존의 대량생산, 대량소비를 지향해온 산업화의 패러다임에서 지속가능한 개발의 패러다임으로 전환해야 하는 중대한 기로에 놓여있다.

"자원은 유한하다"는 인식 속에서 화석 에너지 사용을 억제하고, 물, 바람, 공기, 태양복사 등 천연 에너지원을 최대한 활용하고, 재료를 재활용하여 자원의 낭비를 최소한으로 줄이려 노력해야 할 것이다.

1-4-3. 건축가의 역할

건축가는 전문적 지식체계를 바탕으로 하여 사람들이 편안히 살며 즐겁게 일할 수 있는 건축을 설계하여야 할

> **현대 건축가들의 좋은 건축에 대한 생각**
>
> - Bernard Tschumi
>
> 올해 6월까지 15년 동안 컬럼비아대 건축대학원장으로 재직하면서 학생들에게 무엇을 강조해왔는가.
>
> "건축은 아이디어에서 시작하며 아이디어나 콘셉트가 없는 구조는 가치가 없다는 점이다. 나는 컬럼비아대 건축대학원 스튜디오에 컴퓨터기술을 어느 대학보다 먼저 도입했다. 컴퓨터는 아이디어와 구조 작업의 속도를 증대시켰다."
>
> -Life in Culture 2004.01.10
>
> - Daniel Liebeskind
>
> "모든 건축물은 이야기를 담고 있고 좋은 건축물은 더 깊은 이야기를 품고 있지요."
>
> -조선일보 2005.02.18

것이다. 좋은 건축이 무엇인가에 대해서 사람들은 자유로운 의견을 가질 수 있지만 건축가는 자신의 개인적 의견보다 보편적 가치를 우선적으로 존중해야 할 것이다. 우리는 인류를 위해 선구적인 기여를 한 건축가를 위대한 건축가로 칭송한다. 건축가들의 삶을 살펴보면서 건축가가 지녀야할 보편적 가치관이 무엇인지 생각해 보자.

■ 읽을 거리 ■

- Vitruvius, trans. Morris Hicky Morgan, *the Ten Books on Architecture*, Dover Books, 오덕성 역, 건축십서(建築十書), 기문당
  이 책은 2000년 전에 쓴 포괄적인 건축 전문서라는 점에서 중요하다.
- Le Corbusier, *Towards a New Architecture*, Dover Books, 1960
  근대 건축의 거장 중 하나인 꼬르뷔제가 젊은 시절에 건축에 대해서 무엇을 생각했는지 엿볼 수 있는 책이다.
- Torvald Faegre, *Tents, Architecture of the Nomads,* Anchor Books-Doubleday, Garden City, New York, 1979
  세계 각처의 유목민 텐트를 저자의 그림을 곁들여 설명한 책이다. 텐트가 하이텍 건축에 통한다는 뜻에서 읽어볼 만하다.

제 2 장 건축은 어디서 와서 어디로 가나?

강 영 환

2-1. 역사란 무엇인가?

2-2. 건축역사는 왜 공부하나?

2-3. 왜 나라마다 건축역사가 있나?

2-4. 건축사는 어떻게 읽을 것인가?

2-1. 역사란 무엇인가?

역사란 과거를 기억하는 학문이다. 그러나 모든 과거의 사실이 기억되지는 않는다. 복남이네 누렁이가 강아지 다섯 마리를 낳았다는 것은 과거의 사실이지만 오래 기억할 필요는 없다. 하지만 아버님이 돌아가신 날은 한 가족에 있어서 오래 기억되어야 할 의미가 있기 때문에 가족사에 남는 역사적 사건이 된다. 따라서 역사란 현재에서 기억할 필요가 있는 것만이 대상이 된다. 그래서 역사학자 E. H. Carr는 '역사는 현재와 과거와의 대화'[1]라고 말했다.

같은 사실도 관점에 따라 다르게 보인다. 이성계의 위화도 회군은 집권을 위한 군사쿠데타 일수도 있고, 낡은 사회를 개혁하기 위한 혁명적 결단일 수도 있다. 역사가에 따라 다른 관점을 갖기에 쿠데타로도 혁명으로도 기술할 수 있다. 역사가가 과거사실을 해석하는 관점을 역사학에서는 사관이라고 부른다. 역사는 사관에 따라 다르게 기록되는 것이다.[2]

역사는 시간 축 위에서 사회현상을 파악한다. 모든 사회현상에는 원인과 과정과 결과가 있게 마련이다. 그 현상은 시간을 따라 진행된다. 드라마의 한 장면만 보고는 그 상황이 왜 일어나게 되었는지를 이해 할 수 없다. 그러하기에 역사는 시간 축 위에서 현재의 상황을 이해시켜주는 도구가 된다.

역사는 현재의 상황인식에서 비롯된다. 과거의 사실을 오늘날의 상황에 비추어 보기 때문이다. 오늘날의 의미와 가치에 따라 과거의 사실을 해석하는 것이다. M. Bloch는 다음과 같이 말했다. "현재에 대한 몰이해는 과거에 대한 무지에서 빚어진 필연적 결과이다. 또한 역으로 현재에 대해서 아무 것도 알지 못하면서 과거를 이해하려고 한다면 전혀 결실 없는 노력에 그칠 것이다."[3]

고딕성당을 중세건축의 기술과 예술을 대표하는 장엄한 건축유산으로 볼 수도 있고, 신의 권위를 나타내기 위해 쓸데없이 크고 높게 지은 권위건축으로 볼 수도 있다. 파

1) E. H. Carr, What is History, 길현모 역, 탐구당

2) 역사란 '일어난 사건의 과정'이라는 뜻과 함께 '역사가의 그것에 대한 연구'를 동시에 의미한다. 따라서 역사가의 철학에 따라 사변주의, 비판주의, 관념론, 실증론 등 여러 관점을 가지게 된다. 차하순 편, 사학이란 무엇인가, 청람출판사

3) M. Bloch 역사를 위한 변명, 정남기 역, 한길사

르테논 신전 또한 그리이스 건축의 아름다움을 대표하는 건축으로 해석할 수도 있고, 쓸데없이 많은 돈을 들인 한국의 서낭당정도로 해석할 수도 있다. 문제는 그러한 관점들이 현재, 또는 미래에 어떤 의미를 갖는가 하는 점이다. 그러하기에 역사는 과거의 사실이 아니라 오늘의 문제와 미래의 대안을 찾으려고 시도하는 학문이다.

<그림 2-1> 그리이스 파르테논 신전

2-2. 건축역사는 왜 공부하나?

역사를 시간차원에서 인간사상(事象)을 연구하는 학문[4] 이라고 정의한다면 건축사는 시간차원에서 건축을 연구하는 학문이라고 할 수 있다. 영국의 건축사가 Allsopp는 건축사를 알아야하는 다음과 같은 이유들을 들었다.[5]

4) A.J. Toynbee, A Study of History, 강기철 역, 일지사

5) Allsopp, Bruce, A General History of Architecture, Pitman(1960)

- 건축사가 있으니까
- 건축가의 지혜를 기르기 위하여
- 인류와 건축을 더 잘 이해하기 위하여
- 건전한 판단과 비판을 위하여
- 더 나은 건축을 설계하기 위하여

존재하는 모든 건축은 과거시대의 산물이다. 그것이 작년에 지은 것이든 또는 오백년 전에 지은 것이든 모두 과거의 사실이다. 어떤 건축도 우연히 만들어진 것은 없다. 그것은 누적된 경험과 노력의 소산이다. 그러나 어느 시대의 건축도 반복되지는 않는다. 모든 시대마다 더 좋은 건축을 만들기 위해 노력하기 때문이다.

<그림 2-2> 이집트 피라밋

오늘날 어떠한 것이 좋은 건축인가? 과거의 사례들이 없다면 우리는 먼 선사시대의 건축으로부터 다시 시작해야 할 것이다. 과거의 건축들은 풍부한 선례들을 제공한다. 과거의 건축이라고 해서 모두 좋은 것은 아니다. 그 선례들로부터 하지 말아야 할 것과 할 것을 배운다. 이것이 역사적 교훈이다.

건축사는 시간 축 위에서 건축문화의 변화를 조망한

다. 그것이 왜 발생하였으며, 어떻게 발전되었고, 그 결과는 무엇이었나를 알게 한다. 그것은 현재와 미래의 건축이 어떤 결과를 낳을 수 있는 지를 예측하게 한다. 시간의 축 속에서 현재의 건축적 상황과 문제들을 비추어주고 그 해결방향과 지표를 제시한다. 따라서 건축사 또한 과거의 건축을 배우는 것이 아니라 현재와 미래의 건축을 위해 존재하는 것이다.

건축은 분명 시대를 반영한다. 시대가 바뀌면 건축도 변하기 마련이다. 그러나 시대가 바뀌었다고 해도 모든 것이 바뀌는 것은 아니다. 그 중에는 시대를 넘어 지속되는 것이 있다. 그것을 전통이라고 부른다. 따라서 전통이란 일정한 건축양식이 아니라 건축적 방법, 개념, 원리 등을 의미한다. 아궁이에 불을 지펴 구들장을 덥히는 것은 조선시대의 온돌이지만, 온수관을 묻어 바닥을 덥히는 난방법으로 변했다고 해도 온돌문화의 전승으로서 전통이 된다.

과거의 건축적 유산들은 시대를 뛰어 넘어 오늘날까지 풍부한 상상력과 아이디어를 제공하기도 한다. 많은 건축가들은 과거건축으로부터 새로운 개념과 원리를 도출한다. 건축가 I. M. Pei는 루블박물관의 신관을 디자인하기 위해 피라밋의 형상을 도입했다. 승효상은 수졸당이라는 현대도시주택에 채 나눔과 마당의 개념을 적용했는데, 이는 경상북도의 조선시대 한옥인 뜰집에서 배울 수 있는 개념들이다. 꼬르뷔지에는 파르테논에서 비례체계를 발견하고 많은 작품에 적용하기도 했다. 이렇듯 지나간 시대의 건축도 해석에 따라 새로운 디자인 개념으로 다시 태어날 수 있는 것이다.

<그림 2-3> 루불박물관 신관

<그림 2-4> 수졸당의 마당

2-3. 왜 나라마다 건축역사가 있나?

서양건축사는 과연 세계건축사인가? Vitruvius 이후 서양건축사의 대상과 방법과 관점은 19세기 문화진화론의 수준에서 크게 벗어나지 못하였다. 이러한 학문의 편협성은 이미 그들 자신에 의해 비판받고 있다. Bernad Rudofsky는 <건축가 없는 건축(Architecture without Architects)>의 서문에서 다음과 같이 신랄한 비판을 내린 바 있다.

"지금까지 서방세계에서 저술되고 가르쳐진 건축사는 선택된 몇 개 문화권에만 집중적인 관심을 보여 왔다. 공간이라는 측면에서 본다면 서구의 건축사는 이집트와 아나톨리아를 연결하는 지표의 한정된 부분을 대상으로 하고 있을 뿐이며, 그것은 기원후 2세기에 알려진 유럽중심의 세계를 넘어서지 못하고 있다. 더구나 그마저도 건축의 진화과정을 다룬 것은 대체로 후기단계의 그것에 국한되고 있다. 인류의 건축사, 그 첫 50세기를 건너뛰어 버리고도, 건축사가들은 이른바 '공식적인' 건축의 정장한 행렬만을 우리에게 펼쳐 보이는 것이다. 이와 같은 인위적이고 자의적인 건축예술의 소개방법은 음악의 탄생시기를 심포니 오케스트라의 출현에 두는 논리의 빈곤을 드러내게 된다."

건축은 사회마다 다르다. 건물의 형태나 장식, 기술만이 다른 것이 아니다. 건축을 이해하는 방식이나 가치부터 다르다. 건축에 대한 한 사회의 총체적인 지식을 건축문화라고 부른다. 그러하기에 중국과 일본의 건축문화가 있듯이 한국의 건축문화도 독특한 모습을 갖는다.

문화란 안경이다. 한국문화라는 안경으로 보면 중국건축은 쓸데없이 크고 화려하며, 일본건축은 멋대가리 없이 직선적이다. 그러나 그들의 안경으로 보면 우리건축이 작고 초라해 보일 것이다. 우리가 자랑하는 온돌도 기후가 더운 일본사람들에게는 더워 못 견딜 난방법이다.

모든 사회는 자신이 처한 독특한 환경 속에 적응하면서 독특한 문화를 만들고 변화시킨다. 그것은 자연환경에 적응하기 위한 생태학적 전략이기도 하며, 삶의 양식을 담는 도구이기도 하다. 거기에는 먹고사는 방식으로부터, 사회제도와 구조, 우주와 세계는 인식하는 관념, 종교와 신앙, 가치와 미의식, 심지어 재료와 기술에 이르기까지 모든 환경요소들이 반영된다. 그들의 건축문화 또한 그 땅과 사람들에게 적합한 건축을 만들기 위한 누적된 경험의 소산인 것이다.

그러나 한 사회의 문화도 시대에 따라 변해 간다. 시대 상황에 맞는 건축을 만들기 위한 자체적 노력도 있고, 다른 사회와 접촉하거나 강요에 의해 변질되기도 한다. 자국의 건축문화가 어떻게 형성되었고, 어떻게 발전되었으며, 어디로 가고 있는지를 알기 위해서 모든 국가는 자국의 건축사를 만든다. 그 속에서 '그들다움(정체성)'을 발견하고, 그들이 소중하게 여기는 가치와 의미와 방법을 발견할 수 있기 때문이다.

<그림 2-5> 중국 동족마을의 풍우교

때로는 다른 사회의 건축문화도 우리에게 의미와 가치를 갖는다. 중국 동족마을의 풍우교는 아름다운 다리가 가져야할 풍부한 아이디어를 제공하며, 무기연당은 한국인의 이상향에서 비롯되었지만 아름다운 정원을 만들기 위한 귀중한 선례이다. 더구나 산업화 시대 이후에 주류를 이루고 있는 서양건축의 원류와 그 흐름을 알기 위해 서양건축사가 필수적으로 등장한 것이다.

<그림 2-6> 함안 무기연당

2-4. 건축역사를 어떻게 읽을 것인가?

건축사는 세 가지 측면을 가지고 있는데 내용(content), 방법(method), 효용(impact)이 그것이다. 내용이란 어떤 사료가 포함될 가치가 있는가를 판단하는 것이며, 방법이란 그러한 사료를 가지고 어떻게 설명할 것인가의 문제이고, 효용이란 역사에 대한 지식이 실제의 건축에 어떤 영향을 미치겠는가의 문제이다[6].

6) Wayne O. Attoe, Theory, Criticism and History of Architecture, McGraw Hill

건축역사는 과거건축에 대한 현재적 이해이다. 과거건축에서 무엇을 어떻게 보아야 할 것인가? 그것이 건축사의 사관이다. 건축은 미술품처럼 단순한 것이 아니다. 건축은 기술이며, 예술이며, 문화이다. 따라서 과거건축을 기술적 측면에서 볼 수도 있고, 예술적 측면에서 볼 수도 있으며, 문화의 측면에서도 조망할 수가 있다.

건축을 기술적 측면에서 보면 건축기술사가 된다. 기

술사에서는 기술적 발전이 의미 있는 역사적 대상이 된다. 인류는 어떠한 건축기술을 발전시켜 왔을까? 건축 재료와 도구, 구조체계, 설비체계, 건설방법 등이 의미 있는 대상이다. 파리의 에펠탑은 철 구조로 만든 최초의 고층 탑이라는 점에서 기술사적 의미를 갖는다.

건축을 예술적 측면에서 보면 건축예술사가 된다. 예술사에서는 예술양식의 변화가 의미를 갖는다. 고딕이나 로마네스크, 르네상스, 바로크, 로코코 등의 분류는 건축을 회화나 조각과 같은 예술양식의 차원에서 조망한 것이다. 미의식의 변화나 표현방식의 차이가 건축예술사의 관점이다.

<그림 2-7> 베르사이유 궁전

건축을 문화적 측면에서 보면 건축문화사가 된다. 문화사에서는 그 사회의 보편적인 삶의 양식과 변화가 의미를 갖는다. 그러하기에 특정한 사회와 건축의 관계가 기술된다. '중세건축'은 중세라는 시대적, 사회적 상황 속에서 건축을 조망하는 것이며, '식민주의 양식'이란 식민지배하의 상황 속에서 어떠한 건축문화가 이루어졌는가를 조망하는 것이다. 서양건축사가 서양이라는 사회의 건축문화를 다룬다면 한국건축사는 한국이라는 사회 속에서 건축문화의 변동을 다루며 그것이 한국의 현재와 미래에 어떠한 의미를 갖는가를 조망하는 것이다.

<그림 2-8> 귀봉종택

한국 땅에서 한국인을 위해 작업할 건축가라면 한국 건축사는 필수적인 지식이다. 그러나 국가 간의 교류가 활발해진 국제화시대에 자국의 건축사만을 아는 것은 '우물 안의 개구리'에 지나지 않는다. 사대주의나 국수주의에 빠지지 않게 위해 문화적 정체성과 범문화적 흐름을 파악하는 것이 올바른 건축사 공부라고 하겠다.

어떠한 관점을 갖던 오늘날 우리에게 어떠한 의미를 갖는가 하는 것이 중요하다. 건축사란 과거건축을 재현(과거건축의 복원)하기 위한 것이 아니라 과거건축에 대한 해석(현재의 시대상황과 지표)이기 때문이다. 훌륭한 건축가는 역사의 흐름을 정확하게 인식하고, 과거의 유산을 거울삼아 미래를 위한 지표와 대안을 만든다. 그러므로 훌륭한 건축가는 바로 건축사가이기도 하다. 역사적으로 길이 빛날 걸작을 남기기 위해 건축사가 존재하는 것이다.

■ 읽을 거리 ■

- Carr, E. H., *역사란 무엇인가*, 길현모 역, 탐구당, 1980
- Berheim, E., *역사학 입문*, 조기준 역, 정음사, 1981
- Toynbee, A. J., *역사의 연구*, 노명식 역, 삼성출판사, 1981
- 차하순, *역사의 이해*, 탐구당, 1978
- 차하순 편, *사관이란 무엇인가*, 청람, 1994
- 강 혁, *건축사의 접근방식과 해석에 관한 연구*, 서울대대학원 석사논문, 1982
- Allsop, Bruce, *The Study of Architectural History*, N. Y. Praeger, 1970
- Attoe, Wayne, *Introduction to Architecture* (Theory, Criticism and History of Architecture), Ed. by C. Snyder, N. F. McGraw Hill, 1979
- Fletcher, B., *History of Architecture*, N. Y.; Charles scribner's son, 1975
- Bernad Rudofsky, *건축가 없는 건축*, 시공문화사, 2000
- Fletcher, B., *A History of Architecture on the Comparative Method*, London; Batsford, 1954

제 3 장 환경 속에 건축이 있고 건축 속에 환경이 있다

유 호 천

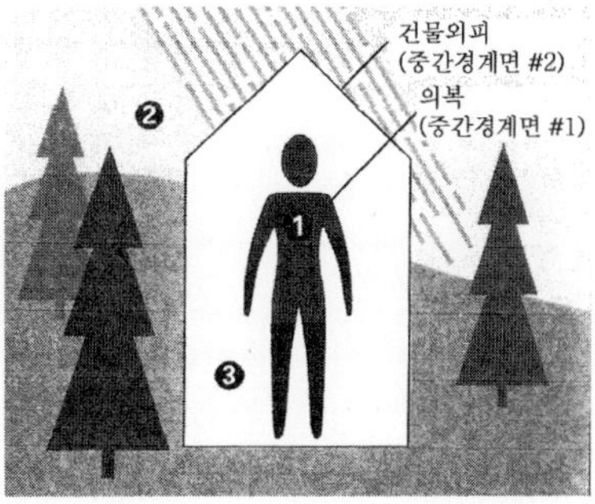

3-1. 인간과 자연환경

환경은 유기체의 미생물적 운동에서부터 세계인구의 크기에 이르는 광범위한 주제이기 때문에 환경의 정의를 파악한다는 것은 결코 쉬운 일이 아니다. 환경의 개념은 '원', '주변', '주변의 시골'을 의미하는 프랑스어인 'viron'에서 유래한다.

그러므로 환경은 유기체의 삶에 영향을 주는 외적인 조건과 영향을 의미하거나, 또는 전체사회 혹은 모든 종류의 개체군을 지탱하는 물리적 및 생물학적 하부구조를 의미한다. 그러므로 우리는 환경을 토지, 공기, 물 및 사회의 주위에 있는 중요한 물질적 자원 및 에너지를 포함하는, 모든 생명의 물리적 및 물질적 기반으로 다음과 같이 정의 할 수 있다. 환경(environment)이란 'the external sur roundings in which a plant or animal lives, which infl uence its development and behaviour' 이며, 인간에게 있어서는 우리의 성장과 행태에 영향을 미치는 모든 외부 조건이라고 할 수 있다. 환경은 크게 물리계, 생물계 및 문화계로 구분할 수 있는데 여기서 물리계는 생물계와 문화계가 발전해 나아가는 구조와 배경을 제공하는 물리적 환경(physical environment)을 말하며, 자연환경(natural environment)과 인조환경 (man-made environment)으로 구분된다.

환경은 다른 형태의 생명체보다 인간에게 더욱 문제시되는데 그 이유는 우리가 문화라는 렌즈를 통해서 세계를 보고 개념화할 수 있는 능력을 가지고 있기 때문이다. 우리는 다른 형태의 생명체와 마찬가지로 생물 물리적 과정에 기능적으로 연계되어 있을 뿐만 아니라, 우리는 또한 환경과의 관계에서 규범적인 방법으로 행위하도록 사회화된다. 예를 들어 서양인들은 한 때 공장의 연기는 진보를 의미한다고 믿었고, 경제성장의 추구를 위해서 시카고와 피츠버그 같은 도시에서는 기꺼이 대기를 오염시켰다. 후에 우리는 대기오염이 인간의 사망률과 만성병의 수준을 증가시킨다는 것을 발견하였다. 이 의학적 지식이 미국 환경운동의 초기단계에서 대기의 질과 관련하여 사회의 규범적 구조를 변동시키고자 하는 중요한 추진력이 되었다.

물리학자는 일하는 능력을 유효에너지라고 말한다. 또한 일이란 물리적인 관계성 가운데 일종의 변동을 가져오는 요인으로서 정의된다. 인류는 주거를 난방하거나 냉방하거나 조명하고, 교통기관을 움직이는 형태로 자연의 물리적 관계를 변화시키기 위해 에너지를 사용한다. 인류는 생태계의 일부이다. 생태계는 에너지나 물질이 이동하고, 순환하는 동적인 체계이다. 생태계는 살아 있는 구성물과 활동성이 없는 구성물과의 합성으로 되어 있으며, 항상 에너지의 흐름이나 변환을 유지하도록 작용하고 있다.

인간사회는 여러 가지 방법으로 생태계의 구조나 그것에 대응하는 에너지 순환에 영향을 준다. 인류가 생존하기 위해서는 대개 하루 2,000내지 2,500칼로리의 음식연료가 필요하다. 그 밖에 주거, 의류 등의 필수품을 위해 에너지도 필요하다. 인류의 영향에 의한 사례로서 농업생태계는 보다 안정적이고 자연스러운 생태계에 속하는 특화된 종의 다양한 네트워크를 재배식물이나 가축으로 대치한다. 재배식물이나 가축은 생물이 받은 태양에너지를 인류가 이용할 수 있는 형태로 보다 많이 전환할 수가 있다. 그렇지만 농업생태계는 안정성을 상실한다. 예컨대 광물 순환의 다양하고 특화된 순환회로, 전염병에 대한 자연적 방어, 토양의 산출력을 유지하는 수단 등이 상실된다. 그것은 생태계가 단순화하여 재생능력이 떨어졌기 때문이다.

많은 생태학자는 인간사회에 의한 에너지 소비의 증대는 에너지자원의 희소성에 의해서라기보다는 에너지 소비로부터 생기는 폐기물을 흡수하는 자연환경의 자정능력에 의해 더욱 빨리 한계에 이르게 될 것이라고 믿고 있다. 에너지이용의 어떤 수단도 환경악화를 피할 수 없지만 어떤 종류의 에너지원은 다른 것에 비해 환경을 한층 더 악화시킨다.

인간사회의 에너지론, 에너지자원의 본질, 세계의 에너지소비의 구조에 관한 고찰에서 명백하게 된 바와 같이 에너지와 사회의 관계는 매우 복잡하다. 최근의 에너지 위기도 매우 복잡하다. 사실, 현실적으로는 하나만의 에너지 위기가 있는 것이 아니고, 오히려 현재의 사회뿐만 아니라, 장래의 사회에 이르기까지 영향을 미치는 일련의 위기가 존재하고 있는 것이다.
인간사회는 세 가지의 에너지 위기에 직면하고 있다고 말할 수 있다.

제 1의 위기는 '현대의 진정한 에너지 위기-식량'이라고 이름을 붙이고 있다. 아마도 세계의 인구의 반은 양호한 건강상태를 유지하는 데 최소한의 필요량인 1일 2,000칼로리의 식량도 섭취하지 못하고 있다. 이 기본적인 에너지자원을 빼앗기고 있는 사람들의 대부분은 발전도상국의 사람들이며, 그들은 또한 그것이외의 에너지의 혜택에서도 배제되어 있다.

제 2의 에너지 위기는 '오늘날의 에너지정책의 위기'이다. 이것은 두 개의 구성요소로 되어 있다. 하나는 정부의 부적절한 정책과 석유, 전력, 천연가스 등 기업의 좁은 이익이나 권력에 의해 야기된 에너지의 부적절한 배분이다. 또 하나의 요소는 1인당 에너지소비량이나 에너지의 낭비를 삭감하는 정책이 존재하지 않다는 것이다.

제 3의 에너지 위기는 2050년 이후의 진정한 에너지 위기이다. 그 시점에 세계의 공급지에서도 경제적으로 채굴 가능한 매장석유, 천연가스, 우라늄이 고갈된다고 보고 있다. 그 결과, 인간사회가 대대적인 사회적 혼란이나 1인당 에너지소비의 저하와 생활수준의 저하를 회피하려고 한다면, 재생 가능한 에너지자원에의 큰 전환이 일어날 수밖에 없게 될 것이다.

3-2. 인체와 환경

아브라함 매슬로(Abraham H. Maslow)에 의하면 인간의 욕구는 다섯 단계를 거쳐서 성장해 간다고 한다.

1단계 욕구는 생리적 욕구로 먹고, 자고, 종족 보존 등 최하위 단계의 욕구이다.

2단계 욕구는 안전에 대한 욕구로 추위, 질병과 위험 등으로부터 자신을 보호하는 욕구이다. 장래를 위해 저축

하는 것도 안전 욕구의 표출이라 할 수 있다.

3단계 욕구는 애정과 소속에 대한 욕구로 가정을 이루거나 친구를 사귀는 등 어떤 단체에 소속되어 애정을 주고받는 욕구이다.

4단계 욕구는 자기존중의 욕구로 소속 단체의 구성원으로 명예나 권력을 누리려는 욕구이다.

5단계 욕구는 자기실현의 욕구로 자신의 재능과 잠재력을 충분히 발휘해서 자기가 이룰 수 있는 모든 것을 성취하려는 최고수준의 욕구이다.

건축이 해결해주는 일은 인간의 최하위 욕구인 편하게 자고 추위와 질병 그리고 위험으로부터 자유로워지도록 해 주는 것이다. 이를 위하여 인간이 원하는 환경 조성을 구체적으로 이해하고 인간을 위한 최적의 환경조건을 조성하여 제공해야 할 것이다.

3-2-1. 건축내부환경 (mesoclimate)

인간의 신체는 마치 인체내부와 외부세계 사이를 매개하는 고도의 전문화된 양 방향 통로체계에 비유될 수 있다. 이 매개 시스템들은 아주 독특하여 서로 독립적이면서 공존하는 상호의존적 시스템이라고 할 수 있다. 피부는 내외부 열환경사이의 인체의 열평형을 유지하는 것이고, 호흡기는 산소를 들여오고 이산화탄소를 뿜어내면서 인체와 공기환경 사이의 필수불가결한 교환작용을 조종한다. 또한 소화기는 음식과 물을 섭취하고 배설물을 만들어 내보내면서 연료공급을 한다. 이러한 작용들은 기초적 신진대사 기능 들이며 우리의 의식과는 독립적으로 존재하며 필수불가결한 것이다. 이 모든 시스템은 질과 크기의 변화를 감지하는 감각기관과 통합되어 환경에 적절히 대응하고 있다. 피부는 물체의 텍스튜어, 형상, 저항, 및 온도를 감지하는 촉감을 가지고 있고 호흡기는 냄새를 맡는 후각 능력이 있으며 소화기관은 미각을 감지하는 혀와 밀접히 연결되어 있다.

인체의 신진대사작용과 지각작용의 유연성으로 인하여

인간의 신체는 외부환경의 변화에 상당히 큰 범위까지 적응할 수 있는 능력을 가지고 있다, 땀샘과 모세관이 있는 피부는 주위 열환경에 대한 열전달량을 늘리기도 하고 줄이기도 한다. 심장과 허파는 산소량과 대기압의 변화에 상당히 큰 폭으로 익숙해 질 수 있다. 빛의 강도에 대해 눈이 지각하는 범위는 엄청나다. 또한 귀가 들을 수 있는 음의 범위는 최소한의 들을 수 있는 소리에서 10조배의 크기나 되는 귀에 고통스러운 정도의 세기까지 포함한다. 그러나 이러한 적응할 수 있는 한계는 인체 전체의 종합적인 한계 안에서 가능하다. 이러한 한계를 넘으면 이를 개선하는 요소, 즉 제 3환경인 중간환경이 필요하다.

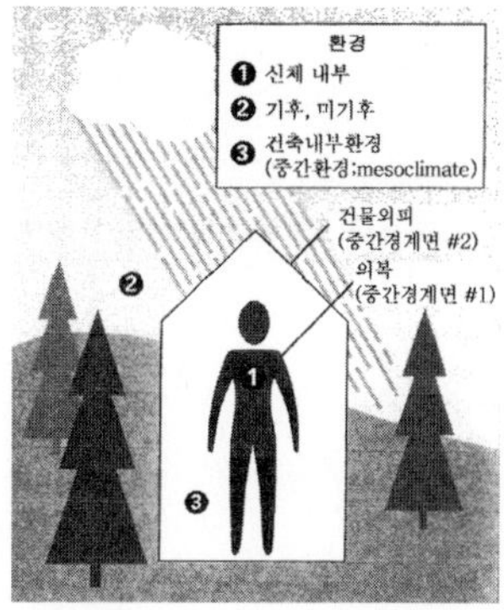

<그림 3-1> 중간환경으로서의 건물내부환경

외부환경은 인간의 신체가 필요로 하는 정밀한 환경조건을 제공하지 못하기 때문에 문명은 의복과 건물이라는 두 종류의 보완 장치를 가져왔다. 이 두 보완 장치는 인체 내부와 외부 자연환경 사이의 중간경계면으로 인체 표면에 미치는 외부환경의 영향을 조절하는 역할을 한다. 건물에 의하여 구축되는 중간환경이 건축내부환경이며 인간의 쾌적환경을 위한 조절 대상이다.

의복과 건물의 주된 차이점은 전통적으로 추위를 막는 의복은 개인 한 사람의 환경부하를 담당하는 반면 건축은 제3의 인위적 환경을 창조함으로서 개인뿐만 아니라 구성원의 시설과 사회적 과정(social process)에서 발생하는 부하를 담당하여 생산적 활동을 증진시킨다.

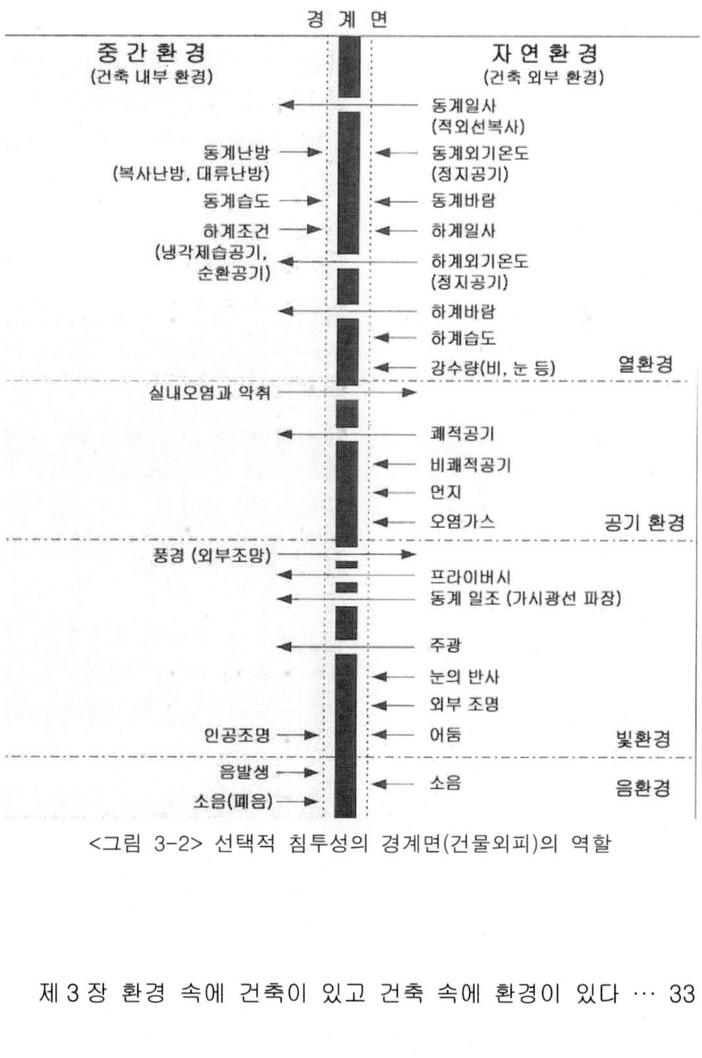

<그림 3-2> 선택적 침투성의 경계면(건물외피)의 역할

3-2-2. 열환경

건축내부환경의 쾌적감을 결정하는 열환경의 상태는 신진대사작용(metabolism)을 하는 인체를 에워싸고 있는 실내의 표면과 실내공기의 복합적 영향에 의하여 결정된다. 따라서 실내 표면의 평균복사온도(mean radiant tempera ture), 기온(air temperature), 기류(air movement), 그리고 공기습도(humidity)는 열환경을 구성하는 물리적 변수(physical variables)라고 할 수 있다. 그러나 동일한 물리적 요소에 의하여 구축된 열환경의 쾌적상태는 개인적 변수(personal variables)라고 할 수 있는 착의량(clothing), 활동량(activity), 나이(age), 성별(sex)에 따라 크게 달라질 수 있다. 음식물의 소화와 근육운동에 의하여 천천히 지속적으로 열을 생산해 내는 인체의 신진대사 기능은 열환경 요소의 물리적 변수와 개인적 변수에 따라 달라진다. 평균 체격(175cm, 70kg)을 가진 성인남자가 조용히 앉아 있을 때의 대사량을 기초대사량이라고 하며 수면 중일 때를 제외한 활동 중에서 최저이다. 상온의 실내에서 남은 열의 60%를 복사에 의하여 인체보다 차가운 실내벽면과 물체의 표면으로, 15%를 피부와 점막으로부터 대류와 전도에 의하여, 그리고 25%를 증발에 의한 열전달과정을 통해 배출한다. 인간이 거주하고 있는 기후대가 극지방이든 열대지방이든 어떤 기후에도 불구하고 인체는 내부의 체온을 37℃에서 10분의 1도 이상 변화하지 않는 생리학적으로 평형상태(homeostasis)라고 불리는 체온의 정상 상태를 유지하려고 한다. 따라서 인체의 열은 생산량에 따라 효과적인 열전달과정을 통하여 균형있게 외부로 발산되어야 한다. 열의 발산속도가 너무 느리면 인체 내부에 열이 축적되어 더위를 느끼고 발산속도가 너무 빠르면 추위를 느끼게 된다.

<그림 3-3>은 외부환경으로부터 오는 스트레스에 대한 생리적 회복 순환도를 보여주고 있다. 인체가 긴장 요소에 일시적으로 노출되면서 열이 인체 내부에 쌓이면 열적 스트레스가 증가하면서 쾌적감, 불쾌감, 고통, 그리고 기능쇠약의 반응 특성을 보이게 되지만 휴식으로 편안한 상태로 회복된다. 그러나 긴장 요소에 지속적으로 노출되면

질병과 사망에 이르게 됨을 보여주고 있다. 열대기후의 지역에 살고 있는 사람들이 더위에 좀 더 익숙해 있는 것과 같이 적절한 수준의 스트레스에 계속적으로 노출되는 것은 어느 정도 새 환경에 순응할 수 있도록 유도하지만 생존과 직결된 열적 스트레스의 상한선과 하한선은 고정되어 있다고 할 수 있다.

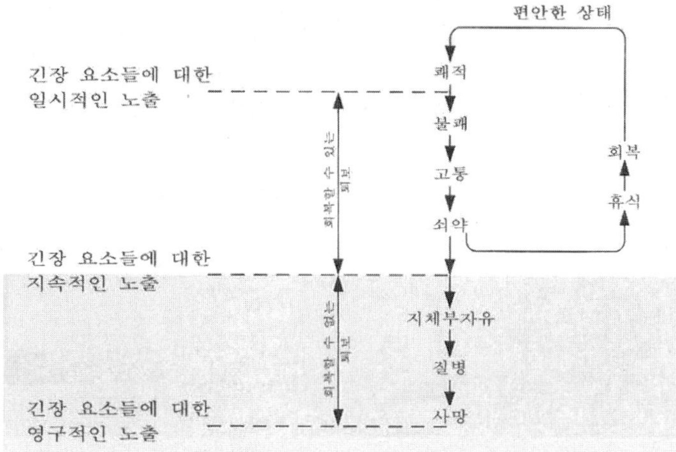

<그림 3-3> 열적 스트레스에 대한 생리적 회복 순환도

쾌적감이란 ‘환경조건에 만족감을 느끼는 마음의 상태’라고 정의되므로 매우 주관적인 심리적 상태를 의미한다. 따라서 쾌적환경이란 개개인에 따라 다를 수 있고, 문화적 배경, 지역적 차이, 계절적 요인 등에 따라 다르므로 일률적으로 규정할 수 없으나 대개 대다수의 사람이 만족하는 환경조건의 범위를 설정하여 설계의 기준으로 삼게 되는데 이를 쾌적영역(comfort zone) 혹은 쾌적대라고 부른다.

3-2-3. 빛환경

우리의 삶속에 빛과 조명은 언제나 중요시되어 왔다. 문자 그대로 세상에 빛과 같은 존재인 인공조명이 에디슨에 의해 개발 후에도 자연으로의 갈망은 빛의 분야에서도 다르지 않아 자연광에 대한 선호도와 자연광을 재현하려는 노력들이 주목을 받아왔다. 그러나 환경오염으로 인한 자외선의 증가와 이에 대한 피해가 과학적·의학적으로 밝혀지면서 건강한 빛에 대한 새로운 규명의 필요성이 제기되고 있다. 일상생활에서 자외선 피해를 예방하기 위한 건강한 생활 습관과 아울러 건축 환경 내에서 자외선 유입을 원천적으로 봉쇄하기 위한 물성적·광학적 해법들이 개발되어 실용화되고 있다. 이제 공학적 차원에서 벗어난 건축조명은 미학적 측면을 지나 감성적 측면에 이르고 있으며 조명의 질은 이용자의 경제적·문화적 수준과 건강함의 척도로 인식되고 있다.

질적으로 건강한 빛을 얻는 방법은 자연적인 방법과 인공적인 방법이 있으며 두 방법 모두 건축계획과정이나 건축물의 일부로 일체화된다. 빛을 얻기 위해서는 광원이 필요하며 건강한 빛을 위해서는 당연히 건강한 광원이 필요하다. 건강한 광원은 과하지도 부족하지도 않은 적절한 양의 빛이어야 하며 부족한 빛은 물론이며 눈부심을 유발하는 과다한 현광도 위험 요소로 인식되어야 한다. 또한 분광적 측면에서 건강한 빛은 자연의 빛의 스펙트럼에 가까워야한다. 특히 색온도와 연색성은 시 지각에서 지대한 영향을 미치는 바, 자연 상태에서와의 지각의 차이는 시각적인 피로감뿐 아니라 두뇌 활동에까지 이르는 부정적 영향을 초래한다. 왜냐하면 우리의 모든 시각적 적응과 진화는 자연의 빛을 근원으로 이루어져 왔으며 모든 시각 대상물을 문자 그대로 자연스럽게 가시화하기 때문이다. 따라서 건강한 빛을 얻는 가장 경제적인 방법은 자연의 빛을 건물내부로 유입시키는 건축계획이며 대부분의 건물이 관례적으로 이미 가지고 있는 개구부 빛이라는 자연 매체의 경제적 장점이 있다.

인간의 시지각은 오늘날 심리학, 안과학, 광학, 공학과 같은 여러 분야의 전문가들에 의해서 깊게 연구되고 있는 대상이다. 로봇에 장착된 비디오 카메라와 컴퓨터가 전기신호를 알 수 있는 정보로 처리하는 것과 같이 인간의 눈과 뇌는 하나의 물체를 지각하기 위하여 광원에서부터 뇌에 이르는 복잡한 정신물리학적 과정을 거친다.

3-2-4. 음환경

소리는 같은 장소에서 동일한 시간에 여러 가지 소리가 존재하기 때문에 상당히 다양한 청각적 자극에 대하여 귀는 감지할 수 있는 적절한 능력이 개발되었다. 그러나 음환경은 열환경이나 빛환경과는 기본적인 측면에서 다른 점이 하나 있다. 자연의 오염되지 않은 상태에서의 음환경은 감각기관인 귀에 거의 긴장을 주지 않는다는 점이다. 열환경과 빛환경은 아주 덥거나 추운 그리고, 아주 밝거나 어두운 양극단 사이를 오르내리며 변동한다. 이와 같은 자연 상태의 조절되지 않은 양극단의 환경조건은 불쾌감, 고통, 죽음을 불러온다. 그러나 이웃과의 대화소리, 교회의 종소리, 새소리, 나뭇가지 사이의 바람소리, 쟁기를 가는 농부의 부르는 소리, 대장장이의 숨쉬는 소리와 같은 자연의 음환경은 생리적으로 긴장감을 주지 않는다. 또한 방울뱀의 지나가는 소리, 표범의 우는 소리, 인디언의 함성 소리 등은 그 소리들이 포함하고 있는 정보 때문에 위협적 일수는 있지만 어느 소리도 인체의 건강에는 위험하지 않다.

그러나 인간이 만든 음환경에서 발생하는 소리 공해는 현대인에게 실제적으로 다가오는 위협이 되고 있다. 현대 산업사회는 청력을 상실할 정도의 소음 수준까지 도달한 새로운 소리를 만들어 내었다. 도시의 자동차의 윙윙거리는 소리, 날카로운 브레이크 소리, 정적을 울리는 나팔 소리, 차의 경적 소리, 경찰차의 사이렌 소리, 제트기의 엔진소리 등은 주변 코뮤니티에 끊임없는 성가신 소음원이 되고 있고 건축물의 물리적 차음역할을 위협하고 있다.

- 수면방해
- 수면 시작
  - 도로 소음 50-60dB에서 대부분 잠에 드는 시간 연장
  - 창이 닫힌 조용한 방에서 잠에 드는 시간 단축
- 수면 유지
  - 50-55dB에서 잠이 깨기 시작
  - 65dB의 소음에서 10%는 완전히 잠에서 깨고
  - 30%의 성인이 잠이 깨는 반응을 함
  - 단속적 소음이 많을 수록 잠이 잘깨고, 평균 5-10dB을 낮추는 효과
  - 수면보호를 위하여 45dB 이항야
  - 실내 소음이 30-35dB 이하로 유지
  - 45dB 이상의 단속음이 10- 15회 이상 발생하지 말아야 함

- 심혈관 및 생리적 변화
  - 85-90dB 노출시
  - (심박동수 및 말초 혈관 저항 증가하고 혈압, 혈액의 점성, 혈중 지방의 변화가 발생)
  - 65-70dB 이상 장시간 노출시
  - (혈압 상승 및 허혈성 심장질환 증가)
- 수행능력 저하
  - 업무 수행 및 생산성
  - 지속적인 집중을 요하는 작업, 복잡한 작업 및 기억력을 요구되는 업무는 소음에 의한 수행능력 저하
  - 독서능력 및 인지기능
  - 높은 소음에 노출된 어린이의 독서능력 및 인지기능 저하
  - 업무 방해적 자극
  - 소음의 변화가 업무상 주의 분산

3-2-5. 공기환경

1970년대 전반에 발생한 석유위기는 세계에 충격을 줌과 아울러 화석연료에 대표되는 지구자원에는 한계가 있음을 통감케 하였다. 그리고 이 사회적 사건을 계기로 에너지절약 사상이 선진제국을 중심으로 대두하기 시작하였다. 이 에너지절약 사상은 건축·주택분야에서 기밀·단열구조로 구현화하여 보급을 개시한다.

그런데 건물은 기밀·단열이 되지만, 방의 내부에 사용되는 건자재·내장재의 상품설계는 구태의연한 채 에너지절약이라는 대의명분에서 환기장치를 떼어낸다든지, 설치하지 않았으니 그 결과는 어떠하겠는가.

1980년대에 들어설 무렵 구미각지에서 사무소 근무자를 중심으로 신체에 이상을 호소하는 사람들이 발생하였다. 증상은 현기증이나 두통, 구역질, 어깨결림, 눈·코·목의 이상을 호소하는 등 여러 가지인데, 공통점은 사무소에 들어서면 증상이 발생하고, 밖으로 나가면 증상이 어느 새 없어지는 것이다. 이들 증상은 '건물이 초래하는 질병과 같은 증상' 이라는 점에서 '새집증후군(sick house syndrome, sick building syndrome)'이라 불리우게 되었다.

새집증후군의 원인으로는 2가지가 고려된다.

- 환기장치 부재에 의한 실내의 환기량 부족
- 호흡작용에 의한 실내의 일산화탄소의 농도상승 및 사무소 가구·건자재에서의 휘발성유기화합물 등의 화학물질발산

세계적인 진단기준으로 세계보건기구(WHO)에서 정한 새집증후군의 진단기준의 내용은 다음과 같다.

- 눈, 코, 목의 자극증상, 점막의 건조감
- 피부의 홍반, 가려움
- 피로하기 쉬움, 두통, 신경성피로, 집중력저하, 현기증, 구토
- 취각, 미각의 이상
- 과민성의 반응(분비항진 등)

미국의 흉부의학학회의 연구 결과에 의하면 가슴의 작열감·압박감, 담배에 반응하기 쉬움 등도 추가하고 있다.

3-3. 환경조절방법

3-3-1. 열환경조절

건축의 역할은 극심한 열환경을 막는 것 뿐만 아니라 최적의 열환경을 만드는 것이라고 할 수 있다. 현대의 냉난방기술은 건물 안으로 적절한 양의 열을 공급하거나 적절한 양의 열을 건물 밖으로 추출해내는 것 외에도 시간의 지남과 더불어 열적 안정상태와 공간적 열평형상태를 유지하는 것을 가능하게 한다. 그러나 이 기준을 성취하기란 쉬운 일은 아니다. 건물 안에 벽난로나 스토브와 같은 간단한 점열원 연소장치에 의존한다면 그 효과는 거리가 멀어짐에 따라 점차 약해지기 때문이다.

더욱이 실내 난방공간의 실내 표면은 항상 태양과 바람의 움직임에 영향을 받게 되어 있다. 산업화 이전의 건물은 벽체 재료의 단열성능이 완벽하지 않았기 때문에, 시

간에 따른 열환경의 일정성 유지와 공간의 열적 대칭성은 불가능하였다. 모든 전통적 열환경조절 시스템은 그 난방 방식이 서로 다르다 하더라도 공통적인 기능적 특징을 가지고 있다. 이들 모두는 일반적으로 석유, 가스, 전기, 또는 나무와 같은 주 에너지원을 필요로 한다. 그리고 이 에너지원을 연소, 압축, 증발, 또는 전기적 저항과 같은 과정을 통하여 열 또는 냉열로 전환하여야 하며, 이렇게 만들어진 열과 냉열은 공기, 스팀, 물, 또는 다른 액체형태의 분배 매개체를 필요로 한다. 그리고, 마지막으로 대류 또는 복사와 같은 열전달방법 중의 하나를 이용하여 전달한다.

(1) 대류를 이용한 열환경조절

대부분의 열적 조절장치는 열전달방법에서 대류를 이용한다. 여름철의 냉방은 거의 대류에 의한 전달방법이라고 할 수 있다. 대류를 이용한 시스템은 다른 방법과 비교해 경제적이며 간단하다는 점에서 장점을 지닌다.

(2) 복사를 이용한 열환경조절

로마와 중국 그리고 우리나라와 같은 지역에서는 잘 알려져 널리 이용된 복사난방은 유럽과 미국에서는 잘 쓰여지지 않는 난방방식이었다. 복사에 의한 방식은 대류에 의한 방식과 한 가지 점에서 다르며 그것은 중요한 차이점이다. 천장, 벽, 바닥과 같이 평평한 면을 사용하는 복사난방패널은 실제 난방 요소로서의 열환경을 조절하는 가장 이상적인 방식이다. 예를 들어 대류방식의 시스템은 평상복을 입은 성인이 휴식을 취하면서 쾌적함를 느끼려면 21℃의 공기온도를 유지해야 한다. 그러나 그 공간이 26.5℃의 복사표면으로 둘러싸여 있다면 공기온도가 낮게 떨어져도 재실자는 동일한 쾌적감을 느낄 수 있을 것이다. 이와 같이 주위 공기온도를 조절하는 것으로부터 상대적인 자유로움이 복사난방을 매력적인 환경조절방식으로 만드는 이유이다.

(3) 열환경조절을 위한 건물외피

건물의 냉난방 시스템의 목적은 물론 안정되고 균형적

인 대칭적 열환경을 창조하는 것이라고 할 수 있다. 다시 말하면 건축에 있어서 열평형 상태(homeostatic state)를 성취하는 것이다. 끊임없이 변동하는 외부의 환경 속에서 내부의 열적 평형을 유지하고자 한다. 건물은 하나의 열적 용기로서 동물의 가죽과 같은 변화하는 환경 스트레스에 대응할 수 있는 외피 또는 막을 필요로 한다. 단순한 울타리의 개념을 넘어 다양한 외부의 힘을 선택적으로 수용하는 여과체로서의 역할을 건물의 외피는 해야 한다.

3-3-2. 빛환경조절

지구상의 모든 건물은 주광(daylight)에 노출되어 있지만 건물실내에 도달하는 빛의 조절은 지붕, 벽, 창문과 같은 건물을 둘러싸고 있는 표면의 방위, 외형, 그리고 물리적 특성 등의 수많은 변수에 달려 있다. 기능, 예산, 등의 내부적 요인은 크기, 형상, 공간체적과 같은 변수를 확립하고 부지의 형태 및 크기, 지형, 접근수단, 조닝조례 등의 외부적 요인은 이 변수들이 부지에 맞게 형성되도록 작용한다. 이 변수들은 주광이 건물실내의 여러 표면에 도달하는 방식을 결정한다고 할 수 있다.

극장이나 백화점과 같은 건물은 차연채광의 필요성이 없거나 거의 필요하지 않다. 또 공장이나 창고와 같은 건물은 자연채광이 바람직한 건물이다. 그러나 사무소, 주거, 학교와 같은 건물은 외부조망이 가능한 창이 있다면 자연채광이 필연적으로 중요하다. 자연채광을 이용하느냐 배제하느냐의 의문은 현대 건축의 파라독스이다. 왜냐하면 주광과 인공광원이라는 두 개의 광원을 하나의 조절장치로 효과적으로 통합하는 것은 지극히 복잡한 문제이기 때문이다. 따라서 성공보다는 실패가 더욱 많을 것이지만 지난 20여년간 이 분야에서 이룩한 큰 발전으로 인하여 세계의 곳곳에서 자연채광과 인공조명이 잘 통합된 새로운 많은 건물들을 볼 수 있다.

- 주광의 조절(control of daylight)
- 인공광원의 조절(control of artificial light)

3-3-3. 음환경조절

대기 안에서의 음의 움직임은 조용한 연못에 작은 돌을 떨어뜨릴 때 일어나는 일련의 움직임과 거의 흡사하다. 두가지 경우 모두 에너지가 발생점으로부터 연속적인 동심원의 파동으로 확산된다. 물과 음의 파동사이의 차이점은 아리스토텔레스, 비트르비우스와 같은 학자들이 말했듯이 물은 2차원적인 평면에서 원형으로 밖으로 이동하지만 음파는 3차원의 공간에서 구의 형태로 퍼져나간다는 점이다. 음파는 공기 중에서 모든 에너지가 공기와의 마찰로 인해 소진될 때까지 이러한 확산의 과정이 계속된다.

음이 공기 중으로 전파할 때는 공기 중의 입자는 아래위로 수직운동, 즉 진동을 할 뿐 음파와 함께 앞으로 움직이지 않는다. 한 입자가 한번의 진동을 하는데 걸리는 시간을 음의 진동시간(period)이라고 하며 1초에 진동하는 수를 음의 주파수(frequency)라 하고 두 음파의 최정점 사이의 거리를 파장(wavelength)이라고 하며 음파의 최정점과 최하점 사이의 거리를 진폭(amplitude)이라고 한다. 음의 속도는 빛의 속도보다 훨씬 느리며, 다소간 공기온도에 따라 변화한다. 빛처럼 음은 반사, 흡수, 수렴될 수 있지만 빛과 달리 음은 섞임이 없이 공존한다.

실내외의 소음의 크기에 따라 인체가 체험하는 음환경의 질이 결정된다. 그 예로 난청을 들 수 있으며 다음과 같이 구별할 수 있다.

- 소음성 난청

- 일과성 난청
  - 과도한 소음 노출로 인한 일시적 청력 역치의 변화
  - 영구적 소음성 난청
  - 비가역적인 청력손실
  - 소리 감지 Hair cell의 영구 손상
  - 초기 4000Hz 주위의 고음역 손실
  - 점차 회화 음역으로 진행

- 회화 장애
  - 인간의 목소리 영역인 300-3000Hz
  - Masking 효과

실내에서 음환경 개선을 위해서는 다음과 조절 방법을 이용한다.

- 실내의 음환경조절(architectural acoustic)
- 소음의 조절(control of noise)
- 건물의 정보전달 역할(communication role of buildings)

3-3-4. 공기환경조절

종래의 목조주택에서는 목재와 종이를 건축재료로 사용하였으나 새로운 건축자재가 많이 사용되는 현대주택에서는 특히 석유화학제품에서 새집증후군의 원인이 되는 인체에 유해한 오염화학물질이 대량으로 발생하고 있다. 이와 같이 폐쇄형 주택에서는 개방형 주택에 비하여 실내에서 발생하는 오염물질의 양이 증대하고, 자연환기량이 감소함에 따라 실내의 유해물질의 농도가 대폭적으로 높아지고 있다.

또한 건자재 이외에 생활용품에도 오염화학물질이 많이 사용되고 있다. 예를 들면 가구에도 대량의 접착제가 사용되고 있고, 방향제나 방취제, 방충제에는 인체에 유해한 오염화학물질을 발생시키는 성분이 함유되어 있다. 화장품이나 헤어스프레이도 예외가 아니다. 이러한 실내에서의 생활환경도 새집증후군 원인의 하나로 검토된다.

그런데 환기로 실내의 공기를 청정하게 한다는 고려는 실내의 공기에 비하여 외부의 공기가 청정하다는 전제에서 유효하다. 따라서 청정한 대기를 유지하기 위하여 세심한 주의를 기울일 필요가 있다. 외부에서 오염물질의 확산에 의한 농도의 저하는 매우 빠르고, 반대로 실내에는 많은 오염물질의 발생원이 있으므로 대개의 지역에서는 실내에 비하여 외기는 청정하다고 본다. 그러나 간선도로변이나 공장지대에서는 외기가 청정하다고 볼 수는 없다.

화학물질과민증의 원인은 호흡이나 음식물을 통하여 체내에 축적되는 오염화학물질의 양은 사람에 따라 다르다고 한다. 체내에 축적된 오염화학물질은 세대간에서 농축되는 것으로 보고 있다. 결국 모친의 체내에 축적된 오염화학물질이 자녀에게 이어지고, 자녀는 살아가면서 어느 정도 오염화학물질을 축적한다면 최근 알레르기 체질의 사람이 증가하고 있는 것은 당연한 현상이라고 할 수 있다. 결국 알레르기 체질이 세대간에서 계승되고, 나중의 세대일수록 작은 양에서 알레르기 증상을 나타내게 될 가능성이 커진다.

3-4. 환경친화건축(sustainable architecture)

3-4-1. 환경친화건축의 필요성

20세기의 대량생산과 소비는 지구의 자원을 고갈하고 엄청난 양의 폐기물을 쏟아내면서 공기, 물, 토양을 오염시키고 지구환경을 위협하고 있다. 이 중에서 지구온난화 현상은 특히 불길한 징조이며 세계적 관심을 불러일으키고 있다. 가속화된 지구온난화에 의하여 예상되는 해수면의 상승과 인간의 생활과 생태계에 미치는 영향은 실로 막대하며, 세계의 여러 곳의 해안선에서 큰 재앙을 위협하고 있다. 20세기 동안 화석에너지의 소비는 급증하여 화석연료를 연소하면서 대기에 배출되는 이산화탄소는 지구온난화의 주요 원인이라고 할 수 있다. 에너지 소비의 계속적인 증가는 특히 아시아에 있어서의 증가는 이산화탄소 배출에 있어서 폭팔적인 성장을 주도할 것으로 예측하고 있다.

우리의 미래는 화석에너지 소비와 이에 따른 지구상의 영향의 즉각적인 삭감을 요구하고 있다. 그러나 개발국에서의 소비는 오히려 붐을 탄 듯이 활기를 띠고 소비의 제어가 제대로 되지 않고 있으므로 이산화탄소의 배출의 증가를 억제하기는커녕 점점 멀어지고 있다.

즉 연간 삭감비가 1%이면 환경부담을 반으로 줄이는데 69년의 시간이 걸린다. 여기에 내포되어 있는 가설은 이산화탄소를 배출하는 시설의 숫자는 매년 계속적으로 증가하고 있으며 세계는 1%의 삭감비도 성취하기 어렵기 때문에 환경부담은 계속 증가할 수밖에 없다는 것을 역설적으로 보여준다. 따라서 환경부담의 삭감을 위해서는 기술의 혁신과 강력한 사회경제적인 변화가 필요하다.

3-4-2. 환경친화건축의 필수요소

지구상의 지역기후의 특성에 순응하여 발전된 지역의 독특한 건축형태는 화석연료의 대량소비에 기초를 둔 획일적인 건축설계에 의하여 밀려나고 있다. 이러한 설계방법은 지역문화를 파괴하는 것은 차치하고 엄청난 낭비이다. 우리나라에서의 이산화탄소 배출을 보면 건물부문에서 에너지소비가 차지하는 것이 36%에 다다르는 것을 볼 수 있다. 건물에서의 에너지소비의 3가지 주요 형태는 실내공조, 실내조명 및 conveyance(사람, 물건, 공기 물의 수송)가 차지하고 있다. 환경영향을 적게 만드는 건물이 전체 환경영향을 줄이는데 있어서 핵심 요소이므로 이러한 관점에서 건물을 설계하고, 사용하고, 관리하는 사람들은 많은 책임을 가지고 있다.

환경영향을 정량화하는데 가장 널리 사용하는 지수는 지구온난화의 주범인 이산화탄소의 생애 배출량(life cycle CO_2 : $LCCO_2$)이다. $LCCO_2$는 설계단계에서부터 해체와 폐기단계에 이르기까지 건물의 생애동안 이산화탄소의 체적 배출량으로 건물의 환경영향을 측정한다. 건물의 $LCCO_2$에 있어서 가장 큰 부분은 건물을 유지하는 동안에 소비되는 에너지에서 방출된다. 건물의 건설과 해체에서 파급되는 환경영향효과도 물론 상당하다. 따라서 $LCCO_2$ 삭감의 중요한 요소를 나열하면 다음과 같다.

- 건물운용 에너지 절약
- 건물의 수명 연장
- 자연친화적 재료의 사용

건물유지에 사용되는 에너지를 연간 반으로 줄이면 연간 $LCCO_2$ 의 방출을 30% 가량 줄이며 여기에 건물의 수명을 35년에서 100년까지 연장할 경우 연간 $LCCO_2$의 방출을 40% 까지 줄이고 이와 함께 재활용 재료의 사용으로 연간 $LCCO_2$ 의 방출을 50%까지 줄일 수 있는 것을 보여준다.

3-4-3. 토속건축의 환경친화적 교훈

세계 각 지역의 토속건축은 21세기와 미래를 위한 건물에서 우리가 추구하고 있는 것의 훌륭한 예를 보여준다. 그것들의 근원적인 원칙은 자연과의 융화이다. 그 토속건축들은 자연과 밀접하게 접촉하며 최소한의 에너지 소비로 쾌적함을 줄 수 있도록 지역의 기후조건에 맞게 지어져 있다. 대량의 화석에너지소비 시대 이전의 지역 고유의 토속건축물들은 성공적으로 환경부하를 최소화하고 정연한 기법에 의하여 자연에너지를 이용하고 있다.

이와 같은 건축들은 인공적인 획일성을 거부하며 대신 매력적이며 이질적인 실내 공간과 조화로운 공간구성을 창조하고 있다. 이들 건축물들은 재생가능하며 지역에서 얻기 쉬운 재료로 지을 수 있도록 설계되어 있다. 우리는 이들 토속건축에서의 교훈을 배우고 우리의 환경친화건축에 그 교훈들을 적용할 필요가 있다.

자연과 조화를 이룬 건축물들은 대지와 지역기후를 반영한 표현과 형태를 하고 있으며 또한 매우 쾌적한 거리와 도시를 연출하고 있다. 토속건축들은 자연형 설계기법을 통하여 균형있는 쾌적한 환경에 이르도록 설계되어 있다. 그러나 토속건축에 있어서 쾌적조건들에 대한 인식은 현대건축의 쾌적조건과 다르다. 토속건축에는 일정하게 고정된 임의의 온도나 습도조건이 없을 뿐만 아니라 균일한 실내조도레벨을 유지하려는 의도가 없다. 시환경과 음환경까지도 포함한 전반적인 쾌적도를 고려하여 수용할 수 있는 쾌적범위 안에서 쾌적성을 추구하고 있을 뿐이다.

■ 읽을 거리 ■

- 구나야 쥰이치로, *환경과 자연인식의 흐름*, 심귀득·안은수 역, 고려원, 1992
- 제레미 리프킨, *21세기의 새로운 세계관 엔트로피*, 김명자·김 건 역, 두산동아, 1999
- 박이문 외, *녹색한국의 구상*, 숲과나무, 1998
- 김만구 외, *인간과 환경*, 따님, 2002
- 차명제, *환 경*, 아르케, 2005

제 4 장 건축은 다양한 맥락에서 이루어진다

신 재 억

4-1. 건축은 섬이 아니다

4-2. 건축의 사회적 맥락은 어떻게 고려해야할까?

4-3. 건축에도 뿌리가 있다: 문화역사적 맥락

4-4. 건축의 경제적인 맥락은 무엇일까?

4-1. 건축은 섬이 아니다

<그림 4-1> 사람은 섬이 아니다

"사람은 외딴 섬이 아니다. 각 개인은 대륙의 일부이다. 전체의 한 부분인 것이다. 한 줌의 흙이 바다에 씻겨 가면 대륙은 줄어든다. 한 사람이 죽으면 내가 줄어든다. 그와 함께 나는 인류에 속하기 때문이다. 그러므로 저 종이 누구를 위해 울리는지 알려하지 말라. 그것은 바로 너를 위해 울리는 것이다."

"No man is an island, entire of itself; every man is a piece of the continent, a part of the main; if a clod be washed away by the sea, Europe is the less....any man's death diminishes me, because I am involved in mankind; and therefore never send to know for whom the bell tolls; it tolls for thee."

-John Donne(1572-1631)

오늘날 다른 모든 분야가 그렇듯이 건축은 독립된 한 학문분야라기 보다는 여러 분야가 겹쳐진 학문이라 하겠다. 흔히 건축은 공학과 예술의 접합 분야라고 정의되고 있으나 이러한 정의는 충분치 못하다. 건축은 사람이 사는 물리적 환경을 제공하고 있고, 그렇기 때문에 건축의 인문적 맥락을 이해할 필요가 있다. 사람은 다른 동물들과 구분되는 '사회'를 유지하며, '문화'를 영유하고 있으며, '경제'적인 사고를 한다. 그렇기 때문에 건축물에서 제공하는 물리적 공간·환경은 단순히 기능적인 필요에 의해 생겨난 것이라기보다는 이러한 사람들의 사회, 문화, 역사 및 경제적 맥락에서 필요한 물리적 환경을 포괄하는 것이어야 한다.

사람들은 그동안 살아오면서 각 시대에 적합한 건축의 방식을 발전시켜왔다. 20세기의 건축사가 기데온은 근대 건축가들의 작업을 평가하면서, 당시의 장식주의적, 고전주의적 건축 경향을 비판하면서 건축은 시대를 반영하는 거울이라고 정의하여 우리 시대에 적한한 건축의 모습을 건축가가 찾아내야한다고 주장하였다. 즉 현대에 들어 복잡해진 우리 사회에서 필요한 건축물의 형태는 정해진 양식에 따르는 것으로는 부적합하고, 새로운 시대의 변화에 맞는 새로운 형태가 필요하다는 것을 역설한 셈이다. 건축물의 설계는 단순히 형태를 결정하는 것이 아니라 그것의 사용자들에게 적합한 시설과 공간을 정해주며, 동시에 사용자들의 경제수준에 적합한 적절한 규모와 시공비를 예상하여 시공방법과 재료를 정하여야 한다. 경우에 따라서는 주어진 부지를 어떻게 개발하여 투자효과를 극대화하느냐 하는 기획부터 시작할 필요도 있다.

한편 우리 주변에 사는 사람들을 살펴보자. 우리 주변에는 남·여, 다양한 연령, 층, 다양한 직업, 다양한 소득, 다양한 가치관, 다양한 취향의 사람들이 모여 살고 있다. 건강한 사람들도 있고 병약한 사람들도 있다. 장애인들도 있다. 이들은 각각의 상황에 따라 서로 다른 것들을 필요로 한다. 따라서 이들의 생활을 영위하도록 하는 건축물은 각각의 필요들에 대응할 수 있도록 하여야만 한다.

따라서 건축은 사람들의 다양한 요구조건들을 만족시킬 수 있도록 사회적, 역사·문화적 및 경제적 맥락의 여러 요소들을 고려한 것이어야 한다.

4-2. 건축의 사회적 맥락은 어떻게 고려해야할까?

<그림 4-2> 인간은 사회적 동물이다

고대 그리스의 철학자 아리스토텔레스는 “사람은 사회적 동물이다”라고 말했다. 사람은 홀로 살아갈 수 없다. 가정을 이루고 이웃과 협력하며 살아간다. 사람은 모여서 마을을 이루고, 도시를 이루고, 또 나라를 이룬다. 나라들이 모여 세계를 이룬다. 우리는 세계의 일부다. 따라서 건축의 사회적 맥락은 여러 위계로 구성되어 있다.

<그림 4-3> 주거의 사회적 중요성

가정은 모든 사회생활의 기초가 된다. 보통 사람의 일생 중 가정 안에서 지내는 시간이 반 이상을 차지한다. 사람의 유년기는 거의 모두 가정 안에서 보내며, 주부의 경우도 가정 안에서 보내는 시간이 월등히 많다. 모든 건축 유형 중 주거 건축이 양적으로 반 이상을 차지하는 것도 같은 맥락의 이야기다. 주거 건축은 이런 점에서 사람

의 일상생활의 중심이 된다. 앞에서 건축은 섬이 아니라고 말한 바 있다. 주거 역시 섬이 아니다. 전통적으로 우리는 이웃과 상부상조하며 살아왔다. 그러나 현대의 도시 주거들은 점차로 외딴 섬이 되어가고 있다. 건축가는 주거의 사회적 중요성을 이해하고 서로 가깝게 교류하며 살 수 있는 주거 환경을 만들도록 노력해야 할 것이다. '맹모삼천지교'를 보면 어렸을 적 맹자의 행위들이 집주변의 환경과 얼마만큼 관련을 가지고 있는 지를 설명해준다.

인간의 사회생활은 가정생활로만 이루어지지 않는다. 우리는 직장(work place)생활과 문화생활, 혹은 레저(recreation)를 즐기면서도 사회생활을 한다. 주거, 직장, 리크리에이션은 사람이 살아가는 데 중요한 세가지 기능이며, 이들은 건축 및 도시의 구성에 있어 중요한 세 요소이다. 이들을 어떻게 꾸미느냐, 혹은 설계하느냐 하는 것은 건축의 중요한 명제이며, 이들은 역으로 인간의 생

<그림 4-4> 인간행동의 환경적 결정론

맹모삼천지교

맹자(孟子)의 어머니가 맹자를 교육시키기 위해 세 번 이사를 하였다는 뜻이다.

처음 맹자가 살던 집은 공동묘지 근처였다. 어린 맹자는 늘 보게 되는 상여를 메고 가는 상여꾼들의 흉내를 내며 땅을 파고 관을 묻은 다음 둥그렇게 봉분을 짓는 장난을 하며 놀았다. "여기는 자식을 기를 만한 곳이 못 되는구나." 이렇게 생각한 맹자의 어머니는 곧 집을 시장 근처로 옮겼다. 그러자 맹자는 장사꾼들의 장사하는 흉내를 내며 놀았다.

"여기도 역시 자식을 기를 곳이 못 된다." 맹자의 어머니는 여러 가지로 생각한 끝에 이번에는 학교 근처로 집을 옮겼다. 그러자 맹자는 학생들이 공부하는 모습과 제사상을 차리는 법, 예의를 갖춰 인사하고 행동하는 광경들을 일일이 흉내 내며 노는 것이었다. "여기가 참으로 자식을 두고 기를 만한 곳이다"하고 맹자의 어머니는 학교 근처에 자리를 잡고 살았다.

-후한서(後漢書)열녀전(列女傳)

이 이야기는 건축에서 사회적 맥락의 중요성을 웅변하고 있다. 우리 주변에는 여러 종류의 사람들이 가정생활 및 사회생활에 필요한 여러 가지 기능을 수행하기 위해 주거뿐만 아니라 육아, 교육, 상업, 문화, 리크리에이션, 휴식 등 다양한 용도의 시설들을 갖추고 살아가고 있다. 이 시설들은 우리에게 직접, 간접의 영향을 끼치게 된다.

활을 얼마나 풍요롭게 하느냐 혹은 빈곤하게 하느냐 하는 것을 결정한다. 인간의 행동이 주변 환경 혹은 건축물들과 어떤 연관성을 가지느냐 하는 바에 대해서는 19세기 후반이후 본격적으로 연구되고 있다. 인간의 행태(behavior)는 결국 주변 환경요소들에 따라 결정된다고 보여 진다. 인간은 주변의 물리적·사회적·문화적 환경에 따라 그 행동패턴이 결정될 수 있다는 믿음을 환경적 결정론이라 부르며, 비슷한 의미에서 인공적 혹은 자연적인 요소들로 구성된 도시·건축 형태가 사회적 행동의 변화를 이끌 것이라는 건축적 결정론을 가정할 수 있다. 윈스톤 처칠도 비슷한 의미에서 “우리는 건축을 만든다. 그리고 나면 건축은 우리를 만든다”라고 주장한 바 있다.

<그림 4-5> 건축적 결정론

한편 다른 각도에서 보면 인간과 그를 둘러싼 환경 사이에는 끊임없는 상호작용이 일어나며, 이에 의해 인간의 행동과 경험이 결정된다. 그런데 여기서 유의할 점은 인간의 행태는 주변의 물리적인 환경에 대해서만 기계적으로 일어나는 것이 아니라, 사회적 측면, 즉 인간관계에 의해서도 영향을 받는다는 점이다. 이를 물리적인 환경과 구분하여 사회적인 환경이라고 부른다. 좋은 건축 혹은 도시는 물리적인 환경이 잘 구비되었을 뿐 아니라 사람들 사이의 접촉이 활발히 일어나고 이에 의해 바람직한 인간 행동이 일어나는 사회적인 환경이 제대로 마련된 것이어야 한다.

<그림 4-6> 인간과 환경 사이의 상호작용

4-2-1. 건축의 법적 규제(building code and regulations)

인간이 다른 사람들과 더불어 살면서 즉, 사회생활을 하면서, 최소한의 규약이 필요하게 되었고 이것을 보통 규범이라고 부르게 되었다. 사회규범이란 즉 사회생활의 유지를 위해 사람들이 준수하여야 할 규칙을 의미한다. 사회규범에는 다음과 같은 네 가지가 있다.

<그림 4-7> 여러 가지 사회규범

- 관습 규범 : 사회생활 속에서 일정한 행위가 계속 반복됨으로써 인간의 행위를 규제함이 승인되어 있는 규범(강제성 없음)

- 도덕 규범 : 인간의 내면적 양심에 의한 자율적 규범(강제성 없음)
- 종교 규범 : 인간의 신앙에 의한 자율적 선의 실현을 목적으로 하는 규범(강제성 없음-종교 의 자유)
- 법 규범 : 국가 권력에 의하여 강행되는 규범(강제성 있음-위반자에게 제재를 가함)

4-2-2. 건축관련 법규

<그림 4-8> 건축관계법규

<그림 4-9> 하무라비 법전

건축인의 전문적 업무는 관련된 사람들에게 영향을 끼치며, 또 대지와 건축물이 개인의 소유라 하더라도 다른 사람들에게 영향을 끼치기 때문에 모든 건축 및 건축행위는 공공성을 갖기 마련이다.

건축법은 법 제1조에서 밝히는 바와 같이 건축물의 대지·구조 및 설비 기준과 건축물의 용도 등을 정하여 건축물의 안전·기능 및 미관을 향상시킴으로써 공공복리의 증진을 이바지함을 목적으로 한다. 즉 이러한 제한을 통해 개인에게는 약간의 손해가 된다고 생각되더라도 사회적인 집단생활을 해 나가는 데 있어 공공복리의 증진을 위해 서로가 양보하도록 규정하고 있는 것이다. 예를 들자면 지역 및 지구 안의 건축물의 용도를 규제한다든지,

> **고대의 건축규범 : 하무라비 법전과 건축인의 책임**
>
> 기원 전 18 세기 고대 바빌로니아의 하무라비 왕은 왕국을 다스리기 위해 282 조의 법을 만들었다. 하무라비 법전은 그 내용이 매우 엄격하고 "눈에는 눈, 이에는 이"식으로 일관한다. 그 중 228-233 조가 건축가의 보수와 책임에 관련된 것이어서 우리의 관심을 끈다. 집 짓는 기술자가 잘못 지은 집이 무너져 집주인이 죽으면 자신의 목숨을 내놔야한다는 점에서 당시 기술자들이 목숨을 걸고 집을 지었음을 알 수 있다. 건축가, 시공자의 무한책임을 엿볼 수 있는 대목이다.
>
> **풍수지리와 인도의 바스투**
>
> 풍수지리는 고대 중국에서 생겨나 동북 아시아권에서 성행했던 일종의 자생적 건축규범이다. 근대화 과정에서 미신으로 폄하되기도 했으나 역사적으로 많은 도시와 건축들이 실제로 풍수이론에 의해 건설되었고, 그 근본 이념이 자연친화에 있다는 점에서 새로운 관심을 끌고 있다. 한편 인도에도 인도판 풍수라고 할 만한 바스투가 있다.

혹은 전면 도로에 의한 건축물 높이의 사선제한 등이다.

건축에 관련해서 직접적으로 관련되는 건축법, 건축사법, 도시계획법, 건설업법 등과 함께 주차장법, 소방법, 주택건설촉진법, 공동주택 관리령, 임대주택법 등의 관련법이 있으며, 그 밖에도 건축물에 따라서 의료법, 공연법, 도로법, 지적법, 대기환경보전법 등을 고려하여야 하는 경우가 많다. 많은 경우 제건축법규를 준수하는 것은 최소한의 규제라고 생각하는 것이 옳다. 대부분의 경우 사회생활에 적합한 건축물을 설계하기 위해서는 설계 및 시공을 소위 계획학적으로 접근하여야 하는 데, 보통 제건축법규에서 규정되는 정도 이상으로 시행하는 경우가 많다.

4-2-3. 건축인의 윤리

<그림 4-10> 건축인의 윤리

건축인은 사람을 위해 건조환경을 만들어나간다. 건축인은 보통 사람들이 하는 일에 비하여 지구 표면을 많이 바꾸는 일을 하는 편이다. 화가가 그림을 잘못 그리면 안 팔리는 것으로 끝나지만 건축은 잘못하면 사람을 해칠 수도 있으며 그렇지 않더라도 두고두고 사람들을 불행하게 만든다. 건축인은 전문가로서의 책임을 가지고 남들보다 길고 정확한 안목으로 세상을 읽고 거기에 맞는 건축을 만들어야한다. 그런 이유로 건축인은 명문화된 법을 지키는 것 외에도 보편적인 가치관에 입각한 윤리적인 책임감을 느껴야할 것이다. 세계의 건축인 단체들은 나름대로의 윤리강령을 마련하고 있다. 결국 건축가는 전문직업인으로서 사회적 봉사의 책임과 의무를 가지게 되는 것이다.

4-3. 건축에도 뿌리가 있다 : 문화역사적 맥락

4-3-1. 정체성(正體性, identity)과 전통

어떤 집단 안의 개체들이 동일한 속성을 지녔을 때 그것을 정체성이라 한다. 예컨대 우리 민족의 정체성은 중국인이나 일본인 등 다른 동양인들과 다르며, 동양인의 정체성은 또한 유럽인들과 제법 다르다. 정체성은 다른 집단의 정체성과는 구분되는 고유의 속성이 있다는 것을 전제로 쓰는 말이다.

그런데 이 정체성은 선천적으로 유전되기도 하고(inherited), 후천적으로 습득하기도 한다(acquired). 예컨대 우리 민족의 골격은 유전된 것이고 집짓기 기술은 습득한 것이다. 한편 유전은 진화와 돌연변이를 전제로 하고 있다.

<그림 4-11> 정체성이란?

한편 전통(tradition)이란 선조로부터 물려받아 후대로 물려주는 사고, 사상 또는 관습 등 연속적 개념의 문화를 말한다. 한국 민족의 전통은 정체성으로 보자면 습득한 것에 해당한다. 연속성이 강한 문화를 우리는 전통문화라 하고 연속성이 강한 건축을 전통건축이라 한다. 그런데 전통은 불변을 전제로 하지 않는다. 즉, 전통은 변할 수 있으며 실제로 변해왔다. 오늘날 우리 시대에 적합한 건축은 우리의 정체성을 가지면서, 즉 전통성을 살리면서 오늘날의 생활에 적합한 것이어야 한다.

<그림 4-12> 전통이란?

우리나라 건축에서의 전통에 대한 논의는 1960년대 이후 활발히 논의되어 왔다. 우리 고유의 전통을 계승하는 방법론으로는 크게 보아 두 가지이다. 첫째는 형태에 관련된 것으로서 우리 고유의 형태를 살리자는 것이었다. 전통적인 건축물의 형태를 모방하거나 혹은 그것을 분석하여 이용하자는 주장이다. 둘째로는 형태를 모방하는 것은 생활이나 건축 재료가 전혀 다른 오늘날 의미가 없으므로 내용적인 측면에서 전통건축을 계승하자는 주장이다. 이는 다시 두 가지로 나누어 볼 수 있는데, 하나는 전통건축의 풍수지리설 또는 양택론 등의 사상·이념을 배우는 데에서 출발하는 것이고, 다른 하나는 우리의 전통건축에서 찾을 수 있는 공간요소들을 현대화하는 것이 제대로 전통을 계승하는 것이라는 주장이다. 근대건축가들은 보편성을 강조하여 소위 '국제주의건축'을 이루고자 하였다. 즉 지역이나 기후를 무시하고 어느 경우에나 편리하고 합리적인 건축은 한 가지라고 주장한 것이다. 그러나 돌이켜 비교해 볼 때 사회, 문화가 다르고 경제적 수준이 다르다면 한 가지 해결책만을 주장하는 것은 바람직하지

<그림 4-13> 전통을 계승하는 방법론

못하다. 오늘날 세계적으로 '지역주의 건축' 주창되는 것은 이러한 점을 고려한 것이다. 오늘날의 상황에 적합하면서도 우리 민족 고유의 정체성을 살릴 수 있는 방법으로서 전통을 계승할 수 있는 방법을 생각해 보아야 한다.

<그림 4-14> 문화란?

4-3-2. 문화적 맥락

비슷한 맥락에서 문화(文化)를 생각해 볼 수 있다. 문화는 사람의 집단에 적용되며 미개의 상태, 자연의 상태에 대비되는 말이다. 영어 'culture'의 어원은 'cultivate'(경작하다)와 같다. 즉, 미개의 상태에서 문명화된다는 뜻이다. 우리는 삶의 곳곳에서, 삶의 매순간 어떤 식으로든 문화와 관계를 맺으며 살고 있다. 자연물 외에 우리가 보고 접하는 유형의 사물들은 물론 제도나 관습, 지식처럼 우리의 삶에 관여하고 있는 무형의 것들까지 모두 문화의 소산이며, 우리의 행동과 생각, 어쩌면 우리의 느낌과 감정의 대부분이 모두 문화의 바탕 위에 이루어지는 것이다. 문화는 전수되고 학습될 수 있다.

<그림 4-15> 문화의 주체

그런데 이 문화는 고정된 것이 아니라 끊임없이 변화한다. 어떤 때는 빠르게, 어떤 때는 천천히 변화한다. 변화란 반드시 발전을 의미하지는 않는다. 흔히는 발전하지만 어떤 때는 퇴보하기도 한다.

<그림 4-16> 빠르게 변화하는 문화

이러한 문화의 주체는 인간이며 곧 사회이다. 사회가 있는 곳에는 반드시 문화가 있다. 서구사회에는 서구문화, 한국사회에는 한국문화, 각 지역사회에는 각 지역의 문화, 자본주의 사회에는 자본주의 문화, 대학사회에는 대학문화, 청소년 사회에는 청소년 문화, 공무원 사회에는 공무원 문화가 있다.

<그림 4-17> 건축의 역사

건축 역시 하나의 문화 장르다. 건축은 시간, 공간적으로 그 시대와 지역사회의 문화를 대변한다. 안정적인 건축가는 문화의 주류를 따르고 선구적인 건축가는 문화의 변화를 읽고 창의적으로 앞서간다. 근대건축의 거장들은 문화의 변화에 앞서간 건축가들이다. 물론 문화의 변화에 역행하는 건축도 있다.

오늘날과 같이 빠르게 변하는 사회에서는 문화적 맥락

이 혼란스러울 수 있다. '갓 쓰고 자전거 타기'가 그런 경우다. 우리는 여러 나라, 사회의 다양한 문화 속에서 개인이나 사회집단이 어떻게 서로 다른 가치 및 관습을 가지는 지, 그리고 그것들이 환경과 어떤 관계를 가지는 지를 정확히 이해하여야 한다.

<그림 4-18> 건축의 양식

4-3-3. 건축의 역사적 맥락

B. Allsopp는 건축의 역사를 어떤 정원의 변천에 비유한 적이 있다. 그 정원은 옛날부터 주인이 바뀌어가며 여러 가지 변화를 겪어왔다. 우리가 전혀 역사에 무심하다면 정원의 새 주인이 그 정원을 어떻게 바꾸든 간여할 바가 아니다. 그러나 사실은 그렇지 않다. 우리는 역사에 관심이 많으며 정원의 새 주인 역시 그러할 것이다. 새 주인은 새로운 정원을 만들면서 아마도 그 정원이 과거에 지녔던 장소성을 되새기고 과거의 흔적에 새로운 의미를 부여할 수 있는 어떤 특별한 정원을 만들고 싶어 할 것이다. 우리가 우리의 뿌리를 부정한다면 우리에게 남는 것이 무엇이겠는가.

<그림 4-20> 중앙청 철거

<그림 4-19> 경복궁 복원

앞의 전통에 대한 논의에서 찾아볼 수 있듯이 건축은 시대 혹은 인간의 생활을 담는 그릇이기 때문에 역사적인 맥락을 가진다. 어느 한 시대나 사회의 건축형태를 가리키는 양식(style)은 특징적이며 공통적인 형태체계이다. 건축뿐 만 아니라 다른 시각 예술에서도 양식이 존재하였

중앙청 철거와 경복궁 복원의 사례

정부는 1996년 중앙청을 허물었다. 중앙청은 1926년 일제시 조선총독부 청사로 경복궁 앞쪽을 가로막고 지어져 해방후 미군정청사, 입법회의청사, 정부청사, 국립박물관 등으로 사용해 왔던 건물이다. 중앙청 철거에는 찬반양론이 많았으나 일제라는 굴욕적 역사 청산의 명분으로 허물은 것이다. 현재 경복궁 안에는 복원공사가 한창이다. 그 역사적 평가는 후일로 미루더라도 한 세기 안에 광화문 옮겨짓기-중앙청 신축 및 철거-경복궁 복원으로 이어진 건축행위는 건축의 역사적 맥락의 중요성을 웅변하는 사례라고 할 만하다.

으며, 이 양식은 시간이 지남에 따라 점진적으로 발전하였다. 그런데 역사적으로 볼 때 예전에는 한 사회나 시대가 다른 사회나 시대와는 단절되어 쉽게 구분될 수 있었다. 그런데 오늘날 그 상황은 전혀 달라졌다.

<그림 4-21> 건축가는 '물리적인 역사가'이다

우리 시대나 사회는 변화가 매우 빠르고, 다른 사회나 문화와 너무나 복잡하게 서로 연관되어 있어서 우리 시대의 양식을 찾아보는 것은 매우 어려운 과제이다. 그럼에도 불구하고 우리 시대와 사회에 적합한 형태나 방법을 찾아보는 것은 매우 중요하겠다.

건축가를 흔히 물리적인 역사가(physical historian)로 비유하기도 한다. 건축은 인류의 역사, 혹은 문화사의 중요한 부분을 차지하고 있다. 역사 혹은 문화사는 인간이 만든 중요한 제도나 예술, 문화에 대한 기록이며, 그 사람들이 살던 물리적인 환경이 건축이었다. 오늘날 우리주변에서 새로이 만들어지는 건축물들은 오늘날의 역사로서 후세에 남는다. 이에 따라 건축가를 물리적인 역사가라 부르는 것이다.

4-4. 건축의 경제적인 맥락은 무엇일까?

4-4-1. 경제란 무엇인가?

<그림 4-22> 경제란?

한자어로서 경제란 경세제민(經世濟民)의 약자로 세상을 경영해서 백성을 부유하게 한다는 뜻이었다. 그러나 오늘날의 경제(economics)란 인간의 물질적 부와 관련된 모든 것을 말한다. 현대사회의 시대적인 큰 특징 중의 하나는 자본주의이다. 우리는 오늘날 거의 모든 가치평가를 경제성을 근간으로 하는 경향이 있다.

근대건축의 큰 특징 중의 하나인 기능주의 건축도 결국은 경제성을 근간으로 하는 개념이다. 따라서 건축에서의 경제성, 혹은 경제적인 측면을 이해하는 것은 매우 중요하다.

이에 따라 건축계획 방법론 중 경제성을 고려한 많은 방법론들이 대두되었는데, 그 중 중요한 방법론들을 열거

하자면 적정규모계획, 경제성공학, VE 기법, 타당성조사 등이다.

4-4-2. 적정규모계획

규모계획이란 건축계획에서 불특정 다수인을 대상으로 하는 공공시설이나 영리시설들의 최적설계를 위해, 시설이나 설비 등의 적정규모를 산정하는 방법이다. 그런데, 공공시설과 영리시설의 적정규모의 기준을 다르며, 사용자의 측면에서 보는 경우와 경영자의 측면에서 보는 기준은 다를 수밖에 없다. 사용자의 측면에서 보면 필요할 때 기다리지 않고 이용할 수 있는 규모를 원할 수 있으나, 규모가 너무 크게 되면 쓰지 않는 부분이 생겨 시설의 효율성이 떨어진다. 한편 영리시설의 경우 투자의 효용성이 중요한데, 단순히 수익률을 최대로 할 수는 없고, 수익의 절대값과 안정성을 같이 고려하여야 한다. 한편 시간적인 관점에서 볼때, 단기적으로는 채산성이 없더라도 장기적으로는 이익이 기대되는 예도 드물지 않다.

<그림 4-23> 적정규모계획

적정규모계획의 가장 대표적인 것이 공간규모계획(space program)이다. 공간규모계획은 적정한 사용인원, 좌석수, 실 수 등을 가정하고 이에 적합한 면적 혹은 체적을 산정하는 것이다. 공간규모계획은 보통 실예들에서 비롯하는 통계값들을 이용하여 구하며, 건축계획각론, 혹은 자료집성 등의 서적에서 기준을 찾아볼 수 있다. 그런데 중요한 점은 기능당 기준값의 범위가 넓어 검증을 해보아야 한다는 점이다. 예를 들자면 영화관이나 극장의 객석을 구하고자 할 때 1인당 소요면적은 0.7㎡로 보통 알려져 있으나, 이는 대형의 영화관을 기준으로 한 것으로 소형의 경우에는 복도로 사용되는 부분이 많아져서 실제로 평면을 간단히 그려보아야 적절한 기준값을 찾아 볼 수 있다.

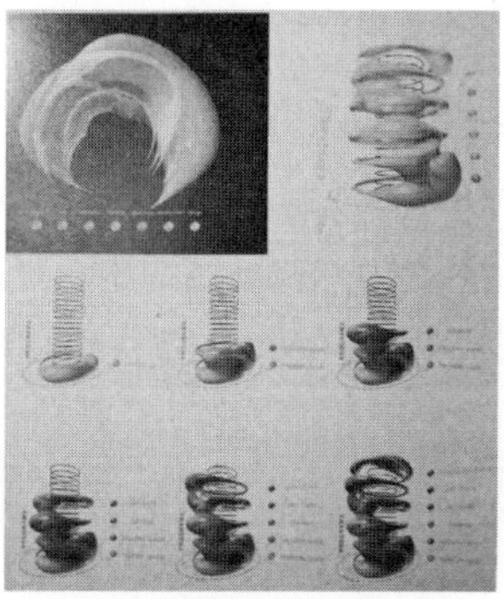

<그림 4-24> 스페이스 프로그램

적정규모계획의 다른 예를 들자면 사무소 건물에서의 엘리베이터 대수 산정 방법이나 변기수 산정 방법 등을 들 수 있다. 이들을 산정하기 위해서는 적절한 경험치(사람들이 로비에서 엘리베이터를 기다리는 적정 대기시간,

화장실의 평균체류시간, 평균 요구발생간격 등)를 가정하고 이를 해결하기 위한 대수 혹은 변기 수를 계산하는 것이다. 한편 이 숫자에 의해서 적정한 공간규모계획이 마련된다.

4-4-3. 경제성공학 혹은 VE란 무엇인가?

<그림 4-25> 경제성공학이란?

경제성공학이란 제한된 이용 가능한 자원을 가장 경제적으로 기술적, 화폐적, 비화폐적인 모든 요소를 고려하여 공학적 사업(engineering project)을 계획하고 선택하고 결정하는 기술 체계이다. 또는 자원(resource)을 활용함에 있어 물리적 효용과 경제적 효율을 극대화 또는 최적화하기 위한 기술적 의사결정 체계(system)라고 할 수 있다. 일반적으로 공학적인 문제에서 주로 취급하는 문제는 기계의 성능, 자재의 질 등 주로 기술적인 측면이라고 생각되어 왔다. 그러나 이와 같은 공학적인 문제에서 경제적인 측면을 완전히 무시한다면 이것은 공학이라기보다는 순수과학에 더 가깝다고 할 수 있다. 따라서, 공학이라는 의미는 기술적·경제적인 면을 동시에 고려하여 경제의 원칙을 수행하는 것이라 할 수 있다. 이의 구체적인 예는, ① 신규 설비투자에 대한 대안(代案)의 선택, ② 현존 설비의 개체(改替) 여부, ③ 제조방법 또는 설비의 개선, ④ 생산 여부의 선택, ⑤ 신제품 개발의 경제적 타당성, ⑥ 제조방법의 대안 선택 등이다. 한편 비슷한 개념으로 건축 및 건설분야에서는 VE(value engineering, 가치공학)이 사용되고 있다. VE는 제품 또는 서비스 기능의 가치를 금전적으로 설정하여 전체비용을 최소화하면서 필요기능을 제공하는 체계적인 기술을 의미한다.

건축디자인은 이용가능한 자원의 범위 내에서 문제의 해결책을 찾는 것이며, 바람직한 대안은 흔히 제한된 자원의 한계 내에서 구해진다. VE에서는 비용을 될 수 있는 한 낮게 하여 소요기능을 얻으려는 방향, 혹은 비용을 일정하게 하면서 기능을 최대로 하려는 설계의 방향을 중요시한 것이다. 즉 경제적인 관점에서 보면 건물의 가치는 기능 혹은 성능에 비례하고 비용에는 반비례한다. 일반적으로 많이 사용되는 건물의 비용분석 기법으로는 생애주기비용분석(LCC, life-cycle cost analysis)을 살펴보자.

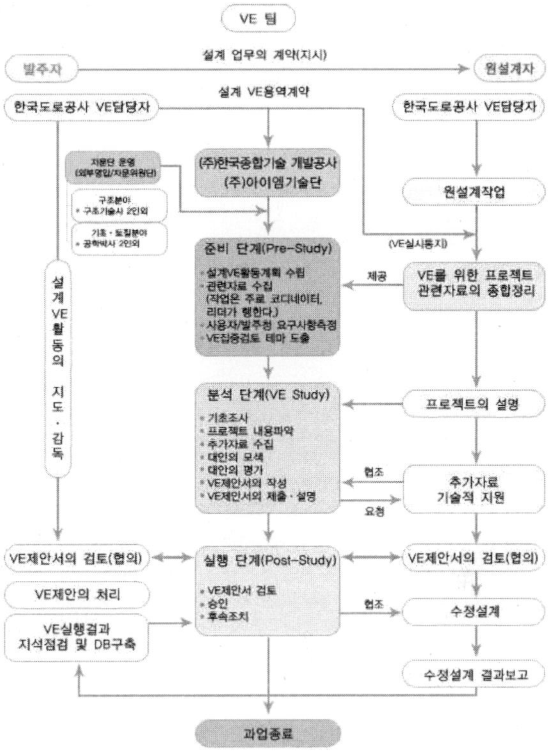

<그림 4-26> Value Engineering

(1) 생애주기비용분석

한 건물의 가치 혹은 비용은 단순히 건설비만을 가지고는 평가할 수 없다. 즉 그 건물을 유지하는데 비용이 많이 들면, 아무리 처음에 경제적으로 건설하였다 하더라도 어느 정도 시간이 경과된 후에 비교해 보면 결과적으로는 비경제적인 경우가 있을 수 있다. 따라서 건물에 소요되는 비용이란 그 건물이 사용되는 전기간 동안 얼마나 비용이 드는 가하는 것으로 판단되어야 한다.

<그림 4-27> 건물의 수명

보통 건물의 수명(life cycle)은 물리적 측면에서 본 성능수명을 일컫는 수가 많다. 즉 구조적 측면(구조적 안정성)과 환경적 측면(설비, 전기 등)의 성능을 제대로 가지고 있느냐 하는 것이다. 그런데 건물의 수명은 이러한 성능수명이외에도 기능수명을 포함해서 생각해야 한다. 즉 그 건물의 용도에 적합하느냐 하는 관점이며, 이 기능수

명은 보통 성능수명보다 훨씬 짧다. 따라서 건물을 제대로 사용하기 위해서는 적절한 관리 및 보수가 필요하게 되며, 경우에 따라서는 용도의 변경에 따른 리노베이션이 필요하기도 하다.

생애주기 비용이란 한 건물의 수명기간 동안의 경제적인 평가액으로서 소유지가 지불해야 하는 총 비용을 의미한다. 생애주기비용분석은 따라서 수명기간 동안의 총비용을 분석하는 것으로서 보통 비용을 현재가의 일반적인 기준에 의해 환산함으로써 현재 투자되어야 할 비용을 결정한다. 생애비용분석에서 분석의 대상이 되는 전체비용은 크게 초기비용과 운전비용으로 구분할 수 있다. 초기비용이란 건물을 신축하거나 구입하는 데 드는 비용으로, 건설비용, 수수료, 금융비용 등의 기타비용으로 나눌 수 있다. 이에 비해 운전비용은 건물을 사용할 때 발생하는 재료 및 소모품비, 동력비, 유지보수비, 차용료, 금리 등의 금융비용, 인건비, 관리비 등의 제비용을 말한다.

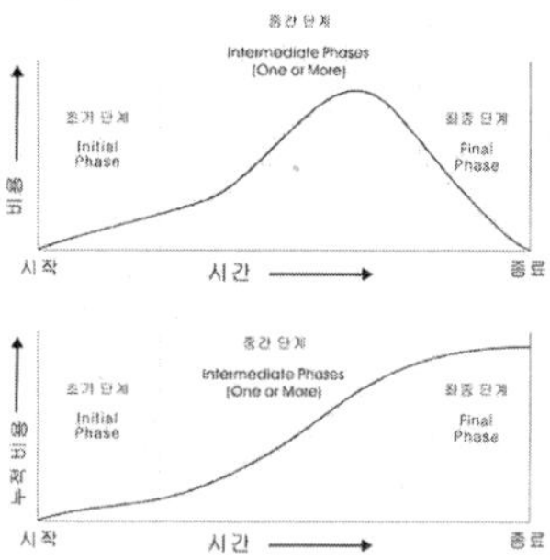

<그림 4-28> 생애주기 비용

건물디자인과정에서 VE 기법이 이용되는 단계는 주로 대안의 생성단계이다. 이 단계에서 만들어진 여러 대안들에 대해 경제성분석을 실시하고, 경제성공학의 원리들을 이용하여 생애주기비용분석이 행해진다. 그 결과 각 대안에 대한 총비용을 산출할 수 있고, 이를 평가하여 최종안을 선택하게 된다.

4-4-4. 타당성 조사(Feasibility Study)

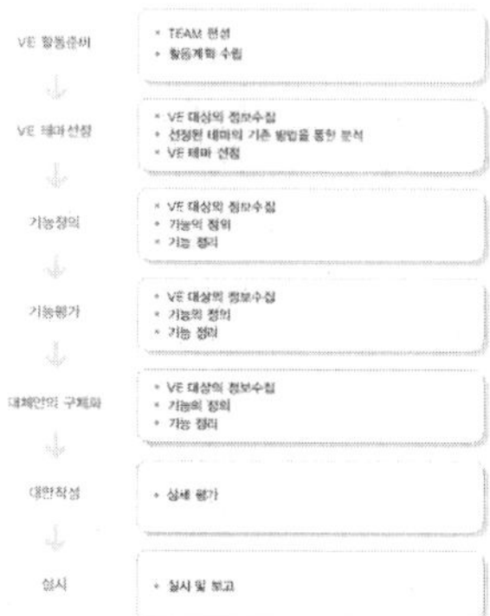

<그림 4-29> 타당성 조사

건물을 지으려면 땅이 있어야하고, 설계를 해야 하고, 시공을 해야 하고, 준공 후에는 관리해야하고, 보수 유지해야한다. 이 모든 것들은 돈이 드는 일들이다. 건축주는 준공 후에 건물을 직접 사용하거나 다른 사람들에게 임대함으로써 소득을 얻고자한다. 건축가는 건물이 경제적으로 지어지고 효율적으로 사용될 수 있도록 설계해야한다. 시공자는 적절한 시공관리를 통해 최소한의 비용으로 시공하려한다. 사용자는 효율적인 시설이용으로 관리비용을 줄이고 사업이윤을 추구한다.

건축도 투자인 만큼 건축주는 당연히 거기서 최대한의

이익을 얻기를 기대하며, 나갈 돈과 들어올 돈을 계산하여 장래의 이익을 확인하고자한다. 건축가는 건축주의 기술적 자문으로써 건축의 경제적 타당성에 대한 전문적 지식을 갖추어야 한다. 근래에 이런 일을 전문적으로 하는 컨설턴트(consultant) 전문회사들이 생겨나고 있다.

(1) 리모델링

리모델링, 혹은 리노베이션 사업이 오늘날 붐을 이루고 있다. 리모델링 사업의 경우를 살펴보면, 일반적으로 리모델링의 경우에도 신축과 유사한 프로세스에 의해 진행된다. 차이점이라면 대상건물을 해체하지 않고 이용하는 것인 만큼 기획단계에서부터 대상건물의 물리적, 기능적, 환경적 특성을 세밀히 조사하여 현 상황과 비교하여 경제적 타당성이 있는지 충분히 검토하여야 한다는 것이다. 또한 설계과정에서도 신축과 달리 제한된 공간을 사용하여야 하므로 기존 건물에 대한 철거 및 추가와 기계적 시스템의 공간적 수용가능성에 대해서도 검토되어야 할 것이다.

<그림 4-31> 리모델링

미국의 리모델링 경우를 살펴보면 일반적으로 첫 번째 평가와 검증, 두 번째로 타당성조사 및 분석, 세 번째로 디자인 컨셉 확정, 네 번째로 시방서 작성, 다섯 번째 설계 및 감리, 여섯 번째 시공 순으로 진행된다.

- 1단계 : 평가와 검증

건물의 문제점과 가능성을 진단하고 조사하는 단계로 각종 구조검사와 시스템에 관한 현황 파악을 목적으로 한다. 가장 중요한 것은 건물의 구조적 문제점을 찾아내고 새로운 공간수용에 대한 가능성을 판단하는 것이 주된 목적이다.

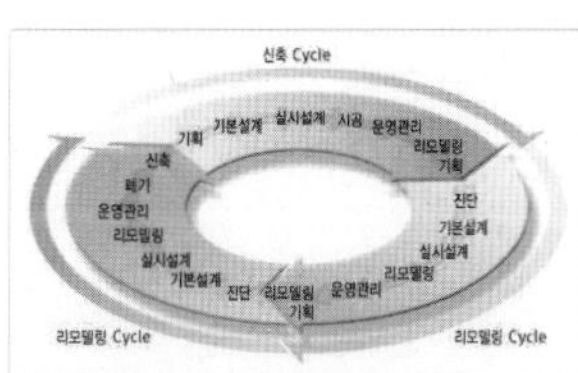

<그림 4-30> 리모델링의 단계

- 2단계 : 타당성 조사

평가 및 검증 과정을 통해 수집된 자료와 주변 환경요인 등의 조사를 토대로 프로젝트 프로그램을 작성하여 프로젝트의 범위를 정하고 재건축과 비교하여 경제적 타당성이 있는지 여부를 판단하여 리모델링의 추진여부를 판단하는 근거자료를 조사, 수집, 판단하는 과정이다.

- 3단계 : 컨셉 디자인

리모델링의 디자인 계획은 제한된 공간에서의 작업이란

측면에서 신축의 경우와는 상당한 차이가 있음을 알 수 있다. 기존 건물에 대한 활용, 철거, 추가를 적절히 판단하여 전체 리모델링 개념을 확정하는 단계라 할 수 있다.

<그림 4-32> 타당성 조사

- 4단계 : 시방서 작성

시방서 작성은 현재 상태의 정확한 기술과 어느 정도 철거하고 추가할 것인지에 대한 상세한 검토 및 풍부한 시공경험을 바탕으로 작성되어야 한다. 주요 항목으로는 부가적 요구사항, 철거 도면과 세부사항, 스케줄 등이 있다.

- 5단계 : 설계/감리

미국의 경우 설계와 감리를 무척 중요시하는데 이를 무시할 경우 하자발생 확률이 높은 것으로 조사되고 있다. 리모델링 설계의 경우 기존 시스템의 조건과 진단, 철거 범위, 세부적인 조화와 적응, 제안된 내용의 적합성, 외부 공간의 조건과 적합성 등을 충분히 고려하여 설계하여야 한다.

<그림 4-33> 리모델링 전후

'high-profile building'의 문제점

어의로 보면 '높은 건물'이겠으나 흔히 '귀하신 건물'을 뜻한다. 예컨대 프랑스 파리의 퐁피두센터, 오스트랄리아 시드니의 오페라하우스처럼 건축적 상식을 넘어 특별한 '지위'를 차지한 건축물을 말한다.

퐁피두센터는 1977년 약 10억 프랑(약 2,000억 원)을 들여 완공했으며 1996-2000년 다시 약 6억 프랑(약 1,200억 원)을 들여 개수했다. 이 중 땅값 8,500만 프랑(약 170억 원)을 제하면 두 차례의 공사비만 해도 약 3,000억 원이나 들었다. 건물 연면적이 10만 제곱미터(약 30,000평)이므로 이 건물의 공사비 평당 단가는 1,000만원이 되는 셈이다. 이 비용은 전시품 구입 등 다른 비용은 제외한 금액이다.
이 미술관 입장객은 연간 약 800만 명이다. 입장료 평균 5,000원이라면 그 연간 수입은 약 400억 원이 되는 셈이다.

시드니 오페라하우스는 1973년 완공되었을 때 공사비는 원래 예상했던 것보다 10배 가까이 들었다.(공사비 미상) John Utzon의 설계로 시작되었으나 공사비 문제로 중도에 사임했다. 건물은 오늘날 오스트랄리아의 상징물처럼 시드니 항을 지키고 있으나 CM(construction management)의 대표적인 실패작으로 꼽힌다.

이러한 사항을 감안하여 리모델링 절차에 대해 간략히 정리하면 다음의 단계로 이루어진다고 할 수 있다.

기획 → 조사분석 → 타당성검토 → 설계 → 건축허가 → 시공 → 사용승인 → 유지관리

이 과정에서 건축허가, 착공신고, 중간검사, 사용검사 등의 행정적 절차가 수반된다.

<그림 4-34> 퐁피두 센터

<그림 4-35> 시드니 오페라 하우스

■ 읽을 거리 ■

- Eugene Raskin, *건축과 인간*, 최종현 역, 형문사, 1981
- Patrick Nuttgens, *The Story of Architecture*, Phaidon, 1987
- Edward Hall, *보이지 않는 차원*, 김광문·박종평 역, 세진사, 1991

제 5 장 건축은 쓸모가 있어야 한다

신 재 억

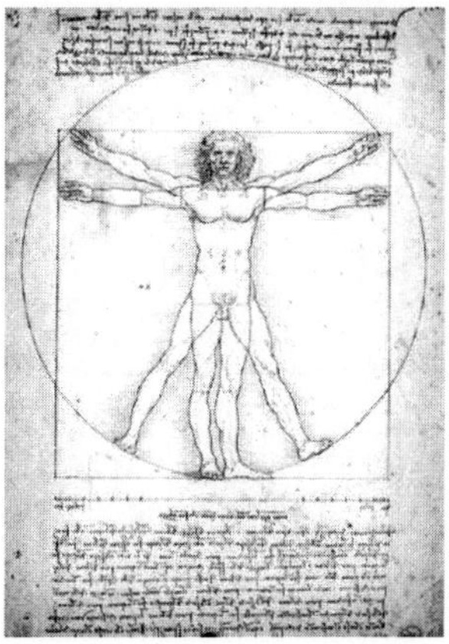

5-1. 건축 안에서 벌어지는 일들

5-2. 건축을 쓰는 사람들의 과학

5-3. 건축의 심리적 기능

5-4. 건축기능의 주기적 변화

5-1. 건축 안에서 벌어지는 일들

5-1-1. 기능이란?

어떤 물건의 '기능'이란 그 물건의 쓸모를 말하며 그 물건을 만든 목적이기도 한다.

예컨대 망치는 못을 박기 위한 것이며 그것이 망치의 기능이다. 망치의 자루는 손에 쥐기 좋게 만들고 망치의 머리는 못을 때리기 좋게 만든다. 못을 못 박는 망치는 망치가 아니다.

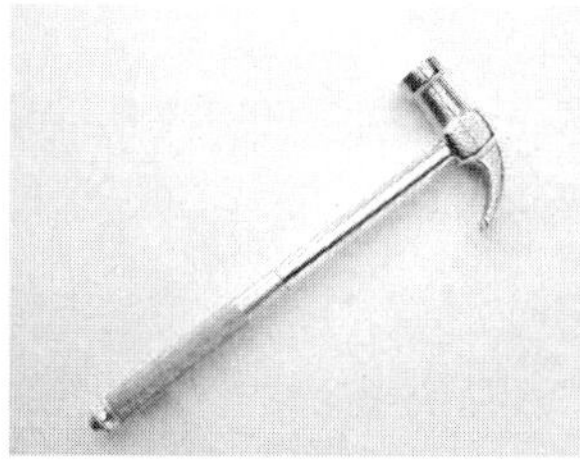

<그림 5-1> 기능이란?

건축에서의 '기능'도 건축을 만드는 목적과 통한다.

강의실의 기능은 강의를 하고 강의를 듣는 것이다. 강의실의 칠판과 교단은 좌석에서 잘 보이는 곳에 강의하기 편하게 만들고 좌석은 강사가 잘 보이고 강의가 잘 들리도록 배치한다. 강의실이 강의에 적합하지 않으면 강의실로서 가치가 없다.

건축에서 '기능'이란 보통 '형태(form)'와 짝을 이루어 이해된다. 예컨대 " 형태는 기능을 따른다"(form follows function)라든지, "기능은 형태를 따른다"(function follows form)라고 말하며, '기능적인 형태', '기능적인 건축' 등으로 표현된다.

<그림 5-2> 설리반

미국의 근대 건축가 설리번(Louis Sullivan)이 "형태는 기능을 따른다"라고 한 것은 건축의 형태가 그 기능에 맞도록 만들어져야 한다는 뜻이다. 이는 20세기 초반 근대 건축의 '기능주의적' 사조를 대변하는 말이다. "기능은 형태를 따른다"라는 말은 이에 대한 반론으로 건축의 형태가 먼저 있고 기능이 그 형태에 맞추어 이루어진다는 뜻이다.

건축물의 형태는 그 안에서 수행될 기능에 적합하여야 한다. 그러나 이 말은 건축을 기능과 형태만의 함수로 설명하려는 단순논리의 위험성을 안고 있다.

건축의 형태는 물리적인 기능 외에도 '역사적 계승', '힘의 균형(구조)', '아름다움의 추구', '상징성', '경제성', '사회성', 등의 요인들이 복합되어 결정되는 것이므로 그 중에서 물리적 기능이라는 요소를 유일한 결정요인으로 과대 해석할 필요는 없는 것이다. "형태는 기능을 따른다"고 주장한 설리반의 말을 자세히 살펴보면, 그가 말하는 기능은 물리적 기능이외에도 이러한 측면을 포함하는 것을 알 수 있다. 따라서 기능은 건축의 형태를 결정하는데 있어 필요조건이며, 결코 충분조건은 아닌 것이며, 기능은 넓게 보면 건축공간에 담겨지는 '삶'을 의미한다.

5-1-2. 기능의 분화

(1) 초기 주거기능의 분화

<그림 5-3> 주거기능

태초의 인류가 적대적인 환경 요소로부터 그들 자신의 삶을 보호하기 위하여 구조물을 지상에 구축하였을 때, 그들은 매우 단순한 피난처(shelter)를 지었다. 그 피난처에는 아마도 그들의 삶을 담을 수 있는 최소한의 단일 내부공간과 가축이나 땔감 등을 둘 수 있는 약간의 외부공간이 포함하였을 것이다. 그러나 삶의 규모가 짜여 가면서 단순하던 주거 기능이 분화되기 시작했다.

신석기시대에서 청동기시대에 이르는 주거유적에서 이러한 기능 분화가 실제로 검증되기도 한다. 우리나라의 청동기시대 주거 유적을 보면 한 공간 안에서 조리, 저장, 작업 등 주거 기능의 분화가 있었으며, 주거 면적도 이에 따라 넓어졌다. 여러 가지 기능이 하나의 공간 안에서 이루어 졌던 것으로 보아서 기능의 분화가 반드시 공간의 분화를 가져온 것은 아니었다. 한편 미케네 문명(B. C. 1600-1000)의 '디미니', '카마이지' 주거 유적에서는 기능에 따라 칸을 막은 공간 분화를 보이고 있다.

(2) 초기 종교건축의 기능

청동기인들은 고인돌, 선돌, 스톤헨지 등 특이한 건축물들을 남겼다. 이들 구조물들은 무덤, 경계 표시, 원시적 천문대 등의 기능 해석이 가능하나 모두 확실한 정설은 없다. 이들은 아마도 원시 종교적 시설물이었을 것이며, 종교 건축의 특성상 어떤 종교적 제의(祭儀) 기능과 관련이 있었을 것이다.

<그림 5-4> 종교기능

메소포타미아, 이집트 등 고대 문명권에서 가장 특이한

건축은 피라미드, 지구라트, 신전 등이며, 이들 역시 넓은 의미에서의 종교 건축들이다.

피라미드는 단독 시설물이 아니라 강변에서 올라오는 통로, 장례의식용 신전들을 포함하는 거대한 신전 건물군(temple complex)의 일부였으며, 지구라트는 도시 안에 있던 거대한 궁전 건물군의 한 부분이었다. 이런 경우 건축공간의 기능 해석은 전체 건물군 안에서의 모든 행사의 내용과 행태(行態) 뿐만 아니라 의미까지도 파악하여야 비로소 가능해 진다.

예컨대 피라미드 자체는 내부공간이 거의 없는 괴체(solid mass)로 되어 있는 구조물이며, 파라오의 무덤이라는 내부공간의 기능만으로는 도저히 그 실체가 설명될 수 없다. 고대 이집트의 파라오는 생전에 온 나라의 힘을 기우려 자신의 무덤인 피라미드를 비롯한 거대한 신전 건물군을 지었고, 그가 죽으면 일련의 장엄한 장례의식 속에서 '성스러운 배'에 실려 피라미드의 가장 깊숙한 현실(玄室)에 안치되었다. 파라오는 '오시리스' 신화의 예를 좇아 미라로 만들어 졌으며, '오시리스'처럼 다시 살아나 영원히 살면서 '사자(死者)의 왕'으로서 그의 후계자들을 보살피게 된 것이다. 나일강 서쪽 '사자(死者)의 땅'에 우뚝 솟아 있는 피라미드는 '사자의 왕', '오시리스'의 영원한 궁전이었던 것이다. 이승의 파라오의 궁전은 흔적도 없이 사라져 버렸는데 저승의 궁전인 피라미드가 지금까지도 서 있는 것을 보면 고대 이집트인들의 피라미드 건설 의도였던 영원성의 실현은 성공적으로 수행되었다고 볼 수 있다.

피라미드의 형태와 크기, 정방위성, 사면의 경사각, 내부 통로의 경사각 등 많은 요소들은 아직 까지도 신비의 미궁에 있어 아무도 이들을 기능과 연결하여 납득할 만한 설명을 한 적은 없다. 고대 이집트, 그리스, 로마 등 고대 건축문화권 뿐만 아니라 그 이후 어느 시대의 것이든 종교 건축의 기능은 종교적 제의(祭儀)와 관련하여 설명되어야 하며, 특히 중요한 것은 기능의 제의적 의미(意味), 또는 상징적 기능이다.

이 장에서는 기능을 삶의 물리적 측면, 즉 정량적 기능을 다루고자 하며, 문화적, 상징적 기능 등 정성적 기능은

'표현'의 장에서 다루기로 한다.

(3) 고대 공공건축의 기능 분화

<그림 5-5> 공공기능

고대 그리스의 도시에는 종교적 중심으로서 '아크로폴리스'(Acropolis, 높은 도시)가 있었으며 여기에는 그 도시의 수호신을 모시는 주 신전을 비롯하여 그 밖의 종교적 시설들이 모여 있었다. 도시 중심가에는 세속적 생활의 중심 광장인 '아고라'(Agora,시장,市場)가 있었고 그 주변에는 '스토아'(Stoae, 열주 회랑)를 통해 들어갈 수 있는 각종 공공 건축물들이 있었다. 그리스의 건축들은 그 내·외부 공간의 형태로 보아 내부공간 보다 외부공간의 기능이 더 중요했던 것으로 보인다.

고대 그리스인들은 활발한 축제행사를 즐겨 벌렸던 민족이다. 예컨대 아테네의 아크로폴리스에서는 매년 아테나 여신에 제사 드리는 축제가 열렸으며, 축제일이 되면 아테네의 영향권에 있던 많은 도시에서 제물을 가지고 모여든 사람들이 긴 행렬을 이루어 아크로폴리스 언덕으로 올라가 제사를 올렸다. 축제 기간에는 종교적 행사 외에도 각종 경기, 연극, 합창 등 다채로운 행사가 이어졌다. 4년에 한 번씩 열린 올림피아의 축제는 오늘날의 올림픽 경기의 전신이 되었다.

그리스 도시들의 신전, 극장, 경기장 등 각종 대형 공공건축들은 일상적 기능보다도 이러한 축제 기능과 연관하여 이해되어야 한다. 고대 로마의 도시 기능의 기본적인 성격은 그리스와 비슷하였으나, 대제국의 도시답게 그 규모 면에서 그리스의 도시들 보다 훨씬 커졌다. 그리스 도시의 '아크로폴리스'와 '아고라', 즉 '성'(聖)과 '속'(俗)의 이원적 기능이 합쳐져서 '포룸'(Forum)이라 불리는 일련의 광장들이 도시 기능의 중심이 되었으며, 이는 고대 로마인들의 실질적 사고의 산물로 보여 진다.

그 밖의 수많은 개선문들, 기념 기둥 등 황제의 업적을 기리는 기념물들이 늘어선 도시공간은 막강한 군사력으로 전쟁에 번번이 승리하고 돌아와 벌이는 개선행사를 연상케 한다. 로마의 공공 건축물들의 규모도 역시 커졌으며, 특히 그 내부공간이 완연하게 설정된 점이 그리스와 다른 점이다.

5-1-3. 현대건축의 기능

(1) 건축유형

사회생활이 복잡해짐에 따라 새로운 기능이 생겨나고 그 기능이 발전하여 사회생활의 한 몫으로 자리잡게 되면 하나의 새로운 유형(building type)이 성립하게 된다. 즉 건물 유형은 기능의 대분류가 되는 셈이다. 건물 유형의 분류 목적에 따라 다를 수 있으며, 건축 분야에서 일반적으로 쓰는 대분류는 다음과 같다.

- 주거용(residential)
- 교육용(educational)
- 문화용(cultural)
- 의료용(health)
- 종교용(religious)
- 공공용(public)
- 상업용(commeration)
- 기타(miscellaneous)

현행 우리 나라 건축법상의 건물 유형별 분류는 다음과 같다. 이 분류는 법률상의 허가나 규제를 목적으로 하므로 반드시 기능적으로 분류되어 있지는 않다.

(2) 건축법의 건물유형 분류

<표 5-1> 참조

5-1-4. 주거기능

주택은 인류 역사와 같이 있어 온 가장 오래된 건물 유형이라 할 수 있다. 사람의 일상적 생활의 근거지로서, 거의 모든 사람들이 하루의 반 이상을 주택에서 산다고 보면 주택은 또한 가장 중요한 건물 유형임에 틀림없다.

<그림 5-6> 주거기능

한편 주택은 설계나 시공의 물량으로 보아도 가장 큰 비중을 차지한다. 주택은 단독주택과 공동주택으로 분류되며, 공동주택에는 연립주택, 다세대주택, 아파트 등이 포함된다. 주택의 종류에 따라 계획의 접근방향이 달라지

긴 하지만, 사람의 일상적인 가정생활을 담는다는 주택의 기본적인 기능에는 차이가 없다.

<그림 5-7> 건축유형

<표 5-1> 건축법의 건물유형 분류

건물(시설)유형 대분류	건물(시설)유형 소분류
1) 단독 주택	단독 주택, 다중 주택, 공관 등
2) 공동 주택	연립 주택, 다세대 주택, 아파트
3) 기숙사	
4) 근린 생활 시설	수퍼마케트, 소매점 등 근린 주구에 필요한 업소들
5) 근린 공공 시설	동사무소, 파출소 등 근린 주구의 공공 건물들
6) 종교 시설	교회, 성당, 기도원, 수도원 등
7) 노유자 시설	아동 시설, 노인 시설, 기타 복지 시설 등
8) 의료 시설	병원, 요양소 등
9) 교육 연구 시설	학교, 교육원 등
10) 운동 시설	체육관, 운동장, 운동장에 부수되는 건축물 등
11) 업무 시설	공공 업무 시설(청사), 금융업소, 사무소 등
12) 숙박 시설	호텔, 여관, 콘도미니움 등
13) 판매 시설	시장, 백화점 등
14) 위락 시설	유흥 음식점, 무도장, 골프장, 도박장 등
15) 관람 집회 시설	공연장, 집회장, 관람장 등
16) 전시 시설	전시장, 관람장 등
17) 공장 시설	각종 공장
18) 창고 시설	창고 하역장
19) 위험물 저장 및 처리 시설	주유소, 가스 충전소, 위험물 제조소, 위험물 저장소 등
20) 운수 시설	버스, 화물자동차 정류장, 철도역사, 공항, 해운시설
21) 자동차 관련 시설	주차용건물, 세차장, 폐차장, 검사장, 부속상, 학원
22) 동물 관련 시설	축사, 부화장, 가축 시장, 도축장, 검역소 등
23) 분뇨, 쓰레기 처리 시설	
24) 식물 관련 시설	재배사, 배양 시설 등 (식물원 제외)
25) 발전소	
26) 교정 시설	교도소, 감화원 등
27) 군사 시설	
28) 통신, 촬영 시설	방송국, 전신 전화국, 촬영소 등
29) 묘지 관련 시설	화장장, 납골당, 묘지에 부수되는 건축물, 장례식장
30) 관광 휴게 시설	야외음악당, 야외극장, 어린이회관, 관망탑, 휴게소, 공원, 유원지 또는 관광지에 부수되는 건축물

우리에게 친숙한 주택의 기능을 분석해 봄으로써 기능에 대한 전반적인 이해도를 높여 보도록 하자. 이러한 분석 방법은 주택이 아닌 다른 건물 유형에도 적용될 수 있을 것이다.

5-2. 건축을 쓰는 사람들의 과학

5-2-1. 인체공학 (human engineering)

건축공간은 사람들이 쓰기 위한 것이므로 그 크기, 형태, 색채, 재질 등은 사용하는 사람들의 특성에 적합해야 한다. 우선은 사람의 물리적 특성을 아는 것이 중요하다. 사람의 자세, 시각적 특성, 동작의 크기, 힘, 등 특성을 다루는 학문을 인체공학이라 한다. 인체의 기하학적 특성을 다루는 분야를 인체기하학(anthropometry)이라 하고 업무의 효율 등을 다루는 분야를 ergonomics라고 한다.

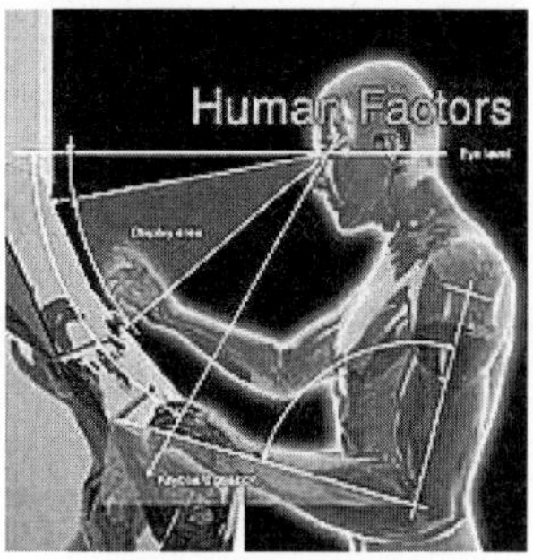

<그림 5-8> 인체공학

5-2-2. 인체 치수

동작의 주체는 사람이다. 사람의 몸은 머리, 몸통, 팔, 다리 등 여러 부위로 구성되어 있고 다시 많은 부분으로 세분되어 있다. 동작에 따라 키, 앉은 키, 어깨 폭, 팔 길이, 다리 길이 등의 치수가 그 동작에 필요한 공간의 크기를 정하는 요인이 된다. 이러한 치수들을 인체치수라고 한다. 인체치수는 보통 평균치를 적용하나 필요에 의하여 남.녀별, 노. 소별로 구분하거나, 특별한 경우에는 특정인의 인체치수를 적용하기도 한다.

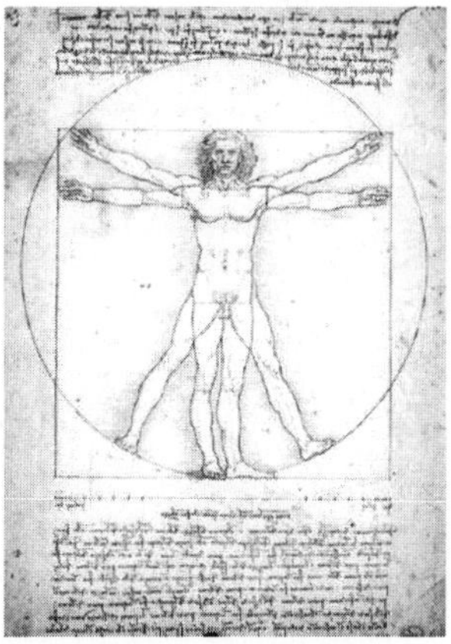
<그림 5-9> 인체치수

5-2-3. 동작 치수

사람이 서고, 앉고, 눕고, 걷고, 뛰고, 팔을 펴고, 몸을 굽히고, 먹고, 읽는 등의 기본적인 동작을 할 때 차지하는 공간의 크기를 동작 치수라고 한다. 장애인의 경우는 휠체어를 탄 채 동작할 때의 치수를 기준으로 하기도 한다. 동작 치수는 다음 항목인 동작 공간과 밀접한 관계가 있다.

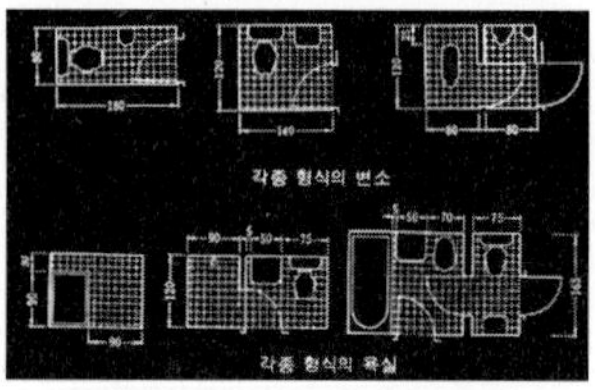

<그림 5-10> 동작공간

5-2-4. 동작 공간

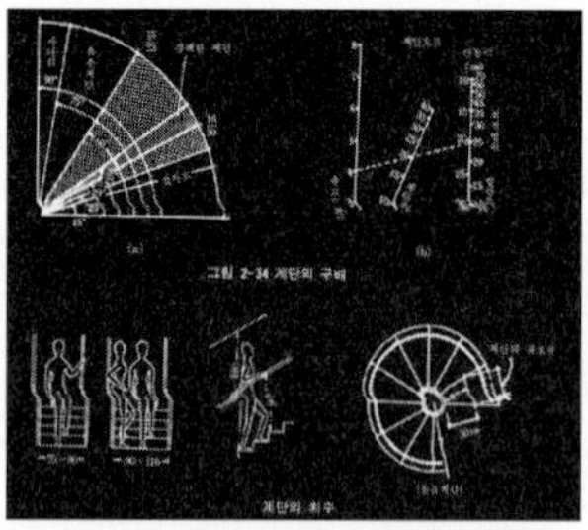

<그림 5-11> 동작치수

사람의 활동은 시간과 공간을 필요로 한다. 잠자는 행위, 서 있거나 앉아 있는 행위, 걷는 활동, 조리, 식사, 놀이, 학습, 회의 등 모든 활동은 특유의 동작들의 연속으로 이루어지며, 이러한 동작들이 차지하는 공간을 '동작 공간'이라 한다. 동작 공간은 시간과 공간을 포함하는 4차원적인 개념이다.

건축공간의 크기는 이러한 동작공간들의 유기적인 합계로 볼 수 있으나, 보통의 경우 건축공간의 크기와 형태는 다른 많은 요인들이 복합적으로 고려되어 결정되므로 반드시 동작 공간의 합계와 같은 것은 아니다.

보통의 활동은 일련의 동작으로 이루어진다. 예컨대 대문 출입이라는 활동은 대문으로 접근-초인종 누름-인터폰 대화-문 열기-들어섬-문 닫기 등 일련의 동작으로 이어진다. 특수한 경우도 고려하여야 하는데, 예를 들자면 위의 대문 출입문에서 우산을 받고 들어선다든지, 자전거를 끌고 들어서는 경우 등이다. 노약자나 장애자를 위한 배려도 필요하다

5-3. 건축의 심리적 기능

5-3-1. 환경의 심리적 영향

사람은 환경의 영향을 받는다.

자연환경과 기후대는 그 안에 사는 사람들에게 영향을 미친다. 산천경계의 아름다움이 사람의 심성에 영향을 미치고 추위, 더위, 일조, 습도 등 기후요소들이 사람들의

삶에 직접적인 영향을 준다.

우리나라는 지구의 북반구 중위도 온대 기후대에 있으며, 계절 따라 각기 다른 모습을 변하는 아름다운 산천과 하늘을 갖고 있다. 우리 민족의 부지런하고 낙천적인 성품은 이런 자연환경의 영향을 받아 형성된 민족성이라고 믿어진다.

<그림 5-12> 환경의 심리적 영향

5-3-2. 건조환경의 심리적 기능

> *"We shape the things we build. Thereafter, they shape us."*
>
> *- Winston Churchill -*

<그림 5-13> 건조환경의 심리적 기능

윈스턴 처칠의 이 말은 우리가 만드는 건조환경이 우리에게 큰 영향을 미친다는 것을 역설하고 있다. 잘 조화된 건조환경은 우리를 행복하게 만든다. 반대로 어수선한 건조환경은 우리를 불행하게 만든다. 우리가 좋은 건조환경을 만들려면 빛, 열, 소리, 공기, 조망 등 많은 환경 요소들이 우리에게 어떤 영향을 끼치는지 알아야할 것이다.

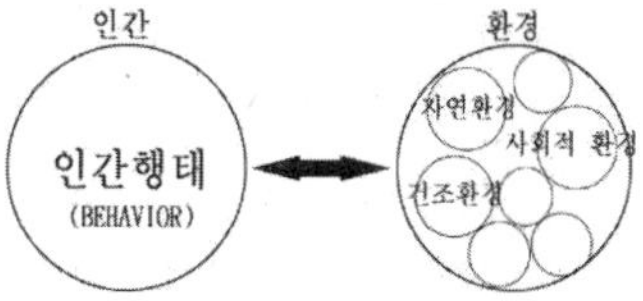

<그림 5-14> 건조환경

5-3-3. 환경심리학

사람은 환경의 영향을 받으며 동시에 환경을 만들어 나간다. 환경심리학(environmental psychology)은 환경과 인간 행태(behavior)의 상호관계를 다루는 학문이다. 여기서 환경이란 자연환경과 건조환경, 그리고 사회적 환경을 포괄하는 넓은 개념이다. 예컨대 빛, 열, 소리, 공기 등 환경요소는 사람에게 어떤 영향을 미치는가, 공간의 트임과 닫힘은 어떤 영향을 미치는가, 경관은 어떤 영향을 미치는가, 등 모든 경우들이 연구의 대상이 된다.

(1) 환경 인지(perception)와 cognitive map

사람이 주변 자연 및 건조 환경을 어떻게 파악하는가 하는 문제는 처음부터 환경심리학 분야의 관심사였다. 환경정보는 'cognitive map'이라고 불리는 공간적 통신체계

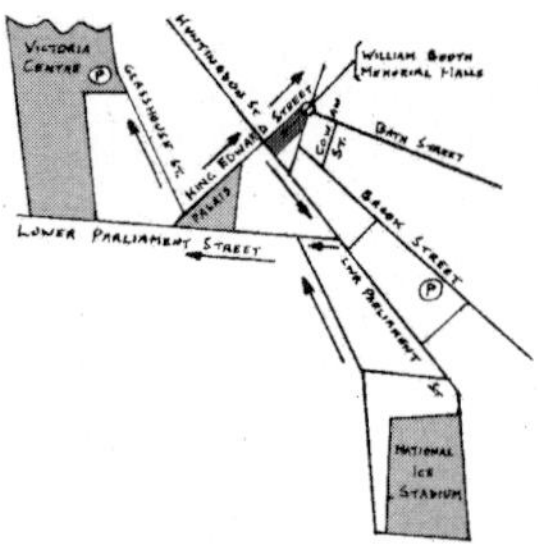

<그림 5-15> 환경 인지와 cognitive map

<그림 5-16> 선호환경

<그림 5-17> 환경적 스트레스와 처방

<그림 5-18> 건축의 상징적 기능

(network)로서 두뇌에 저장된다. 이 통신체계는 과거의 경험을 현 환경의 인지에 연결시킨다. 사람은 이 신경체계를 통해 환경을 파악하고 계획을 세우고 실천한다. 사람의 환경 파악 능력은 선험적 지식과 추정을 통해 인지한다는 점에서 보면 대단한 것이며, 단편적으로 기억하면서도 전체인양 잘못 이해한다는 점에서 보면 부족한 점이 많다.

(2) 선호환경(preferred environments)

사람은 그곳에 있음으로써 활력이 솟아나고 자신감이 생기는, 환경의 의미를 갖게 하고 일체감을 느낄 수 있는, 그런 선호하는 장소들을 찾아내는 경향이 있다. 여러 연구에 의하면 이 경향은 비단 '선호'에서 그치지 않는다. 그 장소 안에서 사물들이 서로 얽혀있다는 점에서 일관성이 있고, 그 장소 안에서 결코 길을 잃지 않을 만큼 친밀도가 높다. 사람들은 환경이 충분한 다양성과 신비로움이 있어야 그것과 일체감을 느끼고 탐구할만한 가치가 있다고 여긴다. 선호 환경을 찾아내고, 보존하고, 복원하는 것은 사람에게 행복감을 주고 행태적 효율성을 높여준다.

(3) 환경적 스트레스와 처방

보통의 환경적 스트레스라면 소음과 열악한 기후 같은 것들이다. 어떤 이들은 여기에 무(無) 선호성이나 지속적인 불확실성, 예측불가, 자극과다 등을 포함시킨다. 여기서 오는 육체적 질환, 이기주의, 무기력감, 주의력 감소 등 수많은 행태적, 인식적 증세들이 밝혀졌다. 이에 대처하는 방안으로는 물리적이거나 사회적인 여건을 바꿈으로써 자신의 주위 환경을 좀더 우호적으로 만들어볼 수 있다. 예컨대 작은 규모의 공간이나 영역으로 꾸며 정보유통을 쉽게 하고 스트레스 요인을 줄이는 것이다.

5-3-4. 건축의 상징적 기능(symbolic functions of architecture)

건축에는 상징적 기능이 있다. 상징이란 심리학적인 용어다. 상징이란 중요한 의미를 갖는 어떤 추상적인 개념들을 사람들에게 전달하기 위해 구체화한 것이다. 예컨대 건축에서 둥그런 원형 공간은 우주의 상징이다. 즉, 우주라는 인지할 수 없는 추상적 개념을 원형이라는 구체적인 형상으로 전달하는 것이다. 도시나 건축 형태에서 흔히 나타나는 만다라 상징도 우주적인 의미를 지닌다. 건축의 상징적 기능에 대해서는 이후 제 9 장 에서 다시 다루기로 한다.

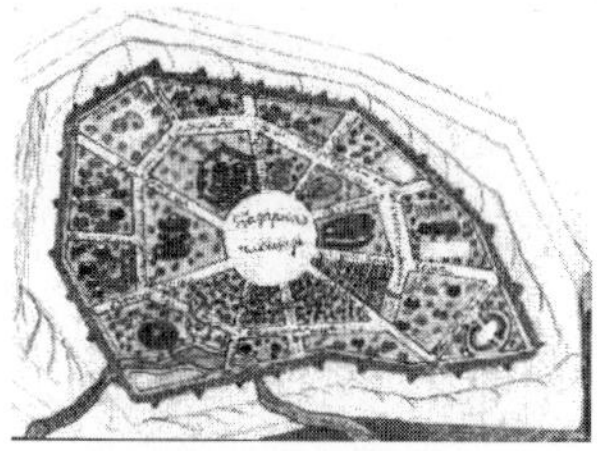

<그림 5-19> 도시형태를 통한 상징적 기능

5-4. 건축기능의 주기적 변화

5-4-1. 일 주기(diurnal cycle)

하루해가 뜨면 사람들은 잠에서 깨어나 일상적 생활을 시작한다. 세수하고 아침 먹고 일터로 나간다. 해가 지면 집에 돌아와 가족들과 저녁을 먹고, 휴식을 취하다가 밤이 되면 잠자리에 든다. 남녀노소, 직업에 따라 차이가 나지만 각자의 일상적 생활은 매일 반복된다.

보통의 사람들은 낮에 밖에서 지내고 해가 진 뒤 가정에 머문다. 낮에는 일터, 밤에는 가정이라는 양극적 순환성은 도시와 건축에서 기능적으로 매우 중요한 의미를 갖는다. 우리나라에서도 여성의 사회 진출이 증가하고 있으며, 이는 일터와 가정 간 출퇴근 인구의 증가를 의미한다.

<그림 5-20> 일 주기

5-4-2. 주 주기(weekly cycle)

주일은 자연적인 주기는 아니지만 사람들은 오래 전부터 문화권에 따라 5일, 7일, 10일 등 의 생활주기를 지켜왔으며 현대사회에서는 7일 주기가 일반적이 되었다. 주일 주기 역시 도시와 건축의 기능에 큰 영향을 미친다. 우리나라에서도 근대화 이후 7일을 주기를 삼았으며 최근에는 주 5일 근무, 2일 휴무 제도를 계획하고 있다. 주 2일 휴무 제도는 필연적으로 주말을 이용한 휴가여행 인구를 증가시킬 것이며, 주말 교통량과 리크리에이션 관련

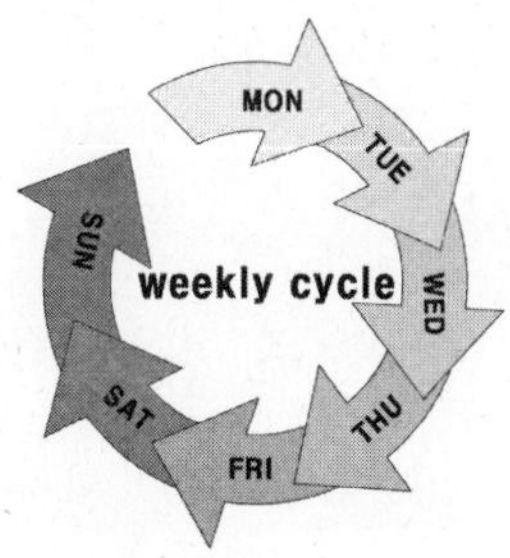

<그림 5-21> 주 주기

기능의 증가를 초래할 것이다.

5-4-3. 연 주기(seasonal cycle)

<그림 5-22> 연 주기

계절의 순환은 일조시간과 기후의 변화를 수반하는 자연적인 주기다. 봄-여름-가을-겨울의 계절 변화는 만물의 생장성쇠(生長成衰)를 주도한다. 우리나라의 여름은 매우 덥고 겨울은 매우 춥기 때문에 사람들의 생활 패턴이 크게 달라진다. 여름과 겨울은 학생들의 방학기간이기도 하다. 이러한 변화는 당연히 도시와 건축의 기능에도 큰 차이를 가져온다.

5-4-4. 생애 주기(life cycle)

<그림 5-23> 생애주기

사람이 태어나 유년기는 가정에서 어머니의 보호아래 지내고, 성장함에 따라 점차로 독립성이 자라고 활동범위를 넓혀간다. 성년이 되면 결혼해서 가정을 꾸민다. 자녀를 출산하여 보살피고, 학교에 보내고, 성년이 되면 출가시킨다. 가정에는 부부만 남는다. 노년이 되면 부부는 경제적이거나 건강상 이유로 독립성이 감소한다. 수명이 다하면 사람은 다시 흙으로 돌아간다. 한 가정의 건축적 수요 역시 그 가정의 생장성쇠에 따라 변화한다.

5-4-5. 일상적/비일상적 기능

<그림 5-24> 일상적 비일상적 기능

일상적 기능이라 함은 매일 주기적, 또는 반복적으로 일어나는 기능을 말한다. 주거에서의 취침, 식사, 위생, 단란, 학습 등 주거생활관련 기능은 대부분 일상적으로반복되는 기능들이다. 한편 제사, 접객 등 기능은 비일상적 기능들이다.

도시에서의 출퇴근, 상업, 업무 등 기능은 일상적으로 반복되는 기능이며, 대중 집회, 벚꽃놀이 등은 비일상적 기능들이다.

■ 읽을 거리 ■

- Grillo, *건축디자인*, 안병의·감광문 역, 이공산업사, 1974
- 피터 콜린스, *근대건축의 이념과 변화*, 이정수 외 역, 태림문화사, 1989
- De Young, R., *Environmental Psychology*, In D. E. Alexander and R. W. Fairbridge [Eds.], 1999
- Encyclopedia of *Environmental Science*, Hingham, MA : Kluwer Academic Publishers

제 6 장 *형태는 기능을 따르고 기능은 형태를 따른다*

한 삼 건

6-1. 형태는 어디서 오는가?

지구상의 모든 피조물들을 포함하여 우주의 물질계의 모든 존재들은 형태를 갖는다. 자연의 형태든 인공의 형태든 모든 형태는 자연법칙의 지배를 받는다. 그렇지 않고는 그 형태를 유지할 수 없다. 왜냐하면, 지구상의 모든 사물이 지구의 중력, 지구상의 기상현상 및 생태환경적 영향을 받고 있기 때문이다.

<그림 6-1> morphology

건축과 도시도 다양한 형태를 갖는다. 건물은 땅에 기초를 박고, 그 위에 기둥과 벽체가 서고, 다시 그 위에 지붕이 덮여 있다. 건물의 형태는 다양하다. 평면의 형태와 단면의 형태도 다양하며, 지붕의 형태도 다양하다. 그리고 그 안에 만들어지는 공간의 형태도 다양하다. 또한 벽체에 뚫린 창호의 형태도 다양하고, 그 창호를 구성하는 창살과 문살의 형태도 다양하다.

건물뿐만 아니라 건물과 담장, 나무와 그 밖의 조경적 요소들이 모여 이루는 외부공간의 모습도 다양하다. 단일 건물의 범주를 벗어나서 도시 가로 망의 형태, 건물과 기타 도시적 요소들 각각의 형태는 물론, 그것들이 어우러져서 이루는 도시적 형태들도 다양하다. 이와 같은 건축과 도시를 담고 있는 더 큰 자연공간의 형태도 다양하다.

이러한 크고 작은 형태들은 우연히 그렇게 되어 있는 것이 아니다. 모든 자연의 형태들은 오랜 기간에 걸쳐 자연의 생성원리와 진화과정을 거쳐 지금 우리가 볼 수 있는 모습으로 만들어 졌고, 모든 인공의 형태들은 사람의 욕구에 따라 그렇게 만들어 졌는데 그것들도 자연법칙의 지배를 받기는 마찬가지다. 사람이 만드는 건축, 도시 및 조형물들을 만드는 과정을 '창조' 또는 '창작'이라 하지만, 엄밀한 의미에서 보면 이 과정은 이미 존재하고 있는 조형적 요소들과 그 안의 관계들을 새롭게 재구성하는 과정이다. "예술은 자연의 모방이다"라는 루소의 말은 전혀 과장되지 않은 것이다. 따라서 자연의 형태는 지구상에서 인간이 만드는 모든 형태의 직접적인 모방의 대상이 되거나, 또는 조형적 상상력의 원천이 되는 것이다.

6-1-1. 우주적 형태

(1) 대우주(macrocosmos)

<그림 6-2> 대우주

대우주는 예로부터 사람들의 신비적 상상력의 근원이었고, 조형 예술에서 상징의 원천이 되기도 하였다. 건축 또한 예외가 아니었는데, 많은 건축물들은 우주적 상징을 건물에 표현하려고 시도하였다.

광대무변의 대우주는 사람의 가시 한계는 물론 상상의 한계까지도 벗어나 있었으나, 그 생성 과정을 탐구하는 물리학의 발달과 관측 기술의 발전에 의해 어느 정도의 추정이 가능해진 단계에 와 있다. '빅뱅' 이론에 의하면 오래 전 우주 물질의 대폭발이 있었고, 그 폭발에 의하여 팽창되기 시작한 우주는 현재 그 직경이 약 400억 광년에 달하며 지금도 계속 팽창하고 있다는 것이다.

퍼져 나가는 우주 물질은 만유인력에 의해 서로 모여 하나의 커다란 계를 이루기도 했는데 그 중 하나가 은하계이다. 은하계는 중심부가 볼록한 원반 모양으로 되어 있으며, 그 직경은 약 10만 광년이나 된다. 지구가 속하는 태양계는 은하계속에서도 하나의 자그마한 계에 불과하다. 우주 안에서는 각기 다른 생성 단계에 있는 계들이 관측되기도 한다.

태양계는 퍼져 나가던 우주 물질이 태양을 중심으로 모여 만들어진 것이다. 태양을 중심으로 행성과 소행성군이 타원 궤도를 공전하고 있고, 지금까지 발견된 9개의 행성에는 모두 30여 개의 위성들이 공전하고 있다. 이들 천체의 형태는 모두 구형(球形)에 가깝다. 한편 태양계 밖에 있던 물체가 태양의 인력에 끌려 태양계를 스쳐 가거나 그 안의 천체에 충돌하기도 한다. 궤도의 이심율이 큰 수성과 명왕성 등을 제외하고 지구를 포함하는 대부분의 행성들은 원에 가까운 타원 궤도를 공전한다. 태양계를 지나가는 유성들은 그 속도에 따라 쌍곡선이나 포물선 궤적을 그린다. 따라서 태양계에는 원, 타원, 포물선, 쌍곡선 등 원추곡선(圓錐曲線)들이 모두 존재하는 셈이다.

한편 육안으로 관찰할 수 있었던 해와 달, 그리고 수·금·화·목·토의 다섯행성(五行星)은 고대 중국인들에게 음양오행설(陰陽五行說)의 직접적인 근거를 마련해 주었고, 이것은 다시 풍수지리설(風水地理說)의 원리를 이루는 바탕이 되었다. 풍수설은 한·중·일의 건축사에서 매우 중요한 역할을 했다.

달은 한 달에 한번 지구 주위를 돌면서 위상의 변화를 보인다. 일 년에 열두 번 일어나는 달의 위상 변화는 옛 사람들에게 달력의 역할을 하였고, 일 년 열두 달, 한 달 30일, 윤달 등 역법(曆法)상의 수리(數理)를 제공하였다. 일 년 열두 달은 또한 십이지지(十二地支)의 근거가 되었다. 그믐(朔)-초생-상현-보름(望)-하현-그믐달로 이어지는 변화를 고대 중국인들은 곤(坤)·진(震)·손(巽)·건(乾)·태월(兌月)로 불러 팔괘(八卦)와 연관 짓기도 하였다. 팔괘는 주역(周易)의 기본 원리가 되며, 또한 풍수설의 방위와도 연결된다.

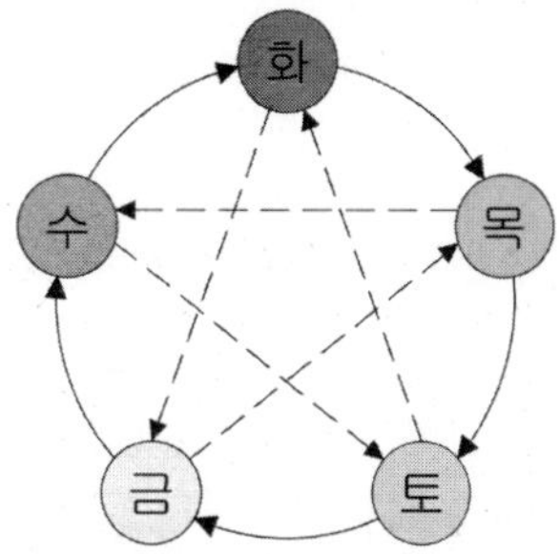

<그림 6-3> 음양오행과 팔괘

고대 중국인들은 우주의 범위를 천·지(天地)로 보았고, 하늘은 둥글고 땅은 평평하고 모가 난 것(天圓地方)으로 보았다. 하늘은 둥글어서 돌아가고, 땅은 모가 났으니 사방(四方)이 있고 또 움직이지 않는다고 생각했다. 이 점에서는 동·서양의 고대 우주관이 대체로 마찬가지다. 경주의 석굴암, 로마의 판테온 등은 그러한 우주관이 건축의 형태로 표현된 것이라고 할 수 있다.

추상적이기는 하지만 주역(周易)에서는 천·지·인을 삼재(三才)로 보고 삼재에 각각 음·양(陰陽), 강·유(剛柔), 인·의(仁義)를 두어 여섯 획으로 한 괘(卦)를 이루도록 하였다. 한국 주거의 지붕, 토단 및 기초, 기둥 등 세 부분의 구별이 천·지·인 삼재의 의미를 지닌다는 해석도 있다.

(2) 소우주(microcosmos)

현미경으로나 볼 수 있는 미시의 세계인 소우주 역시 대우주와 마찬가지로 엄밀한 자연법칙의 지배를 받는 세계이므로 그 형태와 결합의 원리를 살펴보는 것이 형태를 근본적으로 이해하는데 도움이 된다. 특히 분자의 구조나 결정의 결합형태는 입체트러스의 구조적 원리와 비슷하므로 유의해 볼만하다. 물질의 최소단위인 원자는 원자핵과 그 주위를 원운동 하는 전자들로 이루어져 있다. 이는 앞서의 우주적 형태를 닮은 것이라고 하겠다. 다시 이 원자

<그림 6-4> 소우주

<그림 6-5> 소우주적 형태의 실례

들이 결합하여 분자를 이룬다.

분자의 결합 방식에는 다음과 같은 여러 가지 방식들이 있다.

- 선형 결합(linear) : 2가 원자 양쪽에 두 개의 1가 원자(예 : BeC_{12})
- 'T'자 결합(T-shaped) : 3가 원자의 세 방향으로 세 개의 1가 원자(예 : CIF_3)
- 삼각평면 결합(trigonal planar) : 삼각형의 중심에 3가 원자, 3정점에 3가 원자(예 : BF_3)
- 사각평면 결합(square planar) : 사각형의 중심에 4가 원자, 4정점에 3가 원자(예 : XeF_4)
- 삼각뿔 결합(trigonal pyramidal) : 삼각뿔 4정점에 3가 원자(예 : NH_3)
- 삼각쌍뿔 결합(trigonal bipyramidal) : 삼각쌍뿔 중심에 5가 원자, 3정점에 5가 원자, 2정점에 4가 원자(예 : PF_5)
- 팔면체 결합(octahedral) : 팔면체 중심에 6가 원자, 6정점에 5가 원자(예 : SF_6)
- 사각추 결합(square pyramidal) : 사각추 밑면 중심에 4가 원자, 4정점에 4가 원자, 1정점에 5가 원자(예 : IF_5)
- 정사면체 결합 : 정사면체 중심에 4가 원자, 4정점에 4가 원자(예 : AX_4, Diamond)

이러한 결정의 기본 형태는 입방, 정방, 사방 등으로 분류되며, 다시 단순, 체심, 면심, 단심으로 분류된다.

6-1-2. 생체적 형태(organic forms)

생체의 형태는 무엇보다도 유전적 인자에 의하여 생성되는 것으로 무생물의 형태에 비하여 부정형적이라는 특성을 지닌다. 앞서의 소우주적 형태들이 원자 및 분자 사이의 물리적인 힘의 균형을 주요인으로 하여 생성된 정적인 형태들이라면, 생체의 형태는 힘의 균형 외에도 복잡한 유전인자에 의한 생산 및 재생산, 영양의 섭취 및 공급 기능을 주요인으로 하여 생성되는 매우 동적인 형태들이다. 식물학 및 동물학 분야에서의 분류(taxonomy)는 우선적으로 형태를 기준으로 한다.

(1) 식물의 형태(plant forms)

지구상에는 약 30만종의 식물이 존재한다. 식물의 뿌리, 줄기, 가지, 꽃, 잎, 열매들은 제각기 고유하고 다양한 형태를 갖고 있다. 자연계에서 손쉽게 관찰할 수 있는 식물의 형태들은 예로부터 조형예술의 편리한 소재가 되어 왔으며, 특히 각종 직물의 문양(pattern)에 활발하게 응용되어 왔다.

<그림 6-6> 식물의 형태

건축 분야에서는 고대 건축의 주두(柱頭, capital)와 벽체의 장식, 중세 기독교회의 '장미창'(Rose Window), 동양 건축의 포작 및 기와 장식 등에서 식물 형태 소재를 파악할 수 있다. 근대에는 '아르 누보'의 장식적 요소로 자주 응용되었고, 라이트의 '1마일 높이 건물'(One-Mile-High Building) 개념은 나무의 뿌리, 줄기, 가지의 구조적 형태에서 창출된 것이다. 형태 자체가 매우 추상적으로 바뀐 근대건축 이후에는 식물의 형태를 소재로 하는 경우는 거의 없어 졌으며, 근대 이후의 포스트모더니즘 건축에서도 식물의 형태를 소재로 하는 일은 거의 나타나지 않고 있다. 그럼에도 불구하고 다양한 식물의 형태는 자연 안에 있는 무한한 잠재적인 디자인의 소재로 존속할 것으로 보인다.

(2) 동물의 형태(animal forms)

지구상에는 30여 강, 약 120만 종의 동물이 존재한다. 동물의 형태는 식물의 형태에 비하여 더욱 비정형 적이어서, 그림이나 조각의 직접적 소재가 되는 경우 이외에 건축의 형태에 응용되는 경우는 거의 없었다. 동물 중에서 예외적으로 게, 조개, 소라, 불가사리, 성게 등의 껍질은 그 자체가 '셸'(shell)구조를 이루고 있어 가끔 건축의 형태로 응용되기도 하지만 이는 셸의 구조적 원리를 응용한 경우이다. 동양권의 십이지신(十二支神)은 동물의 형태라기보다는 추상화된 상징 동물로서 상징적 의미가 강하다.

<그림 6-7> 동물의 형태

동양권에서는 사람의 육체를 하나의 소우주로 인식한

다. 그것은 동양 특유의 우주관에서 비롯된 범우주론의 한 예로써, 사람을 비롯하여 천지 사이의 모든 사물들 뿐만 아니라 모든 사건들까지도 하나의 우주관으로 설명하려고 노력한 결과이다. 건축의 형태도 예외가 아니었다. 동양적 우주관에 의하면 사람이나 건축의 형태는 모두 우주를 닮은 것이다.

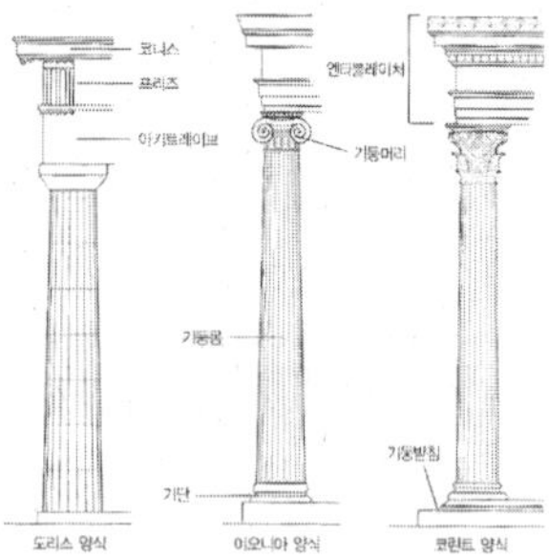

<그림 6-8> 오더-인체치수

서구권의 고대 문화를 대표하는 그리스에서는 인체를 형태미의 가장 완벽한 예로 인식하였다. 이러한 인식은 인체의 비례를 건축에 적용하려는 노력으로 나타났다. 고대 로마의 건축가 비트루비우스(Vitruvius)는 그의 저서 '건축 십서'에서 그리스 건축의 '오더'(order)가 남녀의 발 크기와 키와의 비례에서 비롯되었음을 말하고 있다.

동·서양을 막론하고 사람의 형태가 건축에 미친 영향 중 가장 중요한 것은 인체 치수에서 비롯된 갖가지 척도(尺度)일 것이다. 사람이 가정, 농사, 상업 등의 일상생활을 꾸려가는 데는 물론, 건축물을 계획하고 짓는 데에는 척도가 필요하다. 옛 사람들에게 발 크기, 걸음걸이, 팔 길이, 키 등 인체 치수는 손쉬운 길이의 척도가 되었다. 옛 사람들은 면적, 부피, 무게의 단위들도 사람을 기준으로 설정하였다.

르네상스의 전인적 건축가들은 고대 그리스인들의 정신을 이어 받아 인체비례를 탐구하였고, 이를 건축을 비롯한 모든 조형 예술 작품의 구성 원리로 삼았다. 근대 건축의 거장 꼬르뷔제는 인체 비례를 기준으로 '모듈러'(Modular, 척도론)를 창안하였다.

6-1-3. 추상적/기하학적 형태(abstract/geometric forms)

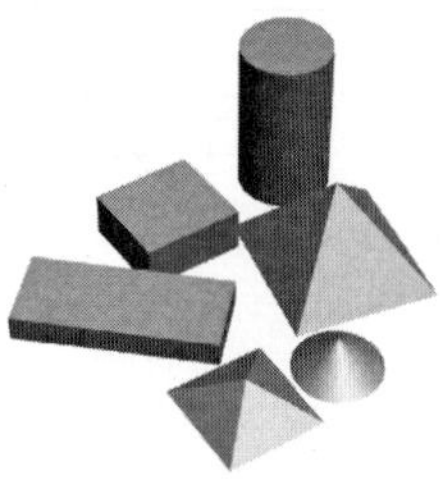
<그림 6-9> 추상적 형태

추상적 형태라 함은 세상에 구체적(실제로)으로 존재하지 않으나 사람이 추상적으로(개념상으로) 만들어낸 형태를 말한다. 원, 삼각형, 사각형 등 기하학적 형태들이 그런 예들이다. 이런 형태를 다른 말로는 순수형태라고도 한다. 이러한 추상형태는 현실형태의 여러 속성을 배제하고 마지막에 남은 형식으로 현실형태를 구성하는 원소라고 할 수 있다. 따라서 추상형태를 다루기 위해서는 실제

소재나 수단을 이용해서 기술적으로 만들 필요(즉, 직관화)가 있다.

6-1-4. 디지털 형태(digital form)

최근 컴퓨터그래픽(computer graphic)을 이용하여 자유로운 형태를 만들어 이를 건축물로 형상화하는 경향이 생겨났다. 1998년 Asymtote의 Virtual Guggenheim Museum(New York), Graz Music Theatre(Graz, Austria) Competition Project, Foreign Office Architects의 Virtual House(1997 Competition Project, USA) 등이 그런 예들이다. 프랭크 게리(Frank Gehry), 피터 아이젠만(Peter Eisenman) 등은 실제로 3D CG로 작업하는 건축가들이다.

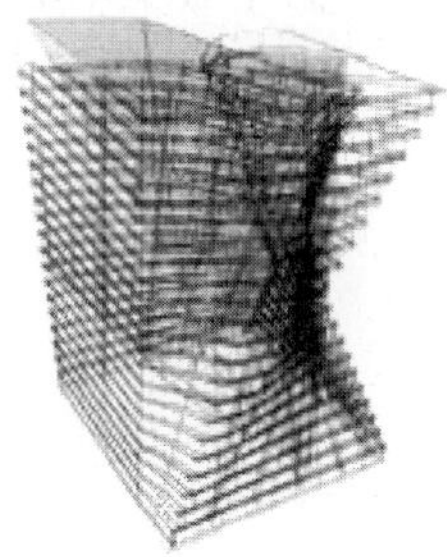

<그림 6-10> 디지털 폼

6-2. 아름다운 형태란 무엇인가 : 형태미의 구성 원리

형태미의 구성요소 : 시지각적으로 인체는 머리, 몸통, 팔, 다리 등의 요소들이 결합한 하나의 개체로 인식되고, 개체들이 모여 집합으로 인식된다. 나무도 줄기, 가지, 잎이 결합한 개체로 인식되고, 나무들이 모여 숲이라는 집합체로 인식된다. 건축도 마찬가지이다. 몇 가지 요소가 모여 기단, 기둥-벽, 지붕이라는 부분을 만들고 이 부분들이 결합하여 하나의 온전한 건축물로 인식된다. 건축물들이 모여 건물 군(building complex)으로 인식되고, 더 크게는 도시로 인식된다.

우리는 보통 하나의 부분적 형태 요소를 아름답다거나 아름답지 않다고 평가하지 않는다. 적어도 하나의 온전한 개체(entity)를 형태미 평가의 대상으로 삼는다. 하나의 개체는 보통 몇 개의 형태요소들이 모여 이루어지므로 이들 사이의 관계가 중요하다.

6-2-1. 비 례(symmetry)

<그림 6-11> 비 례

전통적으로 중요시되어 온 형태미의 첫 번째 구성 원리는 비례다. 비트루비우스(Vitruvius)는 그의 '건축 십서' 중 제 1서에서 비례(symmetry)의 중요성을 말했다. 질서(order), 치수, 양, 모듈(module), 미적 구성(eurhythmy), 등이 비례(symmetry)의 키워드가 된다. 제 3서에서는 신전의 비례와 인체 비례와의 관계(human scale)를 논했다. 이보다 일찍 고대 그리스의 피타고라스(Pythagoras)는 '황금비(golden section)'를 논했다. 그리스의 파르테논 신전과 이집트 쿠푸왕의 피라미드는 '황금비'로 되어있다.

6-2-2. 조화와 대비(harmony & contrast)

<그림 6-12> 조화와 대비

조화와 대비는 하나의 개념의 양면이다. 이는 마치 동양사상에서의 음양의 조화와 대비 같은 것으로 하나 없이 다른 하나가 있을 수 없다. 먼저 조화란 두개 이상 혹은 그 이상의 요소들이 서로 어우러짐으로써 이루어진다. 서로 조화되기 위해서는 서로 닮거나 비슷하거나 유사해야 한다. 태양계의 운행을 조화로 본다면 이러한 태양계의 작용이 낳은 밤과 낮, 사계절의 변화는 대비현상으로 설명할 수 있다. 즉, 대비란 두 요소를 비교했을 때 나타나는 차이를 말한다. 반대나 흑백논리가 아니라 대소, 장단, 명암과 같은 차이를 말하는 것이다.

통일(unity)은 형태학적 관점에서 보면 하나가 되거나, 같거나 모여서 덩어리가 된다는 의미를 가지고 있다. 반면에 변화(variation)는 고정적이지 않고 움직이며 바뀌어 가는 것이다. 그러나 이런 변화도 질서를 가지게 되면 조화를 이루게 되고 나아가 통일을 이룰수 있는 것이다. 균형(balance)과 불균형(unbalance)도 마찬가지다.

6-2-3. 반복과 리듬(array/repetition and rhythm)

반복은 가장 쉽게 인식되는 건축에서의 형태 구성 원리

라고 할 수 있다. 반복이란 어떤 성질이나 형태, 배치 같은 것이 시간적으로 또는 공간적으로 되풀이 되거나 다시 나타나는 현상을 말한다. 밤과 낮, 조수간만의 현상, 달의 차고 이지러짐, 사람의 호흡이나 심장박동 등은 대표적인 반복의 모습이다. 한편 리듬은 우리말로는 율동이라고 하며, 연속적인 반복과 변화과정 속에서 어떤 척도를 주면 생겨난다. 호흡이나 심장박동처럼 규칙적인 리듬도 있고, 크기나 시간 등에 비례나 균형에 의한 복잡한 변화를 주면 보다 다양한 리듬이 나타난다. 음악은 청각적이며 복잡한 리듬을 이용한 예술이다.

<그림 6-13> 반복과 리듬

6-2-4. 질감과 색채(matiere/texture & color)

질감은 재료 자체의 성질과 표면 처리에 의해 생겨나는 느낌을 말한다. 색채는 표면에 반사되는 가시광선의 파장에 따라 달라지는 것으로 물질의 본질과는 관계없는 빛의 현상이다. 의상 분야에서와 마찬가지로 건축 분야에서 색채는 전통적으로 중시되어 왔다. 동양 목조건축의 단청은 상징적 의미뿐만 아니라 감각적 형태미를 추구한 예이다. 서양의 중세 건축물 내부는 다양한 색채와 문양으로 칠해져 있었다.

<그림 6-14> 질감과 색채

장식적 요소를 배제한 근대건축에서는 유리, 콘크리트, 벽돌 등 재료의 자연적인 질감과 색채를 그대로 이용하는 경우가 많았다. 현대건축에서는 Herzog처럼 다양한 질감과 인위적인 색채를 디자인 요소로 활용하려는 경향이 생겨나고 있다.

하이테크(high-tech) 건축에서 흔히 보는 금속과 유리의 조합은 질감과 색채, 그리고 투명성을 중시하는 현대 건축적 사조를 잘 나타낸다. 프랭크 게리(F. Gehry)는 빌바오 구겐하임 미술관(Bilbao Guggenheim Museum)에서 번쩍이는 티티늄 금속 비늘판을 썼다. Herzog의 Basel Switch Yard, Nouvel의 1988-Institute du Monde Arabe-paris 금속판과 유리의 질감을 십분 활용한 예이다.

6-3. 형태에는 의미가 있다

단어가 모여 문장이 되고 문장이 모여 문단이 된다. 각각의 의미를 지닌 단어들이 모여 어떤 유의성(relevance)을 지닌 문맥(context)을 이루는 것이다. 이와 비슷하게 조형예술에서는 형태 요소들이 모여 어떤 형태적 맥락(context)을 지니게 된다. 다만 건축의 경우 형태적 의미가 구체적이고 서술적이기 보다는 추상적이고 상징적이라는 특성이 있다. 형태의 상징성(symbolism)에 관해서는 제 9장에서 자세히 논하기로 하며, 우선은 형태 요소가 지니는 시각적 의미를 살펴보기로 하자.

6-3-1. 원 형(circle)

원형은 모가 나지 않고 시작과 끝이 없는 기하학적 특성을 지니고 있다. 원형은 또한 바퀴가 돌아가듯 돌아갈 수 있다. 태양계 행성들이 구체(球體)이면서 대체로 원형의 공전궤도를 도는 것과 같은 맥락이다. 원형은 매우 동적인 도형이다. 원형과 구형은 또한 둥근 하늘(天球面)을 닮았으므로 하늘을 의미하기도 한다. 천원지방(天圓地方)의 천원(하늘은 둥글다)도 같은 맥락이다. 그리고 원은 다른 도형에 비해 대칭성과 기념성이 뛰어나며 완결된 형태나 완전을 나타내기도 한다.

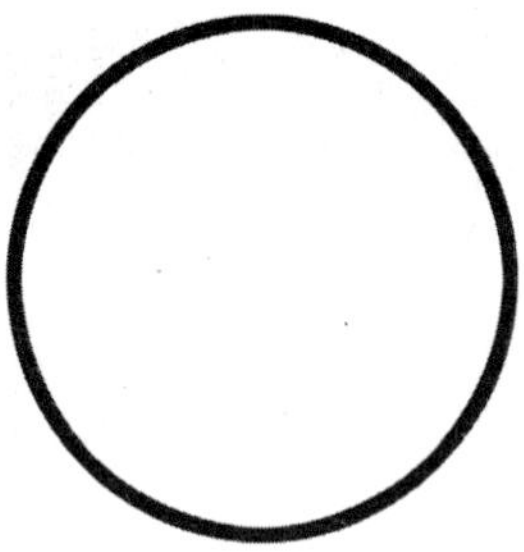

<그림 6-15> 원 형

우리나라 원시주거의 원형 움, 몽고 유목민의 게르(ger)의 평면, 그리스와 로마의 원형 신전, 로마의 판테온, 현대의 경기장 등 원형을 사용한 경우는 무수히 많다.

6-3-2. 사각형(quadrangle) 및 사분성(quaternity,四分性)

<그림 6-16> 사각 및 사분성

사각형은 원형에 비하여 매우 안정적인 도형이다. 정사각형은 특히 그렇다. 네 방향을 가지고 있기 때문에 의미적으로 동서남북 네 방향성과 통하며, 그런 이유로 '땅'을

의미하기도 한다. 천원지방(天圓地方)의 지방(땅은 모났다)도 같은 맥락이다. 사각형의 출발은 직각의 발견에서 비롯된 것으로 보이며, 이 직각은 이집트(B. C. 4000 ~ 5000)에서 나타났다. 나일강의 범람에 따른 토지측량의 필요에 의해 발견된 것으로 보인다. 한편, 인간의 직립보행과 이에 따른 건물 벽체나 기둥의 발생은 수직방향의 사각형을 탄생 시켰다. 전 세계의 대부분 건축의 평면, 입면과 단면에서 사각형이 기본적으로 쓰인다.

십자형은 사각형과 마찬가지로 지구상의 동서남북의 네 방향과 관계있는 도형이다. 아마도 같은 근원적 이유로 기독교의 중요한 상징으로 쓰이는 도형이다. 지상의 네 방향성을 의미하는 사분성은 매우 보편적인 상징적 개념이다.

6-3-3. 삼각형과 역삼각형

삼각형은 남성적 원리(male principle, 陽)를 상징한다. 또는 불(火)을 상징하기도 한다. 기독교에서는 삼위일체(三位一體, trinity)를 상징한다. 역삼각형은 여성적 원리(female principle, 陰)를 상징한다. 고대 이집트의 피라미드나 오벨리스크가 태양숭배사상과 관계되는 것도 같은 맥락이다. 박공지붕의 단면은 삼각형으로 되어 있다.

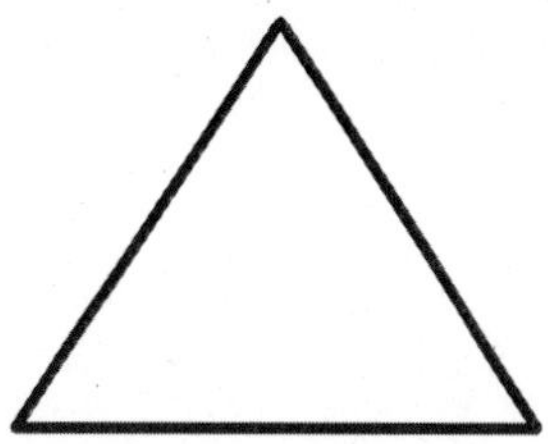

<그림 6-17> 삼각형과 역삼각형

6-3-4. 기타 형태

그 밖에도 건축에서 쓰이는 기본형 중에는 원의 변형이라 할 수 있는 타원(ellipse), 나선형(spiral), 삼각형의 변형인 오각형, 육각형, 사각형의 변형인 팔각형 등이 있다.

나무는 생명 또는 생명력을 상징한다. 동서양을 막론하고 건축에서 기둥은 보통 나무의 이미지로 간주된다. 주두(capital)의 장식에 나뭇잎, 꽃 등 식물적 형태가 사용되는 것도 같은 맥락이다. 고딕건축의 기둥과 그 위로 펼쳐지는 리브(rib)는 마치 나무줄기가 펴져 올라가는 형상을 닮았다.

<그림 6-18> 기타형태

6-4. 무엇이 형태를 결정하는가

사람이 만드는 형태들은 보통 한두 가지 요인에 의하여 정해지는 것이 아니라 다음의 여러 가지 요인들이 복합적으로 작용하여 정해진다.

6-4-1. 힘의 균형

<그림 6-19> 힘의 균형

모든 형태는 힘의 균형 없이는 그 상태를 유지할 수 없다. 대우주, 소우주, 생체 등 자연의 형태들뿐만 아니라 인공의 모든 형태들은 힘의 균형을 갖추고 있기 때문에 그 형태를 유지할 수 있는 것이다. 따라서 사람이 만들고자 원하는 건축의 형태는 힘의 균형이라는 우선적인 조건을 충족시켜야 하는 것이다.

6-4-2. 역사적 요인

<그림 6-20> 역사적 요인

생체의 형태가 유전적 요인에 의하여 우선적으로 결정되고 주변 상황에 맞추어 진화하는 것과 마찬가지로, 사람이 만드는 조형물의 형태도 인류 전체, 문화권, 또는 종족 고유의 전통과 관습에 의하여 유지되고 또 상황에 따라 변화하기도 한다. 우리나라의 복식(服飾), 식생활, 주거양식, 공예 등에서도 전통과 관습에 의하여 전해지고 또 변화해 온 조형적 요소들이 많이 남아 있다.

6-4-3. 기능적 요인

<그림 6-21> 기능적 요인

"형태는 기능을 따른다"는 명제는 그 역(逆)도 성립하지만 항상 맞는 말이다. 음식을 담는 그릇의 형태는 담을 음식과 먹고 마시는 방법에 따라 달라지며, 하늘을 나는 비행기의 형태는 거기에 실을 대상물, 비행 속도 및 기능에 따라 달라진다. 건축물의 형태도 기능을 따르는 경우

가 많다. 체육관은 체육활동에 맞게, 극장은 공연활동에 맞게, 사무소건축은 사무기능에 맞게 지어 져야 한다.

6-4-4. 경제적 요인

<그림 6-22> 경제적 요인

형태를 만드는 재료의 종류와 양, 만드는 방법, 만드는 데 걸리는 시간 등은 모두 경제적인 가치로 환산될 수 있으며 이를 생산비라 한다. 생산비가 최종 생산물의 가치를 넘어가면 이는 비경제적인 것이 되고 이것을 만들 이유가 없어진다. 최소의 노력으로 최대의 효과를 거둔다는 경제 원리는 건축의 경우에도 적용된다. 건축의 발달에는 이러한 경제 원리가 적용된 측면이 많이 있다. 예컨대 '작은 돌의 건축'(architecture of small stones)으로 불리는 고딕건축은 이전의 건축에 비하여 작은 벽돌을 사용함으로써 많은 재료와 인력을 절감할 수 있었다.

6-4-5. 표현적 요인

<그림 6-23> 표현적 요인

아름다움을 추구하는 사람의 본성은 사람이 만드는 모든 형태에서도 나타난다. 추상적 아름다움을 형태로 표현한 것을 형태미(形態美)라고 한다. 그리스의 신전은 비례·균형·반복·질감·색채를 통하여 완벽한 형태미를 추구한 예로 평가된다.

사람은 추상적 아름다움 외에도 또한 상징적 아름다움을 추구한다. 사람은 상징을 통하여 추상적 가치를 가시화 한다. 사람이 추구해 온 대표적인 추상적 가치들은 우주성, 종교성, 영원(무한)성, 생명성, 사랑 등이며, 문학, 조형예술 등의 각종 장르에서 이러한 상징들을 흔히 접할 수 있다.

건축의 경우는 우주 상징이 대표적이다. 이집트의 피라미드의 형태는 우주성과 영원성의 상징이며, 로마의 판테온, 한국의 석굴암 등은 천원지방(天圓地方)의 우주성 상징의 예이다. 중세의 기독교회들은 우주성과 종교성을 상징하는 형태로 되어 있다.

■ 읽을 거리 ■

- 강명구, *건축의장론*, 문우당, 1996
- 윌리엄 카우델 외, *건축의 이해*, 기문당, 1991
- 고바야시 모리타, *건축디자인의 원점*, 창국사, 1994
- 고성룡 외, *건축조형연습*, 대우출판사, 1989
- 프랜시스, D. K. 칭, *건축의 형태 공간·규범*, 건우사, 1992
- 김수현 외, 건축설계·의장론, 도서출판국제, 1992

제 7 장 *공간은 건축의 주역이다*

임 충 신

7-1. 영원한 파라다임 : 건축은 하늘과 땅 사이에 있다

건축은 아래로 땅에 뿌리박고 서있다. 그 위로는 항상 하늘이 있다. 건축의 하한(下限)은 평평한 땅이고 상한(上限)은 둥근 하늘인 것이다. 하늘과 땅은 자연공간을 위 아래로 한정짓는 요소들이다. 지구상에서 건축과 천원지방(天圓地方)의 관계는 영원하다.

<그림 7-1> 하늘과 땅-영원한 파라다임

우선은 공간을 보는 눈을 길러야한다. 우선 자연공간을 보자.

우리 눈은 숲과 나무, 산과 들, 강과 바다, 하늘과 구름 등, 유형의 자연적 요소들을 보는데 이미 익숙해 있다. 자연적 요소를 보는 것과 자연공간을 보는 것은 다르다. 이제 자연적 요소들이 어울려 이루는 자연공간을 보는 눈을 기르자.

자연공간은 보통 산과 물, 하늘과 땅이라는 큰 구성 요소로 이루어지지만 그 형태는 천차만별로 다양하다. 높은 산과 깎아지른 절벽으로 이루어진 협곡, 완만한 지형으로 이루어진 분지, 아득히 넓은 평원은 제각기 다른 성격의 공간을 이루고 있다. 끝없이 펼쳐진 사막이나 망망대해도 하늘로 덮인 큰 공간을 이룬다.

우물 안에도 손바닥만한 하늘로 덮인 공간이 있다.

건축공간은 항상 자연공간 안에 있다.

자연공간이 자연물에 의해 구획되고 건축공간은 자연공간 안에서 사람이 만든 요소들에 의해 구획된다는 점을 제외하고는 두 가지 공간을 구분할 어떤 논리도 없다.

7-1-1. 공간을 보는 눈

<그림 7-2> 없음의 쓸모-Ronchamp Chapel, France, Le Corbusier 1955

三十輻共一轂 當其無有車之用, 埏埴以爲器 當其無有器之用, 鑿戶牖以爲室 當其無有室之用, 故有之以爲利 無之以爲用

-老子 道德經 11장-

"삼십 개 바퀴살이 하나의 바퀴통에 모이지만 그 '없음'(구멍)에 수레의 쓸모가 있다. 흙을 빚어 그릇을 만들지만 그 '없음'(빈 곳)에 그릇의 쓸모가 있다. 문과 창을 뚫어 방을 만들지만 그 '없음'(공간)에 방의 쓸모가 있다. 고로 '있는 것'이 이롭다는 것은 그 '없음'이 쓸모가 있기 때문인 것이다."

노자(老子)의 간결하고도 철학적인 이 문장은 우연치 않게도 건축공간이 갖는 의미의 핵심을 말하고 있다. 이 중 마지막 구절을 '건축'으로 바꾸어 써 보면 다음과 같다.

故建築之以爲利 無之以爲用

"고로 건축이 이롭다는 것은 그 '없음' 즉, 건축공간이 쓸모가 있기 때문이다."

건축의 쓸모는 그 껍데기, 즉, '있음'에 있는 것이 아니라 공간, 즉, '없음'에 있는 것이다. 그런데 우리가 볼 수 있거나 만질 수 있는 것은 껍데기뿐이고, 정작 공간은 볼 수도, 만질 수도 없으므로 그것을 이해하는 데 어려움이 따르는 것이다.

그러나 '공간', 특히 이 경우의 '건축공간'은 구체적으로 존재하는, 인지 또는 인식의 대상이며, 결코 막연한 추상적 개념이 아니다. 따라서 적절히 연습을 하면 '공간'을 볼 수 있게 될 것이다.

"사람은 아는 것만을 볼 뿐이다"(man sees what he knows)라는 플라톤의 말처럼, 우리는 아는 것들을 보는 데 익숙해 있는 반면, 모르는 대상을 보는 데는 매우 서툴다. 우리가 공간을 못 보는 것은 그것을 잘 모르기 때문이다.

7-1-2. '나무'를 보자

<그림 7-3> 하늘 향해 팔 벌린 나무

나무는 땅에 뿌리를 박고, 줄기는 하늘을 향해 위로 힘차게 뻗어 올라간다. 가지는 넓게 퍼져 나가고 가지 끝에 흔들리는 잎은 하늘을 가리고 있다.

나무를 본다는 것은 결코 나무 자체를 구성하는 줄기, 가지와 잎만을 보는 것이 아니다. 나무를 본다는 것은 그것이 뿌리박고 있는 땅의 수평성, 뻗어 올라간 줄기의 수

직성, 펼쳐진 가지와 잎들이 향하는 파란 하늘의 구면(球面), 이 모든 것들의 '공간적' 관계를 동시에 보는 것이다.

그래서 동요는 '하늘 향해 두 팔 벌린 나무들 같이' 라고 노래하는 것이다.

7-1-3. '산'을 보자

<그림 7-4> 하늘 아래 산

산은 하늘과 맞닿을 듯 땅에서 솟아있다. 산을 본다는 것 역시 산이라는 요소만을 보는 것이 아니라 하늘을 배경으로 높이 솟아 있는 공간적 관계를 동시에 본다는 것을 의미한다.

峯高一尺敢摩天 *(산봉우리가 한자만 더 높으면 하늘을 뚫을 듯하다)*이라는 김삿갓의 시구나 "태산이 높다하되 하늘 아래 뫼로다"라는 속담은 모두 산의 이러한 공간적 이미지의 핵심을 표현하고 있다.

공간과 시공간(空間, 時空間)

유크리드(Euclid) 기하학적으로 말하자면 물체(solid)는 3차원적인 공간을 차지하고 있다. 물체와 물체 사이의 3차원적인 빈칸(void)도 역시 공간이다.

건축에서는 전자를 매스(mass)라 하고 후자를 공간(space)으로 구별한다. 건물은 외형적으로 보면 매스지만 그 안에는 빈칸이 있다. 그것을 우리는 내부공간이라 하고 건물 밖의 공간을 외부공간이라 한다.

시공간(時空間)은 공간에 시간성을 더한 4차원적 개념이다. 건물은 보통 정적(靜的)인 물체로서 3차원적 공간을 차지하고 있지만 우리는 움직이면서-시점(視點)을 바꾸면서-건축공간을 체험한다. 또한 건축공간 안에서 일어나는 모든 삶의 현상이 시간의 축에서 변화하는 것이기 때문에 건축을 4차원적인 조형예술로 본다. 사람은 건축과 함께 시공간 안에 존재하는 것이다.

7-1-4. 건축을 보자

<그림 7-5> 남대문

<그림 7-6> 기제의 피라미드

<그림 7-7> 로마의 판테온

'남대문'을 보자. 땅에 굳건히 뿌리를 내린 기단 위에 남대문의 이층의 누각이 있다. 기둥 위 겹겹의 포작은 넓게 펼쳐진 육중한 지붕을 들어 올리고 있다.

끝이 치켜 올라간 지붕의 곡면은 그 위의 하늘을 안아 올리듯 떠받치고 있다.

이렇듯 남대문은 결국 하늘과 땅으로 이루어지는 큰 자연공간 안에서 인공적 요소로서 다른 하나의 공간 체계를 연출하는 것이다.

고대 이집트의 피라미드, 메소포타미아의 지구라트, 고대 그리스의 신전, 중세의 교회건축이 그렇듯, 외부 건축공간의 이러한 상승적(또는 향천적, 向天的) 이미지는 건축에서 아주 중요한 상징적 의미를 갖는다.

로마의 판테온은 1세기경 고대 로마시대에 지은 범신전(凡神殿)이다. 사각형의 전실(前室)을 거쳐 신전에 들어서면 돔으로 덮인 원형의 공간이 펼쳐진다. 돔 꼭대기에 원형 천창이 있어 빛을 끌어들인다.

직경 40여 미터의 이 대형 원형공간은 우주의 신비를 안은 듯 우리 가슴에 건축적 감동을 전해준다. 내부에서는 천창을 통해 하늘을 볼 수 있다.

돔을 천개(天蓋)라 부른다. 돔뿐만 아니더라도 내부공간의 윗면 천장(天障) 또는 천정(天井)이라 부르는 것을 보면 예부터 사람들은 천장을 하늘과 동일시 한 듯하다. 우리는 돔이나 천장이 '하늘을 상징한다'고 한다.

Bruno Zevi

브루노 제비는 Architecture as Space (Horizon 1957)에서 "공간은 건축의 주역이다."라고 말했다. 그의 책 첫머리에서 제비는 건축을 이야기하는 많은 사람들이 그 주역인 '공간'을 도외시하고 겉모습만을 다루는 것을 안타깝게 지적했다. 그는 마치 시(詩)를 단어나 시구의 나열 이상의 어떤 맥락(문맥, context)을 기준으로 판단하는 것처럼 건축도 겉모습뿐만 아니라 그 안의 공간을 중심으로 파악해야 한다고 역설했다.

7-2. 시공간(時空間)의 분화

모든 구체적인 존재는 공간 안에 시간성을 가지고 존재한다. 자연도 건축도 마찬가지다. 건축에서 공간만을 따로 다루기보다 시간성을 더하여 시공간으로 다루기로 하자. 건축과정이란 결국 시공간의 동질성에서 이질성으로 분화하는 과정이다.

시공간을 이해하기 위해 우리는 아무것도 존재하지 않던 상태에서부터 생각해 보자.

7-2-1. 분화 이전의 상태 : 공극(空隙)-'없음'(無)의 공간

(1) 공극(空隙, void)

세상이 생겨나기 전 우주는 빈 공극이었다. 빛도, 하늘도, 땅도, 중력도, 시간도, 아무 것도 존재하지 않는 그런 '없음'의 상태였다. 사람이 있었다 하더라도 그는 설 데도 기댈 데도 없는, 위도 아래도 없는 상태였다. 무엇이 있었다 하더라도 빛이 없어 볼 수도 없는, 그런 처절한 '없음'의 상태였다.

(2) 우주공간

우주공간에서 미아가 되어 버린 우주인을 상상해 보자. 그가 놓친 우주선은 점점 멀어져 가고 칠흑 같은 어둠과 고독, 그리고 다가오는 죽음의 공포가 그를 엄습해 온다. 그가 지구상 어디에라도 있을 수만 있다면 더 이상 아무것도 바라지 않았을 것이다. 땅을 디딜 수 있다는 것만으로도 사람은 축복받은 상태에 있는 것이다.

<그림 7-8> 우주공간

(3) 무덤 속 공간

사람이 죽으면 땅에 묻힌다. 그에게 주어진 것은 몸을 겨우 뉠만한 영원한 무덤 속 공간이다. 거기에는 변하는 것이 없으니 시간도 없다. 이 폐쇄된 공간은 죽음의 공간이다. 사람이 계절과 밤낮이 바뀌는 지상의 시공간에서 살 수 있다는 것은 매우 축복받은 상태이다.

(4) 자궁의 태아

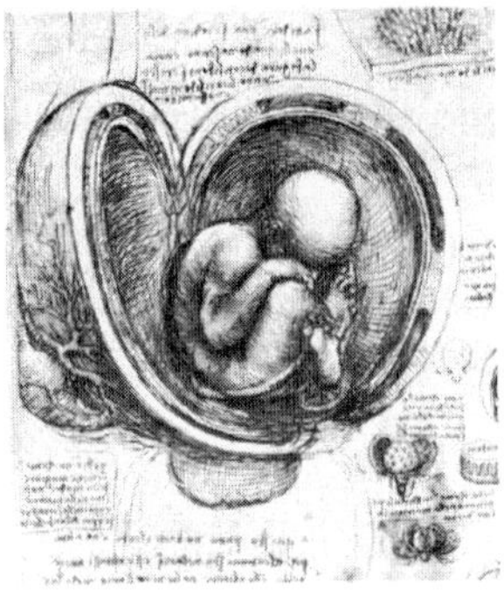

<그림 7-9> 자궁 속 공간-Leonardo da Vinci의 그림 1489

어머니의 자궁 속에 웅크리고 있는 태아를 상상해 보자. 태아는 최소의 공간 안에서 어둠과 물속에 잠겨있다. 아무 것도 보이지 않고 숨도 쉴 수 없다. 탯줄을 통해 공급되는 영양분으로 겨우 생명을 유지한다. 몸을 겨우 꿈틀거릴만한 여유가 있을 뿐 답답하기 이를 데 없다. 선택의 자유가 없으니 그저 기다릴 수밖에 없다. 그러나 여기에는 적어도 태아의 생명이 뛰고 있다. 시간성이 있는 것이다. 이곳은 아마도 우리가 상상할 수 있는 최소의 공간이 아닐까. 세상에 태어난다는 것이 태아에게는 커다란 축복일 것임에 틀림없다.

7-2-2. 공간창세기(space genesis)

공간 창조의 첫째 날, 대 건축가는 칠흑 같은 혼돈의 어둠 속에서 빛을 만들었다. 빛과 어둠이 나뉜 것이다.

<그림 7-10> 빛은 공간의 시작

둘째 날, 무거운 것을 아래로, 가벼운 것을 위로 보내 하늘을 만들었다. 땅과 하늘이 위아래로 나뉜 것이다.

셋째 날, 아래의 무거운 것을 뭍과 물로 나누어 땅과 바다를 만들었다. 땅 위에는 나무와 풀을 만들었다. 물과 뭍이 나뉘고 산천초목이 생겨난 것이다.

넷째 날, 해와 달과 별을 만들어 사시와 연월일이 있게 하였다. 시간이 만들어진 것이다.

여섯째 날, 사람을 만들었다. 이제 사람은 설 땅이 있게 되었고 위로는 푸른 하늘을 보고 아래로는 산과 들을, 그리고 나무와 풀을, 강과 바다를 볼 수 있게 되었다. 이는 위에서 말한 우주미아의 상태에 비하면 현격한 차이가 있는, 아주 축복받은 공간적 상황인 것이다.

7-2-3. 하늘과 땅(天地) : 공간을 위·아래로 나누다

우리가 상상할 수 있는 가장 큰 공간이 우주라면 우리가 감지할 수 있는 가장 큰 공간은 하늘과 땅으로 이루어지는 공간이다. 우주공간을 상상할 수 없었던 옛 사람들은 그래서 우주와 천지를 동일시했다.

하늘은 자연공간의 천장이며 땅은 바닥이다. 넓은 들판 위에 덮인 높고 파란 가을 하늘은 우리의 자연공간을 한껏 부풀린다. 구름이 낮게 드리운 하늘은 자연공간의 높이를 낮춘다. 하늘은 보통 둥글게 인식된다. 실제로 둥글게 보이기 때문이다.

<그림 7-11> 하늘과 땅

하늘과 땅은 공간의 일차적 분화다. 그것으로써 공간은 위·아래로 분화한다.

한편, 건축공간은 바닥과 천장에 의해 위·아래로 분화한다.

빛(光) -시공간의 첫 번째 요소

빛은 어둠과 대응한다. 빛은 어둠이 있음으로써 존재한다. 어둠은 모든 유형(有形)하고 가시적(可視的)인 공간요소들을 삼켜 버린다. 칠흑 같은 어둠의 동굴 속에서 사람은 아무 것도 볼 수 없으며, 따라서 어둠은 공간창조 이전의 '없음'의 상태와 같다. 어둠의 동굴 속에서 촛불을 켜면 사람은 희미한 동굴의 윤곽을 느끼기 시작한다. 이때 비로소 동굴 안의 공간이 존재하게 된다. 빛은 공간 창조의 첫 번째 요소인 것이다.

폐쇄된 건축공간은 어둠의 동굴과 같다. 외벽이나 지붕에 창을 내면 그리로 빛이 들어와 내부의 벽체나 바닥을 밝힌다. 빛이 들어오면서 내부의 공간이 만들어지는 것이다. 같은 창으로 들어오는 빛이라도 항상 같지 않으며 시간에 따라 변한다. 빛이 변하면 그것에 의해 비추어 지는 공간의 상황도 따라서 변한다. 즉 빛이 변하면 공간도 변하는 것이다.

우리는 흔히 바닥 위에 벽체를 세우고 지붕을 덮음으로써 내부공간이 완성된다고 생각하며 이 과정에서 빛의 역할을 무시하는 경향이 있다. 같은 공간이라도 빛을 어떻게 끌어 들여 어디를 비추는가에 따라 공간의 모습은 달라진다.

건축에서 개구부가 중요해 지는 이유는 그것을 통해 빛이 들어오기 때문이다. 판테온의 '눈'(천창)을 통해 들어오는 빛은 판테온 내부에 우주를 재현하고 루이스 칸의 건축에서 천창과 창을 통해 들어오는 빛은 그가 '침묵과 빛'으로 표현하려 한 영감(靈感)이 깃들은 공간을 창조한다. 여러분이 '공간은 빛이다'라고 느낀다면 진정한 건축가가 된 것이다.

한편 지구상 에너지의 원천은 해이며 지구의 자전에 의해 낮과 밤이라는 일주기가 생기며, 지구공전축의 기울기에 의해 계절의 순환이라는 연주기가 생긴다. 달의 공전에 의해 월주기가 생긴다. 이러한 자연주기들은 결국 빛의 변화이며 우리에게 시간을 느끼게 해준다. 공간이 빛으로 시작하고 분화하는 것처럼 시간 역시 빛으로 시작하고 분화한다.

7-2-4. 산과 물(山水)

<그림 7-12> 산과 물

모든 땅이 바다처럼 평평하거나 사하라 사막처럼 단조롭게 펼쳐 져 있었다면 사람의 공간감(空間感)은 사뭇 딴판이었을 것이다. 우리가 사는 세상은 훨씬 다양하여 땅은 산과 들로 나뉘고 강과 냇물이 그 사이를 흘러 바다로 나간다. 벌판은 자연공간의 바닥이고 산은 벽이자 기둥이 된다. 먼 산은 넓은 자연공간의 울타리가 되고 가까운 산은 자연공간을 우리 가까이 좁혀 준다.

산과 물은 공간을 크고 작게, 멀고 가깝게 분화한다.

건축공간은 벽체와 기둥, 울타리에 의해 이차적으로 분화한다.

7-2-5. 시간의 분화

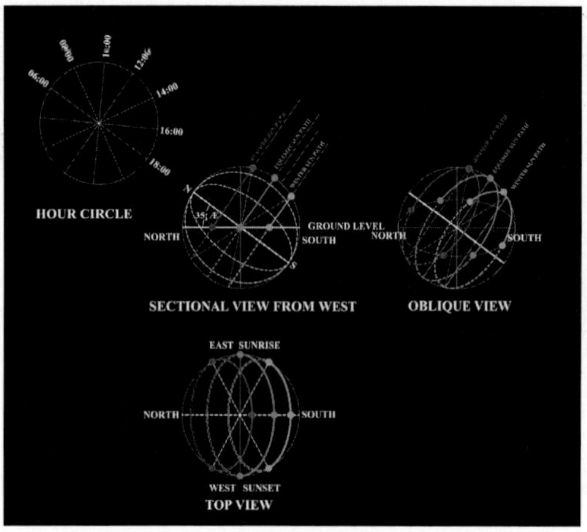

<그림 7-13> 계절에 따른 해의 움직임

해의 움직임은 지구상의 빛을 변화시킨다. 해가 움직임에 따라 변화하는 빛은 공간 안에서 빛과 그림자의 변화를 연출한다. 그것으로써 사람들은 계절의 변화를 느끼고 밤낮의 변화를 느낀다.

한편 풀과 나무와 꽃은 사람의 눈에 보이는 자연경관을 다양하게 꾸며줄 뿐만 아니라 아울러 계절의 변화를 느끼게 한다. 사람들은 해시계, 달 시계와 함께 산천초목의 변화라는 계절시계를 갖고 있는 셈이다.

무심한 건축은 건축공간을 자연과 차단시켜 사용자로 하여금 시간변화를 느낄 수 없게 한다. 좋은 건축은 사람이 자연적인 리듬과 함께 살 수 있도록 해준다.

7-3. 건축공간

7-3-1. 건축공간은 자연공간에서 시작한다

'산 좋고 물 맑은 우리 마을'은 어떤 공간인가. 멀리는 산세가 아늑하게 둘러쳐져 있는 가운데 강물이 유유히 흐르고, 가까이는 숲이 우거진 뒷산과 앞산, 그 사이에 졸졸 흐르는 시냇물이 있다.

산세와 냇물은 그릇을 닮은 하나의 단위 공간을 이룬다. 소위 풍수지리설에서 말하는 '내형국'(內形局)을 이루는 것이다. 먼 산과 강물, 그 안의 넓은 들, 그리고 그 위로 덮인 하늘도 역시 그릇을 닮은 더 큰 단위의 공간-풍수설의 '외형국'(外形局)-을 이룬다.

<그림 7-14> 풍수국형도

내형국이 작은 그릇이라면 외형국은 큰 그릇이다. 큰 그릇 안에 작은 그릇이 담긴 꼴이다. 자연공간은 이렇게 여러 겹의 켜(layer)를 갖는다.

자연공간이 하늘과 땅, 산과 물 등 자연적 요소에 의해 만들어지는 공간을 말한다면 건축공간은 건물, 담, 마당 등 인공적 요소에 의해 만들어지는 공간을 말한다. 건축공간은 자연공간 안에 존재한다. 독립적인 건축공간만으로 존재하는 경우는 없다. 거의 인공적 요소만으로 둘러싸인 도심에서도 위로는 하늘과 아래로는 땅이라는 자연적 요소가 공간을 만들고 있는 것이다.

<그림 7-15> 자연공간 안의 건축공간

건축공간은 결코 자연공간에 대비되는 인공의 공간이라는 뜻으로 쓰는 말이 아니다. 인공의 공간이나 자연공간들이 서로 관계를 맺어 건축공간을 이룬다. 공간을 이해하는 데 있어 인공과 자연의 구분은 그리 중요하지 않다. 어떤 의미에서는 건축공간과 자연공간을 구분하는 것 자체가 무의미할지 모른다.

<그림 7-16> 자연을 느끼는 공간-소쇄원 광풍각

자연공간에는 시간이 있다. 지구의 자전 때문에 밤낮이 바뀌고 달의 공전 때문에 달이 차고 기울며 지구 공전축의 기울기 때문에 봄, 여름, 가을, 겨울이 생긴다. 이러한 자연적 주기는 자연공간에 시간성을 부여한다. 자연에 노출되어있는 자연공간 안에서는 이러한 주기적 변화가 직접적으로 감지된다.

인공적 요소로 둘러싸인 도시형 건축공간 안에서는 그 직접적인 감지가 어려워지며 그 공간이 자연에서 격리된 정도만큼 자연적 시간성에서 멀어진다. 자연친화적 건축은 자연과 가깝게 교류하는 건축을 말한다.

7-3-2. 축공간의 켜(differentiation of space by layers)

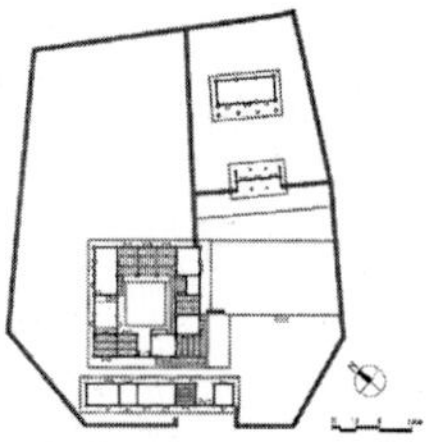

<그림 7-17> 건축공간의 켜-양동마을 서백당 평면도

가장 기본적인 건축공간인 방(室)은 벽체, 천장, 바닥이라는 한 겹의 켜로 한정되는 공간이다. 부엌, 안방, 건넌방, 대청 등으로 이루어진 안채는 다른 한 겹의 켜로 한정된다. 안채, 옆채, 헛간 등으로 이루어진 우리 집이라는 공간은 대문과 담장, 뒤편 대숲 등으로 된 또 한 겹의 켜에 의해 둘러싸였다. 이렇듯 건축공간은 여러 겹의 켜로 둘러싸여 있다.

7-3-3. 공간의 영역성(space as a domain)

'우리 마을'이라는 공간은 하나의 영역이다.

'우리 마을'은 마을 사람들의 공간이다. 마을 어귀에는 영역을 표시하는 장승이 서있다. 마을 안 공터에는 정자나무가 있고 그 그늘 아래 동네 노인들이 쉬고 있다. 뒷산 서낭목 밑에는 당집이 있고 마을 사람들은 정월 대보름에 그곳에서 마을의 안녕을 비는 동제를 올린다.

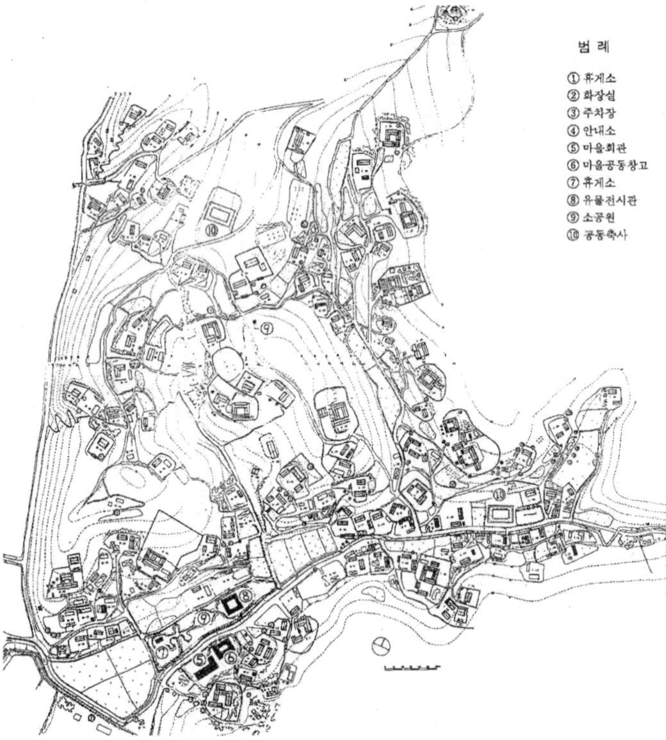

<그림 7-18> 건축공간의 영역성-양동마을, 경상북도

'우리 집'이라는 공간도 하나의 영역이다.

'우리 집'은 우리 가족들의 공간이다. 사립문을 닫아두면 다른 사람들이 들어오지 않는다. 사립문은 주거 영역의 시작임을 알린다.

'내 방'은 나만의 개인적인 영역이다.

대청은 가족들 공동의 영역이다.

이렇듯 하나의 건축공간은 하나의 영역(territory)으로 인식된다.

'사적 공간'은 개인의 영역이며, '공적 공간'은 공적인 영역이다. 사적 공간은 물론이고 공적 공간도 흔히는 특정한 사람들 외에는 배타적으로 인식될 때가 많다. 건축공간에는 그 영역성을 표현하는 물리적인 표시(sign)나 상징(象徵, symbol) 등이 설치된다.

한 영역 '안'에 있는 것과 '밖'에 있는 것은 전혀 다른 것이다.

보통 어떤 사물이 공간의 영역 안에 있을 때 '여기' 있다고 말하며, 밖에 있을 때 '저기' 있다고 말한다. 이는 멀고 가까운 것과는 다른 성질의 문제다.

7-3-4. 공간의 열림과 닫힘

공간에는 닫힘과 열림의 정도 차이가 있다.

극단적으로 개방된 공간의 예로 우주공간을 들 수 있다. 넓고 넓은 바다는 심히 개방적인 공간이지만 거기에는 적어도 수면과 하늘의 구분은 있다. 수평의 해면은 가로 방향의 기준면을 제공하고 위에 있는 하늘은 세로 방향의 기준이 된다. 두 방향의 기준을 갖는 바다는 그 마저 없는 우주공간에 비하여 훨씬 '살만한' 공간이다. 끝없이 펼쳐진 사막도 개방성의 정도에 있어서는 망망대해와 비슷하다.

<그림 7-19> 공간의 열림과 닫힘-양동마을 서백당 사랑채

이와 반대로 극단적으로 폐쇄된 공간의 예로 무덤 속 공간을 들 수 있다. 무덤 속은 모든 방향으로 막혀 있다. 그곳은 극단적으로 폐쇄적이어서 아무런 움직임이 없을 정도다. 어머니의 자궁도 매우 폐쇄적인 공간이다. 동굴도 폐쇄적인 공간이지만 적어도 한 쪽으로는 열려 있어 무덤 속보다는 한결 살만한 공간이라고 할 수 있다.

보통의 건축공간은 완전히 닫히지도, 완전히 열리지도 않았으며 공간의 성격에 따라 그 폐쇄성과 개방성에 차이를 갖는다. 예컨대 침실 공간은 거실 공간보다 상대적으로 폐쇄적이다. 마당은 방안의 공간보다 훨씬 개방적이다. 그러나 마당도 하늘로는 열렸으나 담장으로 둘러싸여 있으므로 완전히 개방적인 공간은 아니다.

7-3-5. 공간의 크기(spatial scale)

<그림 7-20> 공간의 크기-Piazza San Pietro, Vatican

공간 안에서 사람은 공간을 한정하는 요소들-산, 담장, 건물 등-의 멀고 가까움을 보고, 그것으로 공간의 크기를 판단한다. 공간의 크기가 다르면 그 안에서 일어나는 삶의 양상이 달라진다. 작은 안뜰과 널찍한 마당도 공간의 크기가 다를 뿐 아니라 그 안에서의 일어나는 활동의 규모와 양상이 달라진다.

공간이 클수록 좋다는 일반적 인식은 잘못된 것이며, 공간의 크기는 그 안에서의 행태에 적합해야 할 것이다.

Hall과 Spreiregen의 공간 규모 분류

건축가가 건축공간에 적당한 크기를 부여하는 일은 그리 쉬운 일이 아니다. 물론 일차적으로는 그 공간의 물리적 기능에 맞추어 크기를 정할 수 있다. 그러나 공간의 크기나 그 밖의 치수들은 흔히 건축가의 조형적 감각에 의해 정해지기도 한다.

Hall과 Spreiregen은 사람과 인지 대상 사이의 감각적 거리감을 다음과 같이 분류했다.

<table>
<tr><th colspan="3">E.T.Hall</th><th colspan="3">Spreiregen</th></tr>
<tr><th>기 능</th><th>종 류</th><th>거리(m)</th><th>거리(m)</th><th>종 류</th><th>기 능</th></tr>
<tr><td>애무, 속삭임</td><td>친밀 거리</td><td>0.45</td><td rowspan="3">3.3</td><td rowspan="3">친밀 공간</td><td rowspan="3">정상적 대화거리</td></tr>
<tr><td>악수, 친밀한 대화</td><td>개인적 거리</td><td>1.2</td></tr>
<tr><td>사교적 대화</td><td>사회적 거리</td><td>3.6</td></tr>
<tr><td>강 의</td><td rowspan="2">공적거리</td><td rowspan="2">8.0</td><td rowspan="2">12</td><td rowspan="3">개인적 공간</td><td rowspan="2">얼굴 표정을 읽음</td></tr>
<tr><td>공 연</td></tr>
<tr><td></td><td></td><td></td><td>24</td><td>얼굴을 알아봄</td></tr>
<tr><td></td><td></td><td></td><td>150</td><td>도시적 공간</td><td>몸짓, 남녀 식별</td></tr>
<tr><td></td><td></td><td></td><td>1,200</td><td>조망적 공간</td><td>사람 식별</td></tr>
</table>

7-4. 건축공간의 조직

건축공간들은 서로 어떤 관계를 지닌다. 건축가는 필요한 공간들을 어떻게 배치할 것인가 결정해야한다. Francis D. K. Ching은 <Architecture : Form·Space & Order>에서 공간적 관계와 조직을 다음과 같이 분류하고 있다.

- Spatial Relationship, 공간적 관계
  - -space within a space, 공간 안의 공간
  - -interlocking spaces, 겹친 공간
  - -adjacent spaces, 인접한 공간
  - -spaces linked by a common space, 연결된 공간
- Spatial Organizations, 공간의 조직
  - -centralized organizations, 중심적 조직
  - -linear organizations, 선형 조직
  - -radial organizations, 방사형 조직
  - -clustered organizations, 군집형 조직
  - -grid organizations, 격자형 조직

이 중 몇몇 기본형에 대해서 설명하기로 한다.

7-4-1. 공간 안의 공간(space within a space)

우리나라의 전형적인 풍수형국은 가장자리가 높고 가운데가 오목한, 그릇을 닮은 공간이다. 예컨대 서울의 풍수형국은 내, 외형국으로 이루어졌다. 북한산을 조종산(祖宗山), 관악산을 조산(朝山)으로 하는 외형국 안에 북악산을 주산, 남산을 안산으로 하는 내형국이 들어앉아 있다. 이렇듯 옛 서울 도성은 큰 그릇 안에 작은 그릇이 들어앉은 꼴이다. 그 안 명당자리에 경복궁이 들어앉아 있으니 이

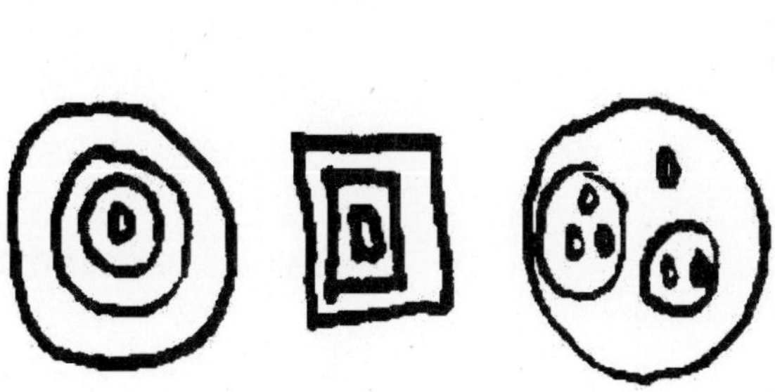

<그림 7-21> 공간 안의 공간-개념도

는 내형국이라는 그릇 안에 들어있는 더 작은 그릇인 셈이다. 경복궁 안에 정전인 근정전이 있다. 근정전은 근정문을 정문으로 한 회랑으로 둘러싸여 있다. 이렇게 보면 근정전은 서울 밖에서부터 시작하여 겹겹의 그릇 안에 있는 다섯 번째 그릇인 셈이다. 근정전 주위의 2단의 기단과 돌난간까지 넣으면 일곱 겹의 그릇이다.

7-4-2. 중심적 공간체계(centralized organizations)

<그림 7-22> 중심적 공간체계-Byzantine Church of Kotaki, Athens 12c

안에 중심공간이 있고 바깥쪽으로 부수적 공간들이 모인 만다라형 공간체계를 말한다. 바깥 공간들은 동심원적으로 또는 방사형으로 배열될 수 있다. 중심성이 강하고 네 방향성(quaternity) 또는 여덟 방향성을 갖는다. 그리스, 로마시대의 원형 신전과 서양의 '비잔틴 교회들은 전형적인 예이다.

7-4-3. 선형 공간체계(linear organizations)

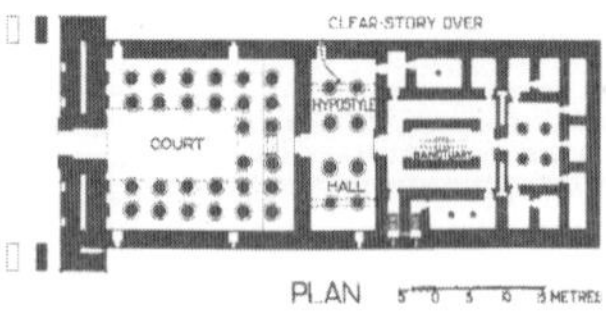

<그림 7-23> 선형 공간체계-이집트의 Khons 신전

공간들이 선형으로 늘어서 있는 공간체계를 말한다. 보통의 경우 장축과 단축이 직교하는 두 개의 축이 된다. 이집트의 신전이나 서양의 장방형 교회들이 전형적인 예이며, 복도를 따라 선형으로 배열된 건물도 그런 예다.

배치에도 선형 공간체계가 있을 수 있다. 경상북도 영주 부석사의 경우 자연 경사를 이용한 계단과 축대를 이용해 상승적 공간의 위계를 잡고, 조계문, 범종각, 안양루 등 문루를 지나 최상위 공간인 무량수전에 이른다. 각 위계의 공간들은 진입로를 따라 선형으로 배열되어 있다.

7-4-4. 공간의 흐름(flow of space)

공간 요소들은 정적(靜的)이나 공간인지(認知)는 동적(動的)이다. 마당에 서있는 나무를 보는 사람은 정적인 장면을 보고 있으나 그의 시야는 수평의 마당으로부터 나무의 줄기와 가지를 타고 하늘로 상승한다. 이 때 나무는 '화살표'(포인터, pointer)의 역할을 하는 것이다. 그래서 '하늘 향해 두 팔 벌린 나무들 같이'라고 노래하는 것이다. 산수(山水) 공간에서도 사람은 기저면(基底面)의 물에서 시작하여 산을 타고 하늘로 상승하는 공간적 상승감을 느낀다. 건물을 보는 경우도 마찬가지다. 사람의 시야는 서있는 땅에서 시작하여 기단-기둥-지붕을 타고 그 위로 펼쳐진 하늘로 상승한다. 수평성이 강조된 공간에서는 상승감보다 수평적 확장감을 느낄 것이다.

임충신은 이러한 공간인지의 역동성을 '공간의 흐름'이라고 불렀다. 다양한 건축공간의 예를 보며 '공간의 흐름'을 느껴보자.

<그림 7-24> 물에서 하늘로-Mont Saint Michel, France

■ 읽을 거리 ■

- Bruno Zevi, *Architecture as Space*, Horizon Press, 1957
  브루노 제비, *공간으로서의 건축*, 최종현·정영수역, 세진사, 1983

제 8 장 구조물은 공간의 집이다

강 석 봉 · 김 이 두

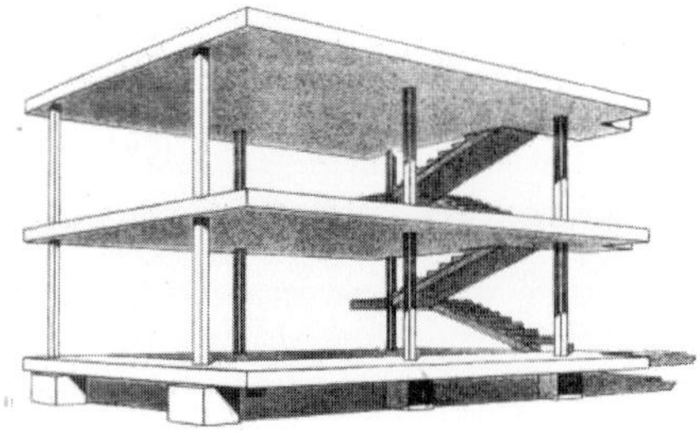

8-1. 구조물과 힘의 균형

8-2. 구조물에 가해지는 힘 : 외력

8-3. 부재에 발생하는 힘 :부재력

8-4. 구조물이 무너지지 않으려면? : 구조설계

8-5. 구조방식의 발달

8-1. 구조물과 힘의 균형

태양계의 행성들과 위성들이 각기의 궤적과 공전주기를 유지하는 것은 힘의 균형을 갖추고 있기 때문이다. 해와 지구와 달도 마찬가지다. 우주 안의 어떤 것도 힘의 균형 없이는 현재의 상태를 유지할 수 없다. 또한 지구상의 모든 피조물들도 태양계 안에서의 여러 가지 힘을 받으면서, 또 지구 안에서 중력, 지진, 바람 등 여러 가지 힘을 받으면서, 변형도 하면서 힘의 균형을 이루고 있는 것이다. 그런 점에서 모든 피조물은 구조물이다. 건축도 마찬가지다.

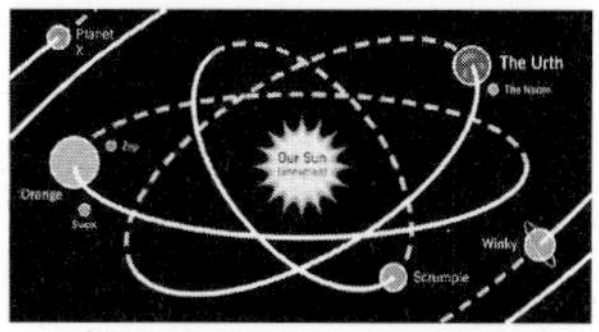

<그림 8-1> 태양계

사람들은 많은 실패를 겪으면서, 중력에 맞설 뿐만 아니라 바람, 눈, 지진 등 웬만한 큰 힘에도 견딜 수 있는 구조물을 만드는 방법을 터득해 갔다.

움막이나 텐트가 바람에 날아가면 다음에는 나무 덩굴로 묶고, 지붕이 주저앉으면 다음에는 서까래를 보강했다. 이글루가 무너지면 다음에는 균형을 맞추어 쌓았다. 바람이 세면 구조물을 보강하고, 눈이 많이 오면 눈을 치우거나 보강했다.

사람들은 구조물이 외부의 힘에 버텨야 서있을 수 있다는 것을 알게 되었다. 사람들은 오랜 경험 속에서 안팎의 '힘의 균형'을 유지할 수 있는 구조물을 지으려고 노력해 온 것이다.

구조물에 가해지는 여러 가지 힘을 하중(荷重, load)이라 한다. 하중을 받으면 구조물은 변형하며, 구조물의 내부에는 이에 상응하는 부재력이 발생한다. 이런 안팎의 힘들이 균형을 이루어야 구조물이 서 있을 수 있는 것이다.

8-1-1. 모든 것은 구조물이다

(1) 지구도 구조물이다

지구도 구조물이다. 지구의 중심부는 내핵과 외핵으로 되어있고 그 밖으로 맨틀층, 그리고 표면 100km 정도는 지각으로 되어있다. 지각은 대류하는 맨틀층 위에 떠있다.

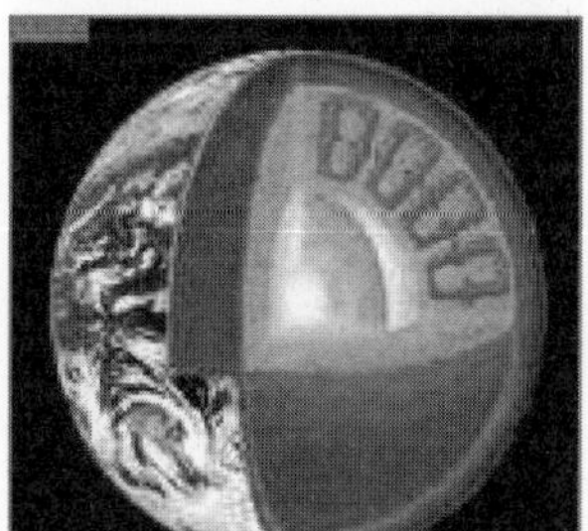
<그림 8-2> 지구도 구조물이다

이러한 불안정한 상태에서 가끔 힘의 균형이 깨져 화산이 폭발하거나 지진이 발생하기도 한다. 사람이 밀집해 사는 도시 가까이서 화산 폭발이나 강도 높은 지진이 발생하면 큰 재앙이 일어난다. 건물은 이런 재앙에 대비되어 있어야 한다.

사람이 건물을 짓는 땅이라는 것도 알고 보면 매우 불안정한 구조물이다. 땅은 간혹 유동적인 특성을 보여 산사태가 일어나기도 한다. 또 지하에 뻘 같은 유동적인 층이 있으면 구조물에 부동 침하가 일어나기 쉽다. 건물이 안전하기 위해서는 적절한 기초 설계에 의해 건물의 무게와 지반의 지내력이 균형을 갖추도록 해야 한다.

<그림 8-3> 거미줄

(2) 동, 식물의 구조

우리는 6장에서 이미 동식물의 다양한 형태가 건축 형태의 무궁무진한 원천이 될 수 있음을 보았다. 나무는 땅에 굳건히 뿌리를 박고 줄기는 힘차게 서있고 가지들은 하늘을 향해 팔 벌리고 있다. 모진 바람에 휘어도 부러지지 않는 아주 훌륭한 구조물이다. 나무는 전통적으로 사람과 가장 친숙한 구조재료다. 볏짚, 억새, 갈대 등을 엮어서 지붕재료로 쓰기도 한다. 조개, 소라 등 갑각류의 껍질들도 훌륭한 쉘(shell) 구조물이다. 거미줄은 훌륭한 인장(tension) 구조물이다.

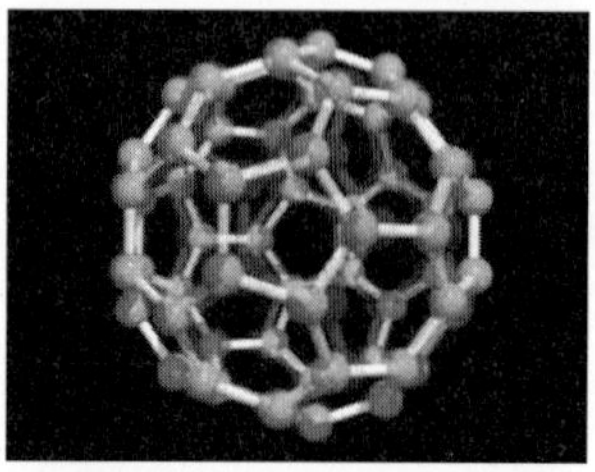

<그림 8-4> 소우주적 구조

(3) 소우주적 구조

분자의 결합구조, 결정구조 등은 트러스 구조와 같은 원리로 되어있다. 하이테크 건축의 진정한 원조라 할 수 있는 훌러의 지오데식 돔도 마찬가지다.

<그림 8-5> 건물의 구조

(4) 건물의 구조

건물은 뼈대(skeleton)와 피복(envelope)으로 이루어진다. 인체에 비유한다면 골격은 뼈대이고 살과 피부는 피복이다. 골격은 체중을 실어 땅에 전달하고 피복은 내장을 보호하고 체온을 유지하는 역할을 한다.

건물의 뼈대는 기초, 기둥, 보, 내력벽, 바닥, 지붕 틀, 등 구조물의 골격을 이루는 부분을 말한다. 뼈대는 건물 자체의 무게(固定荷重, 自重, dead load), 사람이나 가구의 무게(動荷重, live load), 바람의 힘, 등 건물이 받는 여러 가지 힘(外力)을 땅으로 전달하는 역할을 한다.

피복은 건물의 내부 공간을 외부로부터 분리하는 역할을 한다. 피복은 풍하중, 적설하중 등을 건물의 뼈대인 구조체로 전달한다.

8-1-2. 초기의 건축구조물

(1) 건축공간을 만드는 일

초기의 인류가 혹심한 자연 환경의 변화로부터 스스로를 보호하기 위하여 최초의 보호처(shelter), 즉, 건축공간을 만들려 했을 때 부딪친 첫 번째 과제는 지구 중력에 지탱할 수 있는 지붕을 덮고 벽을 둘러치는 일이었다.

<그림 8-6> 건축공간을 만드는 일

적어도 그 안에서 사람이 살만큼 지붕을 높이 덮고 비바람을 막을 수 있는 벽을 둘러치는 일은 그리 간단한 일은 아니었다. 그들은 우선 주변에서 손쉽게 구할 수 있는 재료를 이용하여 어떻게 하면 지붕을 덮고 벽을 막을 수 있을까 궁리하였다.

유목민들은 짐승의 털가죽과 약간의 나무들을 뼈대로 이용하여 천막(텐트)을 쳤다. 나무가 흔한 지방에서는 나무로 뼈대를 세우고, 잔가지와 잎으로 지붕을 덮고 벽을 막았다. 나무가 귀하고 흙이 흔한 지방에서는 흙벽돌을 만들어 벽체를 세우고, 그 위에 역시 흙벽돌로 지붕을 둥글게 쌓아 올렸다.

나무와 흙이 모두 흔한 곳에서는 흙벽돌로 벽체를 세우고, 나무와 잔가지로 지붕을 덮기도 하였다. 돌이 흔한 지방에서는 돌로 벽체와 지붕을 쌓아 올렸다.

극지의 에스키모들은 심지어 눈을 다져 벽돌을 만들어 이글루를 만들었다.

(2) 텐트를 치다

<그림 8-7> 텐트를 치다

텐트(천막)는 유목민들이 사용하는 이동식 주택이다. 인류가 농업 정착생활을 하기 전인 구석기시대에 유목 생활을 주로 했다고 보면 텐트는 아마도 인류 최초의 주거형식이었을 것이다.

중동 지역 유목민들의 텐트는 폴 대를 세우고 그 위에 천이나 가죽 등을 덮어 밧줄로 고정하는 텐트로 오늘날에도 볼 수 있는 천막과 기본적으로 같은 원리로 된 구조물이다. 몽고의 유르트(Yurt)는 폴 대 대신 나뭇가지로 돔을 엮고 그 위를 천으로 덮은 것이다. 전형적인 아메리카 인디안의 티피(Tipi)는 폴 대를 '삼발'(tripod)로 세우고 거기에다 다시 여러 개의 폴 대를 원추형으로 기대어 세우고 그 위에 가죽이나 나무껍질을 덮은 구조물이다.

텐트는 현대 막 및 케이블 구조의 원형이 되었으며, 소위 하이테크 건축에도 막(幕, membrane)과 케이블(cable)로 된 텐트구조를 자주 이용한다. 이는 인류 최초의 구조방식이 최근의 구조방식으로 사용되는 경우라고 할 수 있다.

(3) 나무를 엮다

<그림 8-8> 나무를 엮다

현대에도 열대 우림 속에서 살아가는 원시 부족들은 나뭇가지를 엮어 구조물을 만든다. 가는 나무줄기는 다루기 쉬워 한나절 정도면 돔형 공간을 만들 수 있다. 나무를 이용한 최초의 주거들은 아마도 가는 가지들을 둥글게 돔으로 엮어 만들었을 것이다.

다음 단계로 생각할 수 있는 것이 원형 움집(round hut)이다. 우리나라 청동기 움집 유적으로 미루어 보면 집터를 둥글게 파고 가장자리에 말뚝을 둘러치고 그 위에 서까래를 경사지게 걸쳐 올린 원추형 공간이었다. 다음 단계로 말뚝 대신 공간 안쪽에 기둥을 세워 중도리(보)를 얹고 그 위에 서까래를 까는 방법이 고안되었다.

유럽의 경우[Pictish Hut-Scotland] 가장자리 말뚝 대신 돌담을 둘러쌓고 안쪽에 기둥을 세워 중도리를 얹고 그 위에 서까래를 올린 경우를 볼 수 있다.

기둥과 중도리의 고안은 직사각형 공간을 가능하게 하였고 후일 정식 목구조 발달에 중요한 계기가 되었다. 이후 서양 권에서는 목재를 이용한 트러스가 발달하게 된다.

(4) 흙을 빚다

<그림 8-9> 흙을 빚다

중동처럼 나무가 귀한 지역에서는 흙을 빚어 햇볕에 말

려 흙벽돌을 만들고 그것을 쌓아 벽을 만들었다. 그 위에 나뭇가지를 얹고 흙을 발라 평평한 지붕을 만들었다. 다음 단계로는 벽 위로 흙벽돌을 둥글게 쌓아 돔(dome)이나 보울트(vault)를 덮었다.

목구조가 발달한 지역에서도 기둥 사이에 나뭇가지를 엮고 그 위에 흙을 발라 벽을 만들었다.

흙은 물에 개면 어떤 형태든 만들 수 있고 그것이 마르면 딱딱해지는 소성(塑性, plasticity)을 가진 재료라는 특성을 지녔다. 이는 로마시대에 발명되어 현대까지 활발히 사용되는 콘크리트(concrete)를 닮은 것이다. 흙벽돌은 후일 구워 만든 벽돌로 발전하며 중세 서양건축의 주된 건축 재료로 사용되었다. 동양에서는 기와와 전돌을 만들어 썼다.

(5) 돌을 쌓다

자연의 돌을 쌓아 만든 돌담은 우리나라의 평화로운 시골 정경 중의 하나다. 돌은 자연 상태로 널려있으므로 손쉽게 주워 모아 쓸 수 있는 재료다. 약간의 기술이 있다면 어느 정도의 높이로 돌담을 쌓을 수 있다. 좀 더 기술이 발달하면 돌담 위로 둥글게 쌓아 올려 돔을 만들 수도 있다.

<그림 8-10> 돌을 쌓다

돌을 다듬는 도구와 기술이 발달하면서 고대 이집트인들은 피라미드와 신전을 돌로 지었다. 콘크리트가 발명되고 구운 벽돌이 널리 사용되기 전까지 석재는 서양건축의 주된 건축재료였다.

8-1-3. 구조물은 무너질 수 있다

이러한 최초의 구조물을 만드는 일도 쉬운 일은 아니었다.

짓다가 제풀에 무너지기도 하고, 지은 뒤에 바람이 불어 넘어지기도 하고, 지붕에 눈이 쌓여 무너지기도 하고, 지진이 나서 무너지기도 하였다.

<그림 8-11> 구조물은 무너질 수 있다

초기의 구조물 뿐만 아니라 인류 역사를 통하여 많은 구조물들이 여러 가지 결함 때문에 무너졌다. 문명이 발

달한 현대에도 그런 일이 종종 벌어진다.

최근 서울에서 일어났던 삼풍백화점, 성수대교, 신행주대교 등의 붕괴나 부산 철도 터널 붕괴 사고 등이 그러한 예들이다. 구조물의 붕괴는 재산의 손실은 물론, 인명의 손실이라는 심각한 결과를 초래하기 마련이다.

8-2. 구조물에 가해지는 힘 : 외력(外力, external load)

<그림 8-12> 외 력

거미줄은 우선 거미줄 자체의 무게, 거미와 걸려드는 먹이의 무게를 지탱해야 한다. 또 비바람의 힘에 견뎌야 하고 밤새 맺히는 이슬방울의 무게를 견뎌야 한다.

건물의 경우 건물 자체의 무게, 건물을 사용하는 사람들과 가구, 기기들의 무게를 지탱해야 한다. 가끔 불어대는 태풍에도 견뎌야 하고, 지붕에 쌓이는 눈의 무게도 견뎌야 한다. 지진이 일어나 땅이 진동해도 견뎌야 한다. 건물에 가해지는 여러 가지 힘들을 외력이라 한다.

8-2-1. 고정하중(固定荷重, dead load)

<그림 8-13> 고정하중

구조물 자체의 무게를 포함하여 힘의 크기가 변하지 않고 구조물에 지속적으로 가해지는 하중을 고정하중이라 한다.

지구상의 모든 물체는 중력을 받으며, 따라서 모든 구조물은 그 무게만큼의 중력을 받는다.

구조물이 서 있으려면 우선 이 중력에 버틸 수 있어야 한다. 이 관점에서 보면 구조물이 가벼울수록 힘의 부담은 작아진다.

유목민의 텐트는 다른 구조물에 비하여 월등히 가벼워서 짓기 쉽고 또 옮겨 짓기도 쉽다. 반대로 돌이나 콘크리트로 지은 구조물은 매우 무거워서 중력의 부담이 크다. 구조물 자체의 무게, 즉 자중(自重)은 움직이지 않는

하중이므로 고정하중(固定荷重, dead load)이라 한다.

8-2-2. 적재하중(積載荷重, live load)

고정하중 외에 구조물 위에 실리는 사람이나 가구, 기기 등의 무게를 고정되어 있지 않고 움직인다는 뜻에서 적재하중(積載荷重, live load)이라 한다.

적재하중이 움직인다고 해서 이들의 움직임을 일일이 고려하여 구조물을 설계할 수는 없으므로, 보통의 경우 이들 하중을 바닥에 고르게 분포된 등분포(等分布) 하중으로 취급한다.

적재하중의 크기는 건물유형이나 지역에 따라 차이가 날뿐 아니라, 경우 마다 정밀하게 측정할 성질도 아니므로 건축법규에서 안전한 설계 값을 따로 정하여 쓰고 있다.

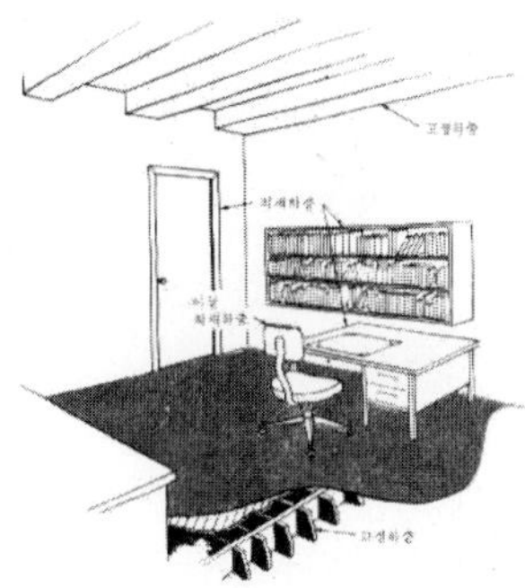

<그림 8-14> 적재하중

8-2-3. 풍하중(風荷重, wind load)

바람이 구조물에 가하는 힘을 풍하중(風荷重, wind load)이라 한다.

바람은 구조물의 벽체에 부딪쳐 힘을 가하는데 그 속도가 클수록 힘이 커짐은 물론이다. 우리나라에서 태풍은 초속 수 십 미터로 강하게 불기 때문에 엄청난 힘으로 구조물에 작용한다. 풍속은 지상에서의 높이가 증가함에 따라 증가한다. 고층건물과 같이 높고 넓은 벽체를 가진 구조물의 경우 풍하중이 매우 커지므로 특히 중요하게 다룬다.

풍하중은 보통의 경우에 벽면의 높이에 따라 변하는 수평하중으로 취급한다.

<그림 8-15> 풍하중

8-2-4. 적설하중(積雪荷重, snow load)

지붕에 쌓이는 눈은 구조물에 그 무게만큼의 힘을 가한다. 이를 적설하중(積雪荷重, snow load)이라 한다.

<그림 8-16> 적설하중

눈은 가벼워 보이지만 1m 쌓이면 100 Kg/㎡ 정도의 하중이 되므로 눈이 많이 내릴 개연성만 있더라도 구조적으로 중요한 고려대상이 된다.

최근 강원도 지방의 한 체육관 지붕이 수십 cm 쌓인 눈 때문에 무너져 버린 예가 있고 우리나라의 농사용 비닐하우스들의 경우 폭설피해가 자주 발생하고 있다.

세계적으로 눈이 많이 쌓이는 북위도로 갈수록 전통민가의 지붕 물매가 높아지는 것도 적설하중과 관계있다.

적설하중은 수평으로 투영한 지붕면의 등분포하중으로 취급한다.

8-2-5. 지진하중(地震荷重, seismic load)

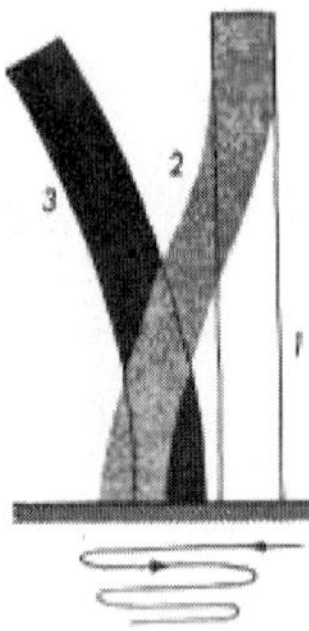

<그림 8-17> 지진하중

지각 자체의 진동에 의하여 구조물에 옆으로 가하여 지는 힘을 지진하중이라 한다.

큰 지진이 나면 엄청난 재앙을 불러일으킬 수 있으므로 구조물은 지진에 견딜 수 있거나 적어도 사람들이 대피할 시간적 여유를 줄 수 있어야한다. 고층건물의 경우 특히 더 그래야 한다.

모든 구조물을 예상할 수 있는 최대의 지진하중에도 견디도록 튼튼히 지으려면 경제적인 부담이 매우 커지므로, 법규에서는 건물유형, 건물의 높이에 따라 적절한 범위에서 내진구조(耐震構造)를 갖추도록 규정하고 있다.

8-2-6. 기타 하중들

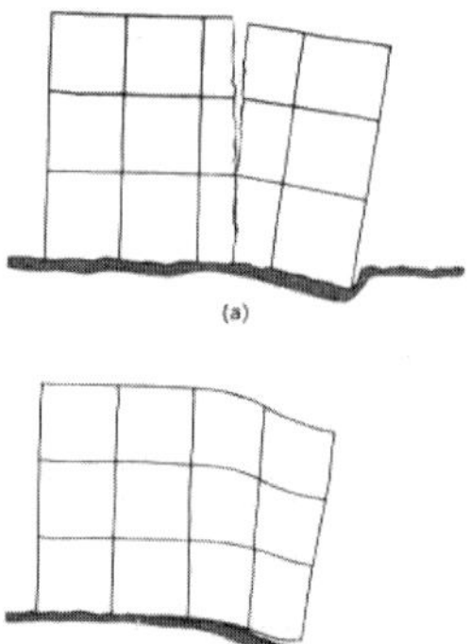

<그림 8-18> 기타하중

그 밖에도 구조분야에서 다루는 특수한 하중들이 있다.

구조물 자체가 가열되어 팽창함으로써 받게 되는 힘을 열하중(熱荷重, thermal load)이라 하고, 구조물의 일부가 침하함으로써 다른 부분에 가하여 지는 힘을 침하하중(沈下荷重, settlement load)이라 한다. 또 구조물에 순간적으로 가하여지는 힘을 충격하중(衝擊荷重, impact load)이라고 하여 특별히 취급하기도 한다.

8-3. 부재에 발생하는 힘 : 부재력

하나의 부재(部材, member)가 어떤 힘을 받으면 부재의 외형이 줄어들거나 늘어나며, 물체 안에는 외력에 의해 어떤 힘이 생긴다. 물체가 힘을 받아 줄어들거나 늘어나고 휘어지거나 비틀리는 현상을 변형(變形, deformation)이라 하며, 물체 안에서 발생하는 힘을 부재력(部材力, member force)이라 하고, 외력에 의해 부재가 버티는 정도를 강도(strength)라 한다.

외력이 가해지면 부재는 변형한다. 외력이 강해지면 변형도 커진다. 탄성 범위 안에서 변형은 외력에 비례한다. 강도가 크면 많은 힘을 버틸 수 있고 반대로 작으면 큰 외력에 의해 부재는 파괴된다.

부재력에는 다음 몇 가지 종류가 있다.

8-3-1. 당기는 힘 : 인장력(tension)

<그림 8-19> 인장력

거미가 한 가닥 거미줄에 매달려있다. 이 때 거미줄은 거미의 무게만큼 당기고 있으며 그만큼 늘어나 있다. 거미줄 안에서는 분자들이 서로 당기며 거미의 무게를 지탱한다. 이 당기는 힘을 인장력(tension)이라 한다. 거미줄의 인장강도를 벗어날 만큼 무거운 것이 걸리면 거미줄은 끊어지고 만다.

거미줄은 지름이 수천분의 1 mm 정도로 매우 가늘다. 거미가 매우 가볍다 치더라도 가는 거미줄의 인장강도는 강철보다 훨씬 강하다. 건축 재료로는 섬유질로 된 목재의 인장강도가 크고 강재가 가장 크다. 가는 철선을 꼬아 만든 줄을 케이블(cable)이라 하며 현수교(懸垂橋, suspension bridge) 등 각종 인장구조(suspended structure)에 쓴다.

8-3-2. 미는 힘 : 압축력(compression)

사람이 의자에 앉아있다. 의자 밑에서는 네 개의 다리가 사람의 무게를 버티고 있다. 의자의 다리 안에서는 분자들이 서로 밀어 사람의 무게를 버틴다. 이러한 미는 힘을 압축력(compression)이라 한다. 눈에는 잘 안보일 정도지만 의자의 다리는 줄어든다. 돌, 벽돌, 콘크리트 같이 치밀한 재질의 재료들은 높은 압축강도를 갖는다. 목재는 인장강도와 압축강도가 조화를 갖추어 인류 역사 이래 가장 널리 사용되어 온 재료다. 강재는 압축강도에서도 가장 높은 구조재로서 고층건물의 구조재로 많이 쓰인다.

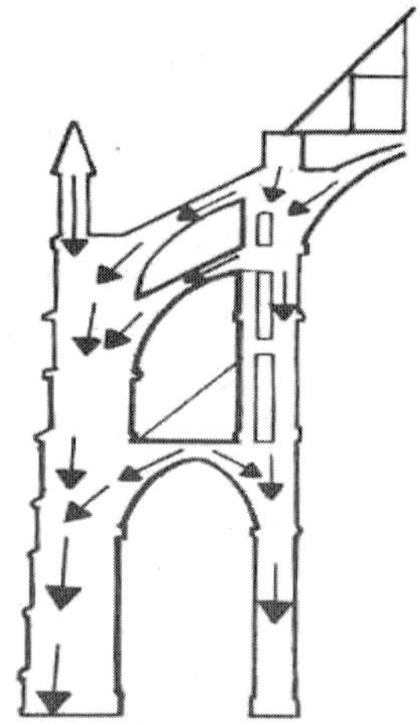

<그림 8-20> 압축력

8-3-3. 휘는 힘 : 휨모멘트(bending moment)

바람이 불어 나무가 휜다. 나무가 휘는 현상을 분석해보면 한 쪽은 늘어나고 한 쪽은 줄어드는 것이다. 늘어나는 쪽의 분자들은 서로 당겨주고 줄어드는 쪽의 분자들은 서로 밀어주며 외력에 버티고 있다. 이렇게 인장력과 압축력이 한 쌍으로 작용하는 힘을 휨모멘트(bending moment)라고 한다.

<그림 8-21> 휨모멘트

널뛰기를 할 때 널에는 휨모멘트가 발생한다.

전통적 목조 건축에서 보에는 휨모멘트가 발생하고 기둥에는 압축력이 발생한다.

철근콘크리트는 콘크리트의 압축강도와 철근의 인장강도를 복합적으로 이용한 구조재이다. 철근콘크리트 라멘구조의 경우 보에서는 휨모멘트가, 기둥에서는 압축력과 휨모멘트가 모두 생긴다.

8-3-4. 자르는 힘 : 전단력(shear force)

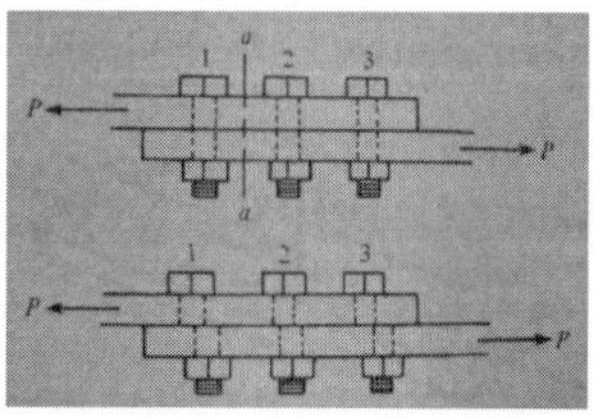

<그림 8-22> 전단력

장기 알을 쌓아놓고 옆에서 치면 힘없이 무너진다. 장기 알들을 서로 붙잡아주는 힘이 없기 때문이다. 나무 막대기는 옆에서 쳐도 쉽게 동강나지 않는다. 나무의 섬유질들이 질기게 연결되어 있기 때문이다. 부재를 옆으로 자르려할 때 발생하는 힘을 전단력(剪斷力, shear force)이라 한다.

공사현장에서 철근을 절단기에 넣고 옆으로 가격하면 철근이 끊어진다. 철근은 전단강도가 매우 강하므로 센 힘으로 순간적 충격을 가하여 끊는 것이다. 보통의 구조물의 경우 보는 양쪽에서 기둥이 받치고 하중은 밑으로 작용하므로 전단력이 작용한다. 보는 충분한 전단강도를 지녀야한다.

8-3-5. 비트는 힘 : 비틀림(torsion)

두 사람이 야구 방망이 양쪽 끝을 잡고 서로 다른 방향으로 돌리면 방망이는 비트는 힘을 받는다. 이 힘을 비틀림(torsion)이라 한다. 철근콘크리트 라멘구조에서 보가 T-자로 만나는 모든 부위에는 비틀림이 작용한다.

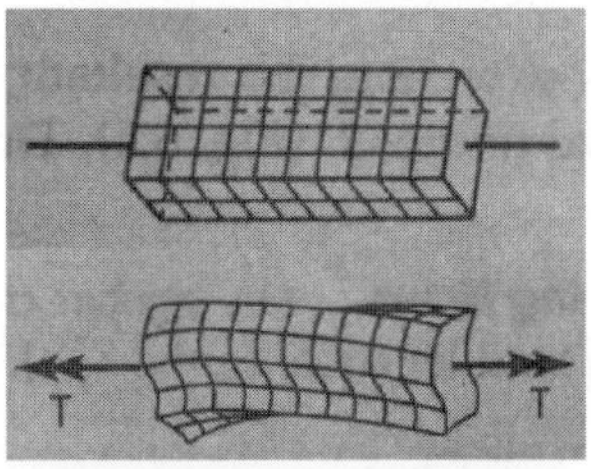

<그림 8-23> 비틀림

8-4. 구조물이 무너지지 않으려면? : 구조설계

8-4-1. 응 력(stress)

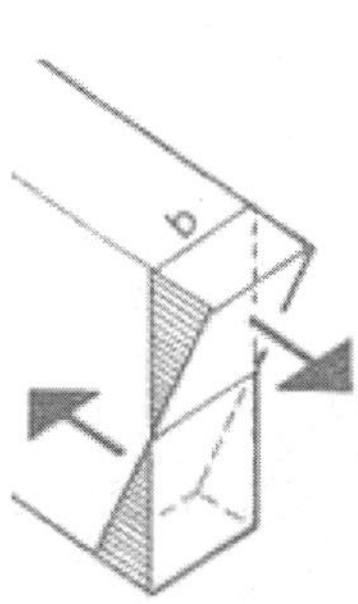

<그림 8-24>
휨모멘트에 의한
수직응력

어떤 물체에 외력이 작용하였을 때, 물체 안에는 부재력(내력)이 발생하게 된다. 이 물체를 절단하였을 때 전체 단면에 걸쳐 연속적으로 분포된 힘들로 구성되는데 이때 단위 면적당 힘을 응력(stress)이라 한다.

물체가 하중에 의해 늘어나는 경우, 이 응력을 인장응력(tensile stress)이라 하고, 하중의 방향이 반대로 되어 봉이 압축을 받는 경우, 이 응력을 압축 응력(compressive stress)이라고 한다. 이 응력들은 절단면에 수직으로 작용하기 때문에 수직 응력(normal stress)이라고 부른다. 절단면에 접선 방향으로 작용하는 응력을 전단 응력(shear stress)이라고 부른다.

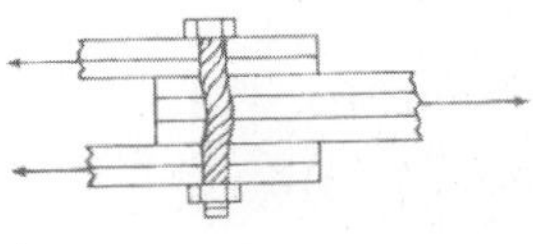
<그림 8-25> 볼트에 전단응력 발생

8-4-2. 재 료(materials)

하중에 의한 구조물의 거동은 구조물의 재료 성질에 의존하므로 건축가에게 재료의 물리적 성질은 중요하다.

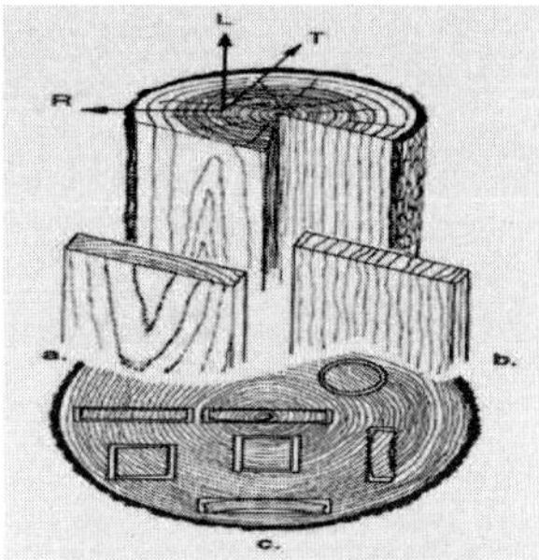

<그림 8-26> 목 재

(1) 나 무(wood)

초기 건설재료중 하나로 여전히 전 세계적으로 쉽게 많이 이용되는 재료이다. 자중에 비해 상대적으로 높은 강도를 가지며 인장과 압축강도가 비슷하다. 파괴 후에도 상당한 에너지를 흡수할 수 있다. 그러나 낮은 탄성계수와 단면이 방향성이 있고 재료가 균질하지 못하다.

<그림 8-27> 콘크리트

(2) 콘크리트(concrete)

거의 제한 없이 모든 구조적 형태를 만들 수 있는 가장 인기 있는 건설 재료이다. 상대적으로 낮은 재료비와 유지비 그리고 높은 압축강도와 내구성을 가진다. 골재, 시멘트, 물을 섞어 만들며 포틀랜드 시멘트(Portland cement)가 가장 널리 사용된다.

(3) 강 재(steel)

콘크리트와 함께 가장 중요한 구조재료이다. 강재는 인장과 압축에서 거의 같은 강도를 가지며 높은 연성, 높은 강성뿐만 아니라 적당히 보호되면 오랜 수명을 가진다. 그리고 다양한 강도, 사이즈, 형태를 구조적으로 쉽게 사용할 수 있다. 반면에 물과 화학물질에 의한 침식에 민감하며 높은 온도에서 강도와 강성이 줄고 반복된 하중에서 피로(fatigue)가 발생할 가능성이 있다. 최근에는 단점들을 개선한 다양한 강재들이 개발되고 있다.

H 형강

ㄱ 형강

<그림 8-28> 강 재

8-4-3. 구조설계(structural design)

건축구조설계의 목적은 건물의 기능과 건축적인 요구조건들을 만족시키면서 안전하고 경제적인 구조물을 만드는 것이다. 건물 구조체는 그 기능을 수행하고 안전을 확보하기 위하여 중요한 건축적인 요소가 되므로, 건축가를 비롯하여 구조공학자, 설비자 등은 건축설계 초기단계에 협력하여 신중한 결정을 하여야 한다. 이러한 협조관계에 의한 구조계획에 의해서만이 건축적 조건 및 구조체의 요구조건을 고려하면서 설계하중을 효율적으로 지지할 수 있는 합리적인 구조체가 가능케 될 것이다.

구조설계자 또한 구조물 전체의 거동을 통찰하여 구조체의 기능, 경제성, 구조체의 안전성, 건축설계와의 상호관계, 부재의 운반과 가공 및 현장조립 등을 고려한 시공성, 재료와 구조물의 유지관리, 설비공사 또는 그 외의 다른 부대공사와 전체적인 균형과 조화를 이룰 수 있는 거시적인 구조계획을 우선 설정한 후에, 구조재료의 특성, 구조해석방법, 하중, 응력, 변형 등의 필수조건을 해결하는 미시적인 구조계산을 수행하여야 할 것이다.

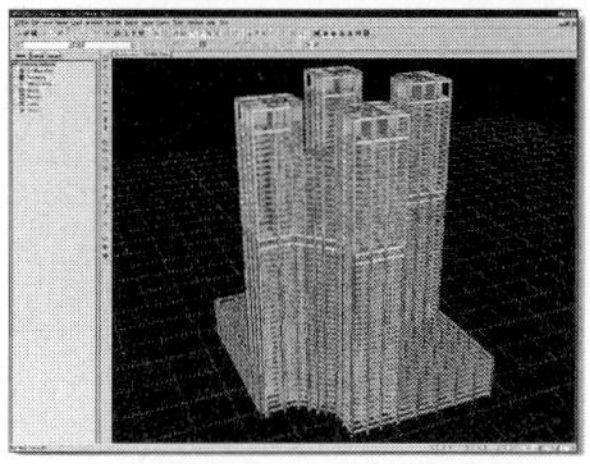

<그림 8-29> 컴퓨터 시뮬레이션

<그림 8-30> 고층 건물

(1) 구조설계 개념

구조물의 부재들은 예상되는 하중들에 파괴되지 않고, 이를 지지할 수 있어야 한다. 여기서, 파괴란 균열이나 완전붕괴를 의미하거나, 실제붕괴는 일어나지 않지만 변형이 어느 한계치를 넘어 구조물이 기능을 더 이상 수행할 수 없음을 의미한다. 그러므로 구조물의 파괴를 피하기 위해서는 구조물이 실제로 지지할 수 있는 능력, 즉 강도(strength)가 사용하중에 의해 요구되는 강도보다 커야 한다.

하 중 ⇒ 부재력 ⇒ 응 력 ⇔(검토) 재료 허용응력

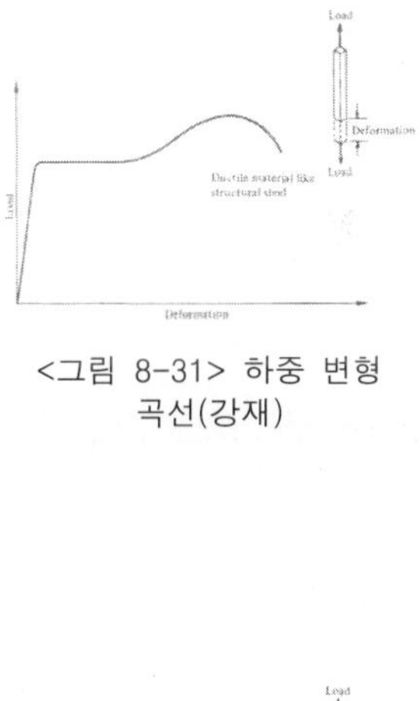

<그림 8-31> 하중 변형 곡선(강재)

(2) 재료의 물리적 성질

구조물의 거동은 건설재료의 성질에 의존하므로 건설재료의 물리적 성질을 정확히 이해하는 것은 설계자에게 아주 중요하다. 초기의 건축가들은 넓은 스팬에는 벽돌쌓기, 중간정도의 스팬에는 목재 보, 짧은 스팬에는 거대한 돌 등 재료의 사용이 제한되어 있었다.

그러나 19세기 후반에 콘크리트와 강재(steel)가 소개되면서 고층 건물, 아주 긴 스팬의 다리, 큰 지붕 구조물 등 과거와는 다른 다양한 구조물의 형태가 가능하게 되었다.

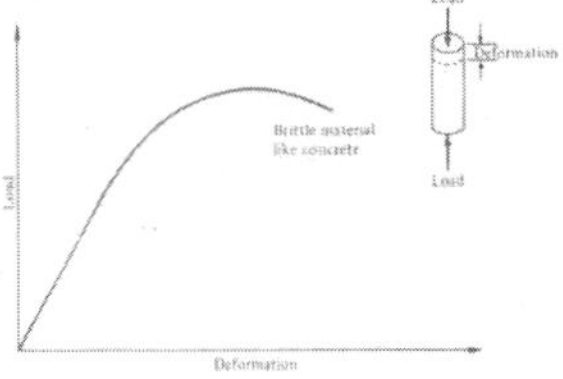

<그림 8-32> 하중 변형 곡선(콘크리트)

지금도 계속해서 새로운 건설재료들이 개발되고 기존

의 재료를 개선하여 세련된 건축적 요소와 형태가 가능하게 하고 있다.

(3) 구조방식의 선택 요인

① 기 능

<그림 8-33> 기 능

공간을 덮는 최적의 구조방식을 선택하기 위해서는 우선 필요한 공간의 형태와 크기를 알아야 한다. 어떻게 생긴 공간이 필요한지, 얼마나 큰 공간이 필요한지, 단일 공간이 필요한지, 여러 개로 나누어진 공간들이 필요한지, 높은 공간이 필요한지, 밝고 열린 공간이 필요한지, 닫힌 공간이 필요한지 알아야 이에 맞는 구조방식을 선택할 수 있는 것이다.

필요한 공간의 성질을 결정하는 것은 공간의 기능이다.

예컨대 체육관, 강당, 공연장 등은 기둥이나 어떤 방해요소도 없는 하나의 큰 공간을 필요로 하며, 이는 구조적으로 대형 공간에 알맞은 특수한 구조방식을 선택해야 함을 의미한다. 그러나 공간의 기능에 맞는 구조방식에는 한 가지만 있는 것은 아니고 보통은 다수의 대안들이 있을 수 있다.

구조방식의 선택은 보통 구조재료의 선택과 복합적으로 이루어진다.

② 안전과 내구성

<그림 8-34> 안전과 내구성

건축에 있어서 안전성은 다른 요소와 타협할 수 없는 우선적 고려 대상이다.

구조방식의 선택에 있어서도 그 구조적인 안전성은 최우선적으로 고려할 사항이다.

지역에 따라서는 특수한 사정이 구조방식의 선택에 제한을 주기도 한다. 예컨대 지진이 흔한 지역에서는 모든 조건에 앞서 지진에 강한 구조방식을 선택해야 하는 것이다. 경우에 따라서는 화재, 수해, 설해 등에 대한 고려도 구조방식과 재료의 선택에 영향을 준다.

구조방식과 구조재료의 선택은 내구성과도 불가분의 관계를 갖는다.

막 구조가 구조적인 효율성에도 불구하고 매우 제한된

범위에서 사용되는 이유는 막 재료의 내구성 결여 때문이기도 하다.

③ 기 술

시공기술의 확보 여부는 구조방식의 선택에서 중요한 요인이 된다.

이론적으로 최적인 구조방식이 설정된다 해도 그것을 시공할 수 있는 기술이 없으면 대안으로 선택할 수 없는 것이다. 시중의 대부분 건물들은 이미 잘 알려진 구조방식으로 설계되며, 또 이미 잘 알려진 시공기술로 지어 진다. 그러나 세상에는 항상 선구자들이 있게 마련이다. 선구자들은 기존의 구조방식에서 진일보한 구조방식이나 획기적으로 새로운 구조방식을 찾아내고, 또 그것을 실제로 지을 기술을 개발한다.

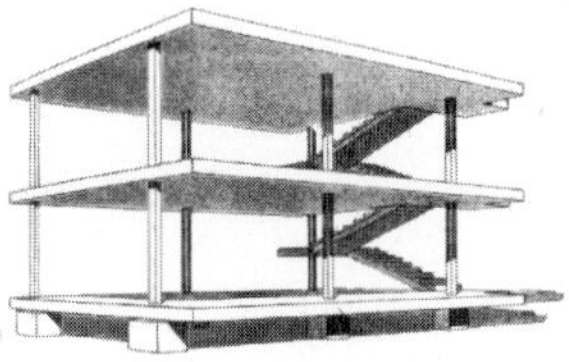

<그림 8-35> 기 술

육중하고 비효율적이던 로마의 건축을 좀 더 효율적인 로마네스크 건축으로, 그리고 훨씬 더 가볍고 효율적인 고딕의 '작은 돌의 건축'으로 발전시켜 나간 이름 없는 이들도 그런 선구자들이었다. 철근 콘크리트 구조를 발전시킨 페레, 베렌스, 꼬르뷔지에 등 근대건축의 거장들도 그런 선구자들이었으며, 지오데식 돔을 창안한 훌러도 선구자였다.

④ 경제성

적합한 구조방식이나 시공기술의 선택은 보통 경제성을 바탕으로 이루어진다. 건축주의 건축의도도 보통은 경제적인 데 있기 마련이다. 시중의 대부분 건물들이 잘 알려진 기존의 구조방식으로 지어지는 이유도 알고 보면 경제성 때문이다.

<그림 8-36> 경제성

⑤ 표 현

건축의 아름다움은 주위 환경과의 어울림, 외관, 내외부 공간의 짜임새, 장식, 그 밖에 많은 요소들의 조화에서 오는 것이지만 이들 요소들의 기본적 틀을 설정하는 것이 구조방식이다. 구조미가 건축의 아름다움의 전부는 아니지만 적어도 아름다움의 바탕이 되는 것이다. 어떤 구조방식 자체가 더 아름답거나 덜 아름다운 것은 아니며 그

<그림 8-37> 표 현

것이 다른 요소들과 조화를 이룰 때 우리는 그 건축이 아름답다고 평가한다.

건축가가 어떤 건축물에서 특정한 조형적인 아름다움을 추구할 때, 구조방식과 재료의 선택은 초기의 핵심적인 결정이 된다. 예컨대 벽돌 조적조 아치 구조로 집을 지을 것인가, 또는 철근 콘크리트 라멘구조로 지을 것인가 결정하는 것은 근본적으로 다른 조형미를 추구하는 선택의 기로가 되는 것이다.

특정한 조형적 아름다움이나 상징적인 아름다움의 추구는 가끔 경제성의 고려에 우선하기도 한다.

8-5. 구조방식의 발달

흙, 벽돌, 돌, 콘크리트 같은 재료들은 압축강도가 높고 인장강도가 낮다. 목재는 인장강도와 압축강도가 적절히 조화되었고 철재는 모든 강도가 높다. 예부터 사람들은 구조물을 만들면서 재료의 이러한 특성을 효율적으로 이용할 수 있는 구조방식을 고안해 왔다.

섬유질의 천과 줄을 이용한 텐트, 목재나 석재를 이용한 기둥-보 구조, 흙벽돌, 구운 벽돌, 콘크리트 등을 이용한 아치 구조 등은 수천 년 동안 이어온 아주 오래된 구조방식들이다. 산업혁명 이후 철재가 대량생산되면서 철재를 이용한 트러스 구조와 골조구조가 발달하였다.

8-5-1. 초기 구조방식

<그림 8-38> 유목민 텐트

(1) 유목민의 텐트(nomad tent)

지금까지도 이어져 내려오는 유목민족들의 전통적인 텐트들은 임시적인 것이기는 하지만 가볍고, 모양이 간결하고, 세우기가 쉬워서 구조체로서 많은 장점을 지니고 있다.

인류가 정착생활을 시작하기 전에 오랫동안 유목생활을 하였던 것으로 미루어 보면, 아마도 인류가 만든 최초의 구조물은 지금 까지도 맥을 이어 오는 다양한 텐트 구조물에서 그 원형을 찾을 수 있다.

유목민의 텐트는 기본적으로 뼈대와 피복으로 구성된다. 피복으로는 종족에 따라 모직물, 동물의 가죽, 나무껍질 등을 이어서 사용한다. 뼈대로는 보통 나무를 쓴다. 텐트의 뼈대를 세우는 방식에는 여러 가지가 있는데 가장 간단한 방법은 중앙에 높은 기둥을 세워 받치고, 텐트 가장자리에 낮은 기둥을 받쳐 줄을 당겨 형태를 고정하는 방식이다.

외벽과 내부의 공간구획을 위한 칸막이도 모두 같은 종류의 피복 재료를 쓴다. 텐트구조에서 기둥들은 압축력을 받고, 피복은 인장력을 받는다. 인장력을 받는 얇은 피복, 즉 막을 이용한 구조라는 뜻에서 현대적으로는 막 구조(membrane structure)라고 부른다. 중앙의 기둥을 두 개로 하여 그 사이에 보를 걸치거나 'ㄷ'자로 골조를 만들어 받치면 텐트의 폭이 넉넉해지며 여러 쌍의 골조를 받치면 공간이 더욱 넓어진다.

텐트의 뼈대를 세우는 다른 한 가지 방식은 수직의 기둥 대신 나뭇가지로 돔(dome) 모양의 뼈대를 만든 뒤 피복을 씌우는 방식이다. 이 방식에서는 텐트 내부를 받치는 기둥이 필요 없으며, 밖으로 당기는 줄도 필요 없다. 구조적으로 힘을 받는 것은 뼈대이며, 피복은 힘을 받지 않는다. 그런 의미에서 이 구조는 막 구조가 아니다. 평면은 보통 원형이며, 몽고족의 '유르트'가 그런 텐트의 예에 속한다.

또 다른 방식은 긴 나무들을 중앙으로 경사지게 모아 원추형의 뼈대를 만들고 그 위에 피복을 덮는 방식이다. 이 경우도 당김줄이 필요 없으며, 피복은 구조적인 힘을 받지 않는다. 따라서 이 구조도 막 구조는 아니다. 이를 구조적으로 보면 세 개의 기둥이 기본적으로 필요하다. 즉 삼발(tripod)의 구조적 원리와 같다.

아메리카 인디안의 '티피'(Tipi)에서는 세 개, 또는 네 개의 기둥을 우선 모아 세우고 나머지 기둥들은 여기에 기대어 세운다. 수직의 기둥 대신 기둥을 'ㅅ'자로 기대어 세워 뼈대로 삼는 텐트의 예들도 많이 있으며, 그 밖에 기둥과 아치의 구조 방식을 조합한 텐트의 예들도 많이 있다.

오랫동안 유목민의 경우에서 찾아 볼 수 있던 각종 전통적 텐트들은 근대화 과정에서 많이 자취를 감추었다. 그러나 최근 대형 공간의 수요가 증가함에 따라 세계적으로 텐트를 현대적으로 응용한 막 구조(membrane structure)에 대한 관심이 높아 가는 경향이 있다.

(2) 기둥-보 구조(post-lintel structure)

<그림 8-39> 기둥-보 구조

두 개의 기둥 사이에 보를 걸침으로써 건축공간에 필요한 높이를 얻는 기둥-보 구조는 나무가 흔한 지역에서 처음 발전하였을 것이다. 나름대로 이해하기 쉽고 만들기 쉬워서 오래 전부터 세계 여러 곳에서 일반적으로 사용된 구조방식이다. 기둥-보 구조에서 기둥은 압축력을, 보는 휨 모멘트를 받는다.

동아시아권의 전통적 목조 건물들은 전형적인 기둥-보 구조로 되어있다.

한편 내구성이 필요한 기념적인 건물의 경우 돌로 기둥-보 구조를 만들기도 했다.

고인돌, 스톤헨지 등 청동기 유적들, 고대이집트의 석조 신전들, 고대 그리스의 석조 신전들은 기둥-보 구조로 되어 있다.

석재는 원래 압축력에 강하므로 기둥 재료로는 적합하나 인장력에 약하므로 휨모멘트를 받는 보로 쓰기에는 부적합한 재료다. 고대의 석조 기둥-보 구조는 목조 건물에 비해 기둥 간격이 매우 작았다. 웅장한 신전에서도 그 간격은 3 ~ 4m를 넘지 못했다. 나무로 보를 걸치면 석재 보다 훨씬 넓은 간격을 덮을 수 있다.

(3) 아치 구조(arch)

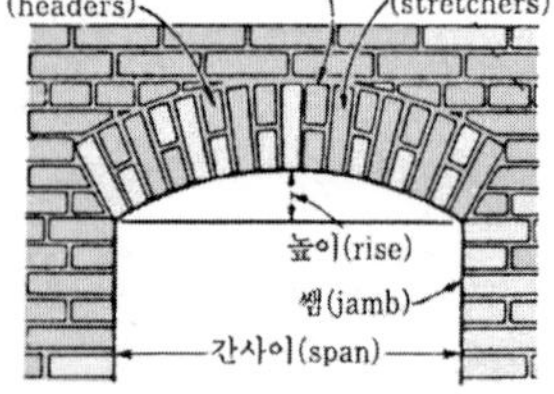

<그림 8-40> 아치 구조

아치 구조도 기둥-보 구조처럼 매우 오래된 구조방식이다.

나무가 귀하고 흙이 흔한 메소포타미아 지역에서는 오래 전부터 흙벽돌을 만들어 사용해 왔다. 그래서 메소포타미아는 조적조(masonry) 건축문화권에 해당한다. 흙을 빚어 말린 흙벽돌, 흙을 구워 만든 벽돌, 콘크리트 등은 그 구조적인 특성이 돌과 같아서 압축강도가 높고 인장강도가 낮다.

메소포타미아 사람들은 벽과 벽 사이, 또는 기둥과 기둥 사이를 보로 걸치는 대신 둥글게 덮는 아치 구조법을 사용했다. 아치 구조는 모든 부재가 압축력만을 받도록 되어 있는 구조이다.

아치 구조는 기둥-보 구조와 함께 고대로부터 세계 건축문화에서 쌍벽을 이루는 구조방식이었다. 특히 고대 로마에서는 콘크리트 발명을 기폭제로 하여 수로, 교량 등 큰 스팬과 대형 건축공간을 덮는 구조방식으로 아치 구조를 응용한 도움(dome), 보울트(vault) 등이 널리 사용되었다. 중세의 비잔틴, 로마네스크, 고딕 건축에 이르기까지 서구의 조적조 건축문화에서도 도움과 보울트 등이 주종을 이루는 구조방식이었다.

산업혁명 이후 철재의 사용이 일반화 되면서 교량이나 기차 역 등의 대형 스팬을 철골 아치로 덮는 기술이 발달했으며, 요즘에도 아치, 보울트, 도움 등이 체육관 등 대형 공간을 덮는 방식으로 널리 쓰이고 있다.

8-5-2. 케이블, 막, 공기 구조

<그림 8-41> 케이블 구조

(1) 케이블(cable)

유목민의 텐트에서 사용한 당김줄은 현대적으로는 케이블을 이용한 인장구조(suspended structure)로 발전하였다. 케이블이란 가는 강선(steel wire)을 여러 겹으로 꼬아 만든 고강도의 인장재를 뜻한다. 강철의 구조적 특성을 가장 효율적으로 이용한 구조재라 할 수 있다.

1937년 지은 미국 샌프란시스코의 금문교(Golden Gate Bridge)는 케이블을 이용한 현수교(懸垂橋, suspension bridge)로서 스팬이 최대 1280m에 달한다. Kenzo Tange는 1964년 Tokyo Olympic Arena의 지붕을 케이블 구조로 덮었다. 현대건축에서는 하이테크(high-tech) 건축에서 케이블을 자주 이용한다.

<그림 8-42> 막 구조

(2) 막 구조(membrane structure)

피복재의 인장강도를 이용한 유목민의 텐트는 그대로

막 구조이다. 현대건축에서는 경기장 같이 큰 공간을 테프론(tefron) 막으로 덮는 경우가 많다. 막 구조는 바람에 취약하므로 보통 케이블과 병행하여 사용한다.

(3) 공기 구조(pneumatic structure)

<그림 8-43> 공기 구조

공이나 타이어에 공기를 채우면 팽팽하게 힘을 받으며 위에서 눌러도 형태를 유지한다. 구명보트나 각종 물놀이 기구들도 같은 원리로 되어있다.

이런 원리를 이용하여 밀폐된 막 안에 공기압을 가하여 팽팽하게 형태를 유지하는 구조를 공기 구조라 한다.

가볍고 시공기간이 짧아 경제적인 구조이므로 흔히 임시적인 용도의 건축물에 이용한다. 1970년 오사카 만국박람회에서 미국관, 후지관 등에서 사용했다.

8-5-3. 셸, 절판 구조

(1) 셸(shell)

<그림 8-44> 셸

셸이란 원래 조개껍질을 뜻하며 계란껍질 같은 얇고 단단한 껍질을 통칭하기도 한다.

얇은 종이를 둥글게 말면 제법 힘을 쓴다.

건축에서 얇은 면에 곡률을 주어 강성을 얻는 구조방식을 셸이라 한다.

(2) 절 판(folded plates)

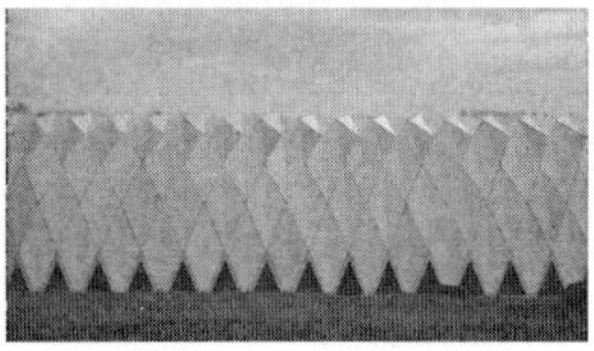

<그림 8-45> 절 판

종이를 접어 종이비행기나 종이학을 만든다. 얇은 종이라도 적당한 크기로 접으면 단단해져서 형태를 유지한다.

건축에서 이런 원리로 철근콘크리트, 철판 등을 꺾어 이어 공간을 덮는 방식을 절판 구조라 한다.

8-5-4. 트러스, 골조구조

(1) 트러스(truss)

트러스란 부재를 핀(pin)으로 연결된 삼각형으로 이어 나가는 방법이다. 트러스 구조의 구조적 특성은 모든 부재가 축 방향의 인장력, 또는 압축력을 받는다는 것이다.

동양의 목조 건축이 전통적인 기둥-보 구조를 계속 사용한 데 비하여, 서구의 목조 건축에서는 중세 시대부터 단일 부재로 된 육중한 보 대신에 작은 부재를 삼각형으로 조립하여 만든 트러스 구조가 발달하였다.

근대 이후에는 대형 공간을 덮는 데에 육중한 보 대신에 철골 트러스를 많이 썼으며, 또 트러스로 만든 아치도 많이 사용되었다. 따라서 트러스란 형태에 따라서 기둥-보 구조로, 또는 아치 구조로도 응용되는 것이다.

트러스를 입체적으로 조립한 것을 입체 트러스(space truss), 또는 입체골조(space frame)라 한다. 입체트러스를 평면으로 조립한 것을 평면입체골조(planer space frame)라 하고, 곡면으로 조립한 것을 곡면입체골조(curved space frame)라 한다.

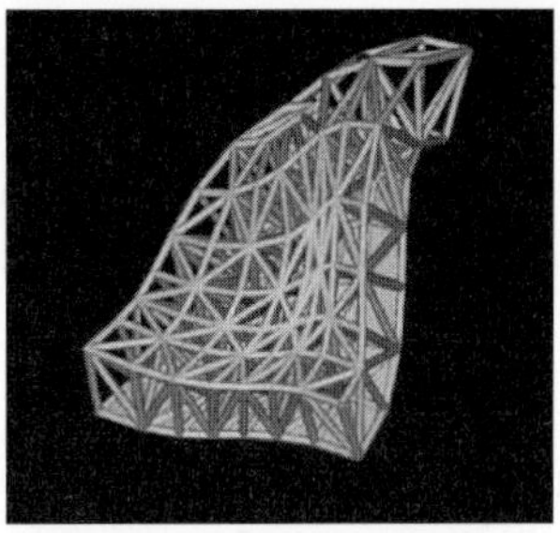

<그림 8-46> 트러스

요즘의 100m 넘는 초대형 공간들은 흔히 트러스 구조로 덮여진다. 이 방식의 장점은 전통적인 기둥-보 구조나 조적조 아치 구조에 비하여 훨씬 가벼운 구조라는 것이다. 훌러(Buckminster Fuller)가 고안한 'geodesic dome'은 곡면입체골조에 해당하는데, 그 구조적 특성은 셸 구조와 유사하다.

(2) 골조구조(Framed Structure)

간단한 옷걸이는 철사를 삼각형으로 구부려 만든다. 철사는 어느 정도의 강성을 지녔기 때문에 삼각형 골조 하나만으로도 옷을 걸만큼 힘을 받을 수 있다.

이 삼각형 옷걸이는 핀으로 연결된 트러스와는 다르다. 철사를 구부려 만들었기 때문에 세 변이 마치 한 부재처럼 연결되어 있다. 이런 연결 방법을 강절점(剛節点)이라 하고 강절점으로 연결된 구조를 골조구조라 한다.

<그림 8-47> 골 조

철근콘크리트 라멘구조는 기둥, 보 등을 강절점으로 연결한 골조구조다.

건축에서는 철골이나 철근콘크리트로 삼각형, 사각형, T자 ㄷ자 등 골조를 미리 만들어 이를 현장에서 조립하여 구조물을 만들 수도 있다.

■ 읽을 거리 ■

- Mario Salvadori, *건축물은 어떻게 해서 서 있는가*, 기문당, 2005
  건축물의 구조원리 이해를 위한 책. 위대한 건축기념물들 중 몇 가지의 역사와 어떻게 해서 그것들이 서 있는가에 대한 설명을 하고 있다.
- Angus J. MacDonald, *건축의 구조와 디자인*, 시공문화사, 2003
  이 책은 '구조디자인과 건축디자인의 상호관련성'이 다양한 측면에서 고찰되고 있다. 우선 구조와 건축의 관계를 구조가 건축디자인에 미친 영향의 정도와 성격에 따라 6가지로 분류하여 각 범주에 대해 고대로 부터 현대에 이르는 여러 건물을 에로 들어 설명하고 있다. 특히, 최근 건축디자인의 큰 흐름을 이루는 하이테크, 해체주의, 그리고 유기체주의 건축에 대해 분석하고 비판을 가한다. 그리고 최근의 유기체와 같은 복잡한 형태를 갖는 건물의 사례를 통해서 점점 긴밀한 협력이 요구되는 건축가와 엔지니어간의 새로운 관계를 도출해서 미래의 건축을 대비하도록 충고하고 있다.
- Mario Salvadori, *건축의 구조*, 기문당, 2005
  건축분야의 사람들이나 건축에 관심이 있는 일반인들 모두를 위한 건축 구조 이론서. 파르테논에서부터 뉴욕의 세계무역센터, 뉴욕의 컨벤션센터까지 건축 구조의 범위와 수학을 쓰지 않고도 이해하기 쉽게 설명하고 있다.
- Mario Salvadori, *건축물은 어떻게 해서 무너지는가*, 기문당, 1999
- 에드워드 고든, *구조의 세계*, 기문당, 1997

제 9 장 *건축을 통하여 무엇을 표현하나?*

성 인 수

9-1. 표현과 예술

9-2. 표현과 건축

9-3. 건축과 상징

9-4. 건축표현과 건축가

9-1. 표현과 예술

9-1-1. 예술-모방과 표현

인간들의 표현은 표정, 말, 동작, 그림, 글, 장식 등 매우 다양한 방법으로 이루어진다. 선사시대부터 사람들은 바위나 동굴 벽에 주술적 그림을 그렸다. 지상 눈높이에서는 인식하기 어려울 만큼 거대한 크기로 황야에 그려지기도 하고, 선돌, 고인돌, 스톤헨지 등 거석문화 유적들처럼 원시신앙과 관련되는 표현물로 표현된다. 역사시대에 수천 년 동안 글자로 사람들은 돌, 뼈, 진흙 판, 가죽 등에 글을 써서 남겼고 고대 이집트인들은 무덤의 벽과 파피루스에 글을 남겼다. 활자를 이용한 인쇄매체는 훨씬 후대에 생겼다. 20세기에 신문, 텔레비전 등이 대중매체로, 21세기에는 컴퓨터를 통한 인터넷 통신이 거리와 시간을 초월하여 표현의 한계를 뛰어넘고 있다.

<그림 9-1> 반구대 암각화 탁본 사진, 울산대학교

이러한 표현들에는 일상적 표현과 예술적 표현이 있다. 예술적 표현은 그 목표를 표출설에서와 같이 감정표현으로서의 표현에 두는 예술활동을 말한다. 서구 예술은 모방과 표현(표출)이라는 방법으로 설명된다. 예술창작이 어떠한 이유로 이루어지는지는 다양한 설이 있다.

- 모방설 : 예술의 본질을 자연 또는 현실의 모방이라고 보고 예술활동이 일어나게 되는 원인으로 '모방충동'을 가정하는 입장이다.
- 표출설 : 예술의 본질을 표현, 특히 감정표현으로서의 표출에 두고 예술활동은 '표출충동'으로부터 나오는 것이라는 입장이다.
- 장식설 : 예술에서의 형식미를 중요시하며 예술활동의 동기로서 '장식충동' 혹은 '형식충동'을 주장하는 입장이다.
- 유희설 : 예술을 일종의 유희로 간주하여 그 창작동기로서 '유희충동'을 설정하는 입장이다.

9-1-2. 서구 예술과 모방

플라톤이 예술은 '어떤 대상을 모방하는 행위'를 통하여 성립한다고 보았다. 즉, 대상으로부터 공감을 느껴, 표현 활동(모방)을 함으로써, 향수자는 그것을 받아들임(모방)으로써, 모방 대상에 스스로 접근해간다는 시각이다. '예술은 자연의 모방'이라고 말한 아리스토텔레스는 '시학'(詩學)을 중심으로 예술의 본질을 모방의 개념으로 포괄하고, 예술적 모방을 매체, 대상, 방법의 세 가지 관점으로 분류하였다. 이후, 플로티누스는 자연미와 대비하여 예술미가 성립하기 위해서 단순히 자연적 사물을 모방해서는 안 되고, 자연의 미를 성립시키는 원리를 모방하여야 한다고 보았다. 중세에는 무시되었던 아리스토텔레스의 '시학'은 르네상스 시대에 다시 부각되어 모방 대상이 외적 자연보다는 내적 자연과 인생이 중심에 놓였다. 모방의 주요한 대상으로 인간의 행동에 한정시키는 경향이 강하게 나타났다.

바퇴(Charles Batteux 1713-80)는 '예술을 아름다운 자연의 모방'이라고 했다. 자연 속에는 가장 아름다운 모방이 구성될 수 있는 특징들이 포함되어 있기 때문에 예술가는 관찰을 통하여 예술의 세부적 규칙을 추출하지 않으면 안 된다고 했다. 디드로(Denis Diderot 1713-84)는 모방은 내면적·이상적 모델의 모방이어야 한다고 주장했다. 이상적 모델은 초월적 규범이 아니라 다른 종(種)과 비교·고찰한 생물학적 법칙에 맞는 것을 의미한다. 예술에서의 모방은 다른 예술가의 제작을 모범으로 삼아 그것과 같은 방식으로 제작하는 것, 즉 대상을 모방하는 경우 같이 고전적 예술을 모방하는 경우가 있다. 현실에 존재하는 대상을 모방하여 그것과 같은 모양의 것을 제작하는 것, 즉 대상을 묘사하는 경우가 있는데, 자연 또는 현실을 모방하는 경우이다.[1)]

<그림 9-2> 인체를 모방한 예술

1) 편집부 엮음, 미학사전, 문예이론총서 7, 논장, 1988, pp.340~341

9-1-3. 서구 예술과 표현

모방설은 플라톤, 아리스토텔레스 이래 오랫동안 서양의 예술사상을 지배해 왔고, 19세기의 자연주의 이론에 이르러서는 극단적인 이론으로 등장했다. 모방설은 표현의 진실성과 정확성을 요구하는 점에서 기교의 측면을 중시하는 반면, 상상에 의한 자유로운 미의 창조를 경시하는 경향이 있고, 또 조각·회화·서사문예·연극 등의 모방예술에는 비교적 적응하기 쉽지만 음악·건축 등의 비모방적 예술에는 적응하기 어렵다.[2)]

<그림 9-3> 전쟁을 표현한 파르테논신전 프리이즈, 메토프의 벽화

'표출'과 '재현'을 합쳐 표현이라 한다면, 예술 창작의 본질은 이런 표현의 형성에 있다고 본다.[3)] 예술의 표출설은 표현예술의 본질을 표현-감정표현으로서의 표출-에 두고 예술활동은 '표출충동'으로부터 나오는 것이라는 입장이다. 이러한 표현 표출에 의미를 두는 예술기원론의 입장은 표현주의 발전과 함께 표출의 예술적 의의가 강조되었다. 모든 종류의 예술은 모방예술을 포함하여 어떠한 형태로든 강점표현을 가지고 있고 일종의 표출운동이 예술활동에 참여한다.

2) 편집부 엮음, 미학사전, 문예이론총서 7, 논장, 1988, p.336
3) 편집부 엮음, 미학사전, 문예이론총서 7, 논장, 1988, p.343

'예술은 표출'(art is expression)이라는 말은 감정을 방출하고 고양함으로써 자신의 심적 상태를 다른 사람에게 전달하는 것에 있다. 일상적인 몸짓, 행동, 언어도 모두 감정의 표출이지만, 모두 예술활동이 되지 않는다. 예술활동이 되려면 표현(표출)동기와 형식동기가 있어야 한다. 쉬플랑거는 미적 영역의 본질을 '형성된 인상표출'로 보고 생의 각 단면에서 객관적 요소로서의 인상과 주관적 요인으로서 표출을 통합하여 그 상호간의 균형 조화에서 형성되는 것으로 보았다.[4)] 표현과 대립되는 것은 인상이다. 19세기 말에서 20세기 초에 걸쳐 미술에서 융성했던 인상주의와 표현주의는 이 두 가지 유형의 두드러진 역사적 현실화가 나타난 것이다.

4) 편집부 엮음, 미학사전, 문예이론총서 7, 논장, 1988, p.343

9-1-4. 한국 예술과 관조

한국이나 동양 예술은 관조의 방법으로 시작되며, 서구와는 예술의 개념이 서로 다르다. 관조란 지적(知的) 의미에서의 관찰작용이라고 본다. 서구에서는 미의식의 수동적 측면으로 보지만, 관조란 본질적으로 자아와 대상사이에 거리를 둠으로써 성립한다. 미의식에서 관조란 소위 무관심성을 특징으로 한다. 미적 관조가 감각적 직관성을 결여하고 있기는 해도, 넓은 의미에서의 직관성을 가지고 있기 때문에, 관조의 대상이 될 수 있다.

감상이 수용적 미의식을 가리키는 점에서는 관조, 향수와 마찬가지지만, 주로 예술의 경우에 적용되며, 특히 대상에 대한 적극적인 가치인식의 의미를 포함하는 것이므로 엄밀한 미학의 용어로는 그다지 많이 사용하지 않는다.[5]

5) 편집부 엮음, 미학사전, 문예이론총서 7, 논장, 1988, p.325

<그림 9-4> 관조대상인 자연과 자연의 일부인 건축

예술은 느낀 점을 옮겨 그리고 표현하고, 누구에게 전달하여야 한다. 예술 창작을 하여 전달하지 않고 관조의 상태에서 끝낸다면, 예술로 볼 수 없다는 것이 서구 예술의 입장이다. 그러나 과거에 선비의 관조로부터 시작하여 작품이 실현되었다가, 한시적으로 존재하고 난 후, 작품이 소멸되는 과정도 있을 수 있기 때문에, 예술가 직책의 존재유무에 따라 예술의 성격도 다르다. 선비라면 당연히 해야 하는 예술 창조가 예술가로서 보다 학자로서의 기능이었다.

중국의 예술에는 도기병중(道器並重; 정신과 육체가 함께 겹쳐 있는 상태)의 통일성이 있다. 정신의 정중한 표현, 물질의 타당한 운용이 하나의 고상한 예술품 성취의 기본요건이다. 고상한 예술품은 도기 즉, 소위 영육(靈肉)의 병중을 필요로 하는 것이다. 도기가 용해되어 섞여야 비로소 장엄하면서 영혼이 있고, 호방하면서 기백이 있으며, 창조이면서 영혼이 있고, 개성을 지니고 있으면서 특수한 품격이 있는 작품을 생산할 수 있다.[6]

6) 담단경譚旦冏편 金基珠역, 중국예술사-회화편, p.42

도기병중의 상황은 한국예술에서도 나타난다고 본다. 현대에 와서 도기병중의 상태는 무너지고, 예술기준이 다소 흐트러진 경우라 본다. 한국에 있어서 이른바 서양식 조형사고의 도입은 전통사회의 정신적 전환으로 파악되어야 하며, 그러한 점에서 볼 때 서양미술의 도입과정은 우리의 근대화 과정과 어떤 필연적인 관계가 있다.[7]

7) 오광수, 한국현대미술사, 열화당, p.13

9-2. 표현과 건축

9-2-1. 건축과 예술

순수예술로서 건축은 표현예술과 아무런 관련이 없다는

시각도 있고, 예술은 항상 상징적 이야기의 형식이었으며, 그러한 형식으로 존재해야만 했기에 건축에도 그러하다는 견해도 있다.[8] 건축은 다른 예술과 다르게 사람이 생활하며 이용하는 점이 달라, 가능이 부여되고 일상적 생활과 특별한 용도의 생활이 전제 된다. 사람들이 건축을 언어로 해석하여 건축물을 통하여 무언가를 표현한다고 보는 시각도 있다. 예술적 걸작이 되기도 하고 다른 예술들과 교류하는 의사소통의 수단, 사회적 발언으로 보기도 한다.

8) Abercrombie저, 최종현역, 건축예술론, 허버트 리드, 현대예술형태의 해체, 153쪽.

<그림 9-5> 시각적 오브제로서 건축물

표현의 방법과 매체는 다양하여, 사람들은 건축물을 통해서도 무언가를 표현하려 한다. 건축에서는 참여자가 건축주, 건축가, 시공자, 사용자 등으로 나눈다. 건축주는 건물의 주인으로 국가, 회사 및 개인이 있다, 건축가는 건축사사무소를 운영하는 건축사(建築士)를 말한다. 시공자는 건설회사 등 집을 짓기 위하여 시공하는 조직 또는 개인을 말한다. 사용자는 건물을 이용하는 사람들을 말한다. 학교건물의 사용자는 학생, 교직원, 학부모 등을 말 할 수 있다. 즉, 누구의 표현인가에 대하여 개인의 표현, 공동의 표현, 법인의 표현 등으로 보기도 한다.

9-2-2. 공간예술과 시간예술

전통적으로 건축, 조각, 회화는 공간예술의 대상으로, 시, 음악, 무용은 시간예술의 대상으로 파악한다. 건축, 조각, 회화, 시, 음악, 무용 등 전통적인 6종류의 예술과 함께 영화를 제7예술이라 하기도 한다.(장 꼭도) 공간예술은 보통 조형예술로도 불리기도 하는데, 공간예술이란 일정한 공간을 차지하는 예술을 말한다. 반면, 시간예술이란 일정한 시간동안 존재하는 예술을 말하는데, 낭송되는 시간 동안 존재하는 시, 공연되는 시간만큼 존재하는 음악, 그리고 춤을 추는 시간 동안 존재하는 춤 등이 시간예술의 형태를 보여준다. 물론 시, 음악, 무용 공연을 저장하여 후에 보여 주는 기술이 발달하기는 했지만, 실제로 공연되는 것은 제한된 시간 속에서이다.

공간예술은 일정한 공간에 자리 잡으며 존재하게 된다. 건축은 건축물로서, 조각은 일정한 공간에 조형물로서, 회화는 벽면에 전시되며, 일정한 공간을 자리 잡고 위치를 차지하며 예술품으로 존재해 왔고, 공간예술의 대상으로 자리 잡고 있다.

<그림 9-6> 시간예술-무용

9-2-3. 건축과 표현

사람은 건축을 통하여 표현한다. 말없이 서 있는 건물에도 표정이 있고 메시지가 있다. 건축을 글에 또는 언어학의 용어로 비유하기도 한다. 언어에서 단어(word)가 모여 구(phrase)가 되고 문장(sentence)을 이루듯, 건축을 문장과 비교하여 언어학에서의 용어를 사용한다. 건축에서도 어휘(vocabulary)와 통사론(syntax, 문법)이 있고 형태론(morphology)이 있다. 형태론에서 파생되어 유형론(typology)이 있고, 형태의 문맥(context)도 따져야 하고, 의미론(semantics)도 살펴야 한다.[9)]

그러나 사람이 건축을 통해 어떻게 글처럼 구체적으로 서술하겠는가. 건축적 표현은 형태로 말하기 때문에 글보다 훨씬 함축적이고 상징적이기 마련이다. 다만 현대에 와서 건축적 표현이 훨씬 다양하고 자유로워졌으며, 대중적이거나 직설적인 표현도 흔한 경우가 되었다. 건축적 표현에서는 형태를 통해 조형적 아름다움을 표현하며, 보편적 가치에 바탕을 둔 사상들을 상징적으로 표현한다. 또 여러 가지 의미를 은유적으로 표현하며, 간혹 그것을 직설적으로 표현한다.

9) John Summerson: The Classical Language of Architecture-1966, Charles Jencks: The Language of Post-Modern Architecture.

9-2-4. 건축과 아름다움

아름다움에는 자연미, 예술미와 기계미로 나눈다. 그 판단은 매우 주관적인 영역에 속한다. 우리는 일반적으로 점, 선, 면으로 시작된 입체가 질감, 명암, 색채 등 조형 요소들을 지닌 채 통일, 조화, 대비, 균제, 균형, 점이, 반복, 비례, 리듬 등 조형의 원리를 갖추고 균형을 취하고 있을 때 아름답다고 말한다. 아름다움에 관한 기준은 문화권에 서도 다르고, 민족적인 특성에 따라서도 달라 그 기준이 다양하여 일률적으로 말 할 수는 없다.

그렇지만 어떤 형태는 세계인이 공통으로 느끼는 요소가 있기도 하다. 그리스 아테네의 아크로폴리스에 있는 파르테논 신전은 원래의 모습을 많이 잃었으나 언덕 위에 서있는 균형 잡힌 모습은 '세계에서 가장 아름다운 건축'으로 손색이 없다. 고대 이집트의 피라미드나 신전의 유적에서도 우리는 장엄한 아름다움을 느낄 수 있다. 장엄미, 우아미, 비장미 또 자연미, 예술미와 기계미 등 다양한 감정들이 아름다움에 동원된다.

<그림 9-7> 일부를 도난당한 파르테논 신전의 모습

(1) 자연미

자연에 산재한 현실적 사물들에서 볼 수 있는 아름다움이며, 흔하게 사용되기는 비인간적 대상에서 볼 수 있는 아름다움을 말한다. 예를 들어, 자연미는 풍경의 아름다움과 같은 것을 가리키는데, 예술미와는 대립되는 인간, 인간의 일상사, 역사, 사회 등을 포함하여 일방적으로 현실의 생활 속에서 체험되는 모든 아름다움을 가리킨다. 중세에는 자연미가 신의 나타남으로 존중되기도 했다.

미학사에서 과거에는 (플라톤, 칸트 등) 예술보다 오히려 자연에 미적 우월성을 두는 경향이 강했지만, 근대의 미학은 특히 독일 관념론의 미학 (헤겔, 쉴라이어마허, 콘라트 랑게, 크로체, 오데브레히트 등) 이후에는 예술미를 본래의 대상으로 하는 경향이 주류를 이루고 있다.[10]

<그림 9-8> 자연의 아름다움

'아름다운 사물'이 물리적 사실이 아니라, 자연미도 자연을 바라보는 사람에게 예술가의 안목이 또한 창조력이 작용하지 않는다면 미라는 것이 존재하지 않는다. 이러한 의미에서 오히려 "자연이 예술가를 모방한다"고 말하기도 한다.[11] 자연미 일원론과 예술미 일원론 등이 있으며, 한편으로 자연미, 예술미 동일설이 있고 한편으로 자연미 부정론도 있다.[12]

10) 편집부 엮음, 미학사전, 문예이론총서 7, 논장, 1988, p.263
11) 편집부 엮음, 미학사전, 문예이론총서 7, 논장, 1988, p.185
12) 편집부 엮음, 미학사전, 문예이론총서 7, 논장, 1988, p.296

(2) 예술미

자연미에 대하여 예술미는 예술적 표현의 결과물에 담긴 아름다움으로, 예술미는 본질적으로 인간이 미적으로 가치 있는 것을 만들어 내려는 의도에서 자연에 널려있는 소재를 가공하고 형성함으로써 만들어진다. 자연미와 예술미가 모두 통일적 원리 안에 포함된다고 하지만, 존재하는 상태가 달라서 서로 구분된다. 예술미는 각 예술 장르 별로 아름다움의 기준이 다르고 다양한 형태로 예술이 존재한다.

<그림 9-9> 일본, '명화의 전당'에 걸린 벽화에 그려진 회화의 아름다움

헤겔은 미를 '이념의 감각적 현상'이라고 철학적으로 규정하고, 정신을 자연보다 고차의 것으로 간주하며, 정신에 의해 만들어진 예술미가 자연미 보다 더 고차적인 것으로 보았다.[13] 각 예술의 장르에서 장르별 기준에 따라, 예술을 바라보는 경우, 그 예술론이 필요하다.

13) 편집부 엮음, 미학사전, 문예이론총서 7, 논장, 1988, p.123

(3) 기계미

기계미(기술미)는 자연미와 예술미의 중간에 위치한다고 볼 수 있다. 기술적 공작물이 하나의 질서와 법칙에 따라 낭비 없이 쓸모 있게 구성되어 기능을 충분히, 그리고 순수하게 발휘한다면, 일종의 독자적 미를 성립시킬 수 있다. 공작물은 그것의 모든 부분이 합목적적인 협력, 힘의 효과적 이용, 가장 단순화 된 수단에 의해 곤란한 문제를 해결하는 것 등의 모든 계기가 본래의 공리적 목적을 떠나서, 그 자체가 직관적으로 이해될 때 미로 성립되는 것이다.

<그림 9-10> 에펠탑의 기계미

귀요는 이와 같은 기술미를 '생명체의 미'에 비교하였고, 우티츠는 기계가 그 구성상 인체와 유사한 기능을 가지고 우리들에게 기능상의 공감에서 비롯되는 기쁨을 맛보게 한다는 점에서 그 미를 설명했다. 이와 같은 기술미는 인간이 만들어낸 기능적, 구성적인 미란 점에서는 예술미에 가깝지만, 또한 공리적인 목적성에 부합되어야 성립되는 것으로서 몰개성적인 법칙성에 복종한다는 점에서 자연미와 공통적인 성질이 있다.[14] 건축미도 기계미 안에 포함된다고 볼 수 있다.

14) 편집부 엮음, 미학사전, 문예이론총서 7, 논장, 1988, 288-229쪽

기능미(기계미, 건축미)는 표현의 내용상으로 보면 용도적 기능, 구조적 기능, 환경과학적 기능 등 여러 가지 기능을 포함한다. 건축물이 기능적 형태에 의하여 그 쓸모를 잘 표현할 때 우리는 그 건축물이 '기능적인' 표현력을 가진 것으로 평가한다. 꼬르뷔제의 '주택은 살기 위한 기계'[15]이라는 명제는 이러한 사조를 잘 대변하고 있으며,

15) 'house is a machine to live in.'

"형태는 기능을 따른다"[16]라는 설리반의 명제도 마찬가지다. 예컨대 등대는 기능적 필요에 의하여 높게, 또 빛을 멀리 비추도록 지어 진다. 등대는 그 생김새에 의하여 그 기능을 표현하고 있는 셈이다. 잘 지어 진 벽돌 건물은 그 자체로 조적 구조의 재료와 시공 방법을 잘 표현하며, 우리는 그것을 '아름다운 벽돌 건물'로 평가한다.

16) 'form follows function.'

한편 건축물의 구조적 특성, 재료 및 시공방법 상의 특성들이 표현의 대상이 되기도 한다. 또 건축물의 환경과학적 특성도 건축적 표현의 특성이 된다. 잘 지어 진 태양열 주택은 그 자체로 아름답게 보인다. 기능적인 표현력은 기능에 충실한 형태를 만들 때 저절로 이루어지지만 실제로는 기능의 해석이 어려운 과정이므로 이러한 표현력을 갖추는 일이 쉽지 않다. 기능적인 표현은 근대건축의 기능주의적 사조에서는 가장 중요한 미덕으로 여겨졌다.

9-3. 건축과 상징

9-3-1. 건축적 표현

(1) 형태적 표현

자연에서 보이는 여러 가지 형태들은 완벽한 조형을 생각하게 한다. 건축을 빛에 의해 드러나는 외형적 형태에 의미를 두는 경우와 대조적으로 내부공간에 의미를 두는 경우도 있다. 이집트의 오벨리스크, 로마시대 콜로세움이나 파리 에펠탑 등 인간들은 크고 높은 형태로 그 위용과 크기를 나타내기도 했고, 장엄함이나 무한함을 나타나기 위하여 그러한 시도를 한다.

형태를 만드는 것은 그 내부에 공간이 필요해서 만드는 것이다. 공간은 공간대로 쓸모가 있어야 하고 형태는 형태대로 절제된 모습이어야 한다. 고대에는 크고 거대한 형태 자체에 목적을 두는 경우가 있었으나, 근대에 이르러 형태와 공간이 근접하는 기능적이고 합리적인 형태가 많아졌다. 간혹 형태가 상징적 의미를 지니기 위하여 내부 공간보다 더 큰 형태를 지니기도 하는데, 대표적인 형태가 시드니 오페라하우스이다.

(2) 양식적 표현

<그림 9-11> 고전주의의 모범-파르테논 신전 모형

양식(style)이란 '모양과 법식'을 말한다. 양식개념은 조형예술에서, 특히 건축에서 많이 사용되는데, 이것은 건축이 형식예술이며 추상예술이기 때문일 것이다. 예술과 창작은 법칙을 따르는데, 조형을 규제하는 법칙은 예술사나 건축에서는 대부분 고전주의로 본다. 현재 용어 고전적은 유럽어로 classic 으로 번역되는데, 좁은 의미로는 고대 그리스, 로마의 작품 자체와 특질을 가리키고, 넓은 의미로 고전주의는 서양의 그리스와 로마의 작품들의 특질이 이어지는, 건축적 라틴어의 전통을 중요시하는 태도로서, 고전적 건축의 언어와 어휘를 따르는 건축을 말한다. 그리하여 어떤 시대의 제1급의 표준적인 작품을 일컫기도 한다.

고전주의가 정통적 건축 규범을 보이는 반면, 이에 비하여 낭만주의는 대조적인 흐름으로서 자유로운 태도를 지닌 건축적 면모를 말한다. 낭만적(romantic)은 일반적으로 전기적, 공상적인 의미를 포함하며, 낭만주의적 조형은 고전주의가 지닌 것과 같은 명확한 모델을 지니고 있지 않으며, 고전주의자 보다 더 조형적 자유로움을 보인다. 고딕성당에서 보이는 신비, 무한성, 동적, 극적 등의 표현은 낭만적 특질에 속한다.

모더니즘은 산업혁명 이후 시멘트·철·유리 재료로부터 시대와 20세기를 대표하는 건축으로 국제주의양식을 만들었다. 세계 여러 지역의 건축에 형태적 동질성을 낳게 한 국제주의 건축 등 모던건축의 면모와 색다르게, 주변 지역의 자연적 색채나 향토적 재료 및 질감으로부터 형태와 공간을 만드는 것이 지역주의 면모이다. 서구에서 과거의 양식적 형태와 그 근거에 대한 건축적 문제를 포스트모더니즘 건축의 형태로 만들었다. 과거의 고전주의로부터 건축적 과제를 엮어 내거나, 모던건축의 틀에서 벗어나 새로운 건축을 시도하는 경우가 그러하다.

한국적 표현이니, 한국성을 지닌 형태를 말하는 경우가 있는데, 다소 어려운 주제이다. 한국성을 보이기 위하여 어휘, 통사론, 형태론, 의미론에서 모두 과거와 같은 정도의 것을 지니기가 어려워 그러하다.

(3) 구조적, 기술적 표현 - 하이테크

형태를 이루는 구조를 노출하여, 있는 그대로의 구조와 뼈대의 든든함을 드러내는 작업이 형태의 구조적 표현이다. 이러한 형태를 노출하는 이유는 건물의 수명보다 짧은 설비부재나 구조부재의 수명을 감안하여, 건물을 오랜 기간 저렴한 비용으로 유지하기위한 방법으로 활용된다. 일정기간이 지나면 설비부재를 효과적으로 새 부재로 갈아 끼울 수 있도록 전체를 노출시키는 방법이기도 하다.

또, 새로운 미학적 기준으로 금속성의 재료나 부재를 활용하여 미래의 분위기나 공상과학적 분위기를 활용하는 경우이다. 기술적 표현으로 새로운 시대와 정신을 표현하는 경우도 있다. 예를 들어 파리의 아랍세계연구소의 외부 유리창의 경우 사진조리개와 같은 역할을 한다. 이러한 기술적 표현도 하이테크 표현의 한 단면이다.

<그림 9-12> 하이테크건축의 사례

9-3-2. 상징적 표현

(1) 상징적 표현

'상징'(象徵, symbol)이라는 말은 여러 분야에서 다양하게 쓰이는 말이다. 예컨대 "하트 모양은 사랑을 상징한다"는 식이다. 그러나 이것은 표의문자(表意文字)처럼 사람들이 표현의 편의를 위해 의식적으로 만들어낸 기호(記號, sign)로서 그 통용 범위도 제한된다. 예로부터 사람들은 가치를 추구하는 한 방편으로 가치라는 추상적 개념을 구체화하여 가시적으로 표현해 왔다. 추상적 개념을 가시화 한 것을 우리는 '상징'이라고 부른다. 사람은 예술적 표현에서 형태미 이외에도 상징이라는 표현 수단을 흔히 사용한다.

전통적으로 상징화(象徵化, symbolization) 되어온 추상적 개념들은 우주관, 종교관, 인간관 등이다. 이런 관념들은 대체로 인류가 항구적인 가치를 지닌다고 생각하는 보편적인 사상들이다. 심리학자 C. Jung은 상징을 사람의 집단적 무의식(the collective unconscious)과 연관하여 설명했다. 그에 의하면 상징이란 사람이 만들어내는 것이 아니라 먼 옛날부터 사람의 심층에 자리 잡은 무의식에서 나오는 것이다. 따라서 상징은 개인적인 영역이라기보다 종족, 크게는 인류 공통의 영역에 속하는 보편적인 개념이라는 것이다.

"건축의 시대정신의 산물입니다. 건축은 공간이며, 폭이며, 깊이이며, 높이이며, 체적이며, 동선입니다. 건축은 인간의 착상입니다." 꼬르뷔제의 작품에서 가장 중요한 측면은 평생을 통해 끊임없이 노력하면서 인체의 형상을 건축의 형태로 실체화 시키는 방법을 발견했으며, 그렇게 함으로써 그는 진정으로 의미 깊고 표현력이 풍부한 인본적인 건축을 창조해냈다는 점이다.

<그림 9-13> 상징적 표현으로서의 꼬르뷔제의 롱샹교회

상징적 표현은 A로써 A가 아닌 B를 표현하여, 'A는 B의 상징'이라 한다. 상징은 무의식적(無意識的)으로 작용한다. 건축적 상징의 대상은 보통 우주관이나 종교관 같이 항구적이고도 보편적인 가치가 된다. 예컨대 천원지방(天圓地方)은 동서고금을 막론한 보편적 우주관(宇宙觀, cosmology)의 상징적 표현이다. 은유적(隱喩的) 표현은 B가 아닌 A로써 B의 속성을 표현하는 것이다. 예컨대 고대 그리스의 신전을 닮은 대학 본관의 앞모습은 '아카데미'를 은유하는 것이다. 은유는 의식적(意識的)인 표현이며 엄밀한 의미에서 상징과는 다르다. 직설적(直說的) 표현은 B를 닮은 A로써 B를 직접적으로 표현하는 것이다. 지붕에 게를 만들어 올린 '영덕 대게 식당'은 그것이 대게를 전문으로 하는 식당임을 표현한다. 이 경우는 은유도, 상징도 아닌 직설적 표현이다.

(2) 우주론적 표현 - 우주 상징

사람이 생각할 수 있었던 가장 큰 공간이자 시간인, 우주를 직관적으로 인식했던 옛 사람들에게 우주는 하늘과 땅을, 그리고 하늘에 있는 천체들과 땅 위의 모든 만물들을, 그리고 천체들이 운행하는 법칙, 만물의 생(生)·장(長)·성(盛)·쇠(衰)의 모든 현상들을 지배하는 위대한 대자연을 의미하였다.

우주관은 특히 조형예술의 경우 중요한 상징적 표현의 대상이 되었고 이를 우리는 '우주 상징'이라 말한다. 사람들은 건축을 통하여서도 그들의 우주관을 표현해 왔다. 원시시대로부터 고대, 중세, 근세에 이르기까지 세계의 주요 건축물들은 '우주 상징'이었다고 해도 과언이 아니다. M. Eliade는 전통적인 사회에서 모든 거주 공간-주거, 마을, 도시 등-은 소우주로 간주되었다고, 주거, 마을, 도시 등 거주 공간이 결국 우주의 축소판이라고 보았다. 우주관 cosmology-예로부터 사람들은 의존하며 사는 자연현상들을 나름대로 해석하고 거기에 적응하기 위하여, 시공간에 대해서 철학적인 생각을 했다. 우주관이란 불가사의한 자연현상에 대해 체계적으로 정리한 것이다. 우주관은 종족과 민족에 따라, 그들이 처했던 자연적 상황에 따라 세부적으로 차이가 나지만, '천원지방'(天圓地方)의 예처럼 놀라울 정도의 보편성을 지니고 있기도 하다.

<그림 9-14> 불레가 1784년, 물리학자 아이작 뉴튼을 위한 추모묘지 계획안으로 내부에 우주를 만들어 밤과 낮의 상황을 보여준다. 자료출처 '20세기의 건축양식1'

우주관은 건축의 상징적 표현에서 매우 중요한 표현 대상이 되어왔다. 중국에서는 고대로부터 '개천설'과 '혼천설'이 있었다. 개천설(蓋天說)은 '천원지방', 즉 하늘은 둥글고 땅은 네모났다는 설정 위에 밤과 낮의 교차와 계절의 변화 등을 설명했다. 혼천설(渾天說)은 하늘과 땅을 새알처럼 생겼다고 보고 하늘을 껍질에, 땅을 노른자에 비유했다. 이 이론으로 만든 혼천의(渾天儀)는 근대천문학적 개념에 매우 가까운 것이다. 고대 바빌로니아의 우주관은 땅을 바다 위에 떠있는 바닥으로, 하늘을 텐트 같은 지붕으로, 산은 하늘을 받치는 기둥으로 생각했다. 하늘 위로도 물이 있고 가끔 창호가 열려 비가 내린다고 생각했다. 성경에 기록된 기독교적 우주관도 이에 유래하며, 땅 밑으로 죽은 이들의 영역인 지옥을, 하늘 위로 천국을 설정했다. 고대인도 우주관 만다라 도형에서와 같이 육지는 네모나고 바다는 둥근 원통으로 인식하여 바다 끝에 가서는 낭떠러지로 떨어진다고 믿었다.

(3) 우주론적 표현 - 건축 상징

만다라(曼茶羅, Mandala) 상징 : 만다라는 원래 티베트 밀교(密敎)에서 수도자들의 명상용으로 사용하던 우주적 원리를 상징적으로 표현한 불화(佛畵)를 일컫는 말로 불, 보살, 나한, 신중상 등을 원, 사각형, 동심원, 격자형 등으로 배열한 그림이다. C. Jung은 그의 집단적 무의식 이론 중 자아원형(self archetype)과 그 성숙과정으로 '개인화'(individuation)라는 개념을 설정하였다. 개인화란 사람

<그림 9-15> 티베트 리커루 사의 십일면관음만다라, '만다라대전' 호암미술관

<그림 9-16> 토마스 모어의 유토피아 책에 삽입된 유토피아 http://www.accd.edu/sac/english/bailey/utopia.htm

이 운명적으로 지닌 내적 모순들을 우주적인 인식으로 극복하려는 본성적 성장과정을 의미한다. 내적 모순의 극복은 우주(자연)에 합일함으로써 가능하다.

Jung은 세계의 전통적인 도시 배치, 건축 평면 등에서 동심원, 방사형, 사각형 등 중심상(中心象)과 사분성(四分性, quaternity)을 지니는 도형들이 사용되었다는 사실을 발견하였다. 그는 이러한 이미지들이 만다라 도형을 닮았으므로 만다라 상징(mandala symbol)이라 불렀다. Jung에 의하면 이러한 도형은 습득(acquired)한 것이 아니라 본성적으로 물려받은(inherited) 것이라는 것이다. 전통적인 도시와 건축은 결국 우주 상징인 것이다.

고대로마의 건축가 비트루비우스는 그의 저서에서 팔각형으로 된 '이상도시 안'을 묘사했다. 알베르티의 방사형 가로망을 가진 이상도시를 포함하는 르네상스 시대의 이상도시 안들은 모두 동심 또는 방사형 가로망을 갖는 중심적, 대칭적 배치 안들이다. 석굴암의 원형 돔과 사각형 전실은 '천원지방'(天圓地方)을 공간적으로 표현한 것이다. 이들은 모두 만다라 상징이자 천지, 곧 우주 상징인 것이다. 로마의 판테온(Pantheon)도 만다라 상징이며 우주를 상징하기는 마찬가지다.

유토피아(utopia) : 예로부터 사람들은 근원을 알 수 없는 어떤 '이상향'(理想鄕)에 대한 그리움을 가져왔다. 그것은 보편적 종교적 개념인 '낙원'(樂園, paradise)과 관련이 있는 것으로도 보인다. 고대 이집트 신전의 기둥을 파피루스, 연꽃잎 등 식물적 이미지로 장식한 것은 기둥을 나무로 해석한 것이고 결과적으로 신전을 사막 가운데의 오아시스로 표현한 것이다. 그것은 고대 이집트인들이 대대로 살아온 낙원, 즉 나일 계곡을 상징하기도 한다. 고대 그리스나 로마 신전의 기둥도 흔히 식물적 이미지로 장식하였다. 중세 고딕 교회의 기둥과 그 위의 리브(rib)들은 마치 나무줄기에서 뻗어 나온 가지처럼 천장을 덮고 있다. 중세 기독교회 역시 낙원을 상징하는 셈이다. 고딕 교회의 장미창의 영롱한 색유리(stained glass) 장식도 낙원을 연상케 한다. 기독교리로 보면 그것은 인류의 원조인 아담과 이브가 살다가 쫓겨난 '잃어버린 낙원'(the Lost Paradise)인 것이다.

풍수지리 : 우주 상징을 하나의 광범위한 건축 이론 체계로 조직화한 특수 예로 동북아(東北亞) 문화권의 풍수지리설이 있다. 고대 중국인들은 천문학에서 얻은 지식들을 근거로 하여 더욱 사변적인 이론으로 발전시켜 음양오행설(陰陽五行說)을 만들었으며, 이는 주역(周易) 뿐만 아니라 풍수지리설(風水地理說)의 바탕이 되기도 하였다. 풍수지리설은 옛 사람들이 우주, 자연, 인간관 등을 집약하여 만든 일종의 '건축 지침서'다. 전형적인 풍수형국은 겹겹이 산형으로 둘러싸인 동심원적 영역 위계로 되어있다. 혈은 형국의 중심이며 주산(主山)은 중심축을 설정한다. 전후좌우의 사신사(四神砂)는 사방성(四方性, quaternity)의 구체화다. 이는 형국의 우주적인 근원을 상징하며 또한 완연한 만다라 상징이다. 주택 배치도 같은 원리를 따른다. 풍수지리설에 의하여 만들어진 건축들은 결국 우주관을 구체화 한 것이며, 따라서 우주를 상징하는 것이다. 풍수지리설은 근원적으로 자연 친화적이다. 지속가능성(sustainability)의 모색이 현시대적 과업이라면 한때 미신으로 폄하되던 풍수지리설이 새로운 건축적 파라다임(paradigm)으로 자리 매김 할 수도 있다고 본다.

<그림 9-17> 주변 4방향의 자연지형과 인간세계와의 관계를 보여주는 풍수형국도

(4) 종교적·개인적·상업적 표현

서양건축사에 등장한 대부분의 유적 중에는 성당과 교회가 많이 남아 있다. 한국건축사에 남은 대부분의 문화재도 궁전과 사찰이 적지 않다. 유네스코 세계문화유산 목록을 살펴보아도 종교적 건축물의 수효가 적지 않음을 알 수 있다. 인간들은 신을 위하여 거대한 신전을 짓고, 밀림 속에서도 사원을 짓고, 산속에 절을 지었다. 인간들이 영원한 존재를 위하여 영원을 위한 건물을 지었다. 종교적 건축물들은 서양의 경우, 초기기독교 양식, 고딕 양식, 르네상스 양식, 바로크 양식 등 시기별 양식으로 불린다.

개인적 표현 : 흔히 표현주의라는 예술 사조가 있다, 이 사조는 시대적 건축이념이나 예술 이념에는 관심이 없고, 작가의 개인적 관심사 예술적 표현에 관심이 있는 경우가 있다. 이런 경우 건축가는 개인적 표현주의로 표현하기 쉽다. 건축가나 예술가의 개인적 취향이 크게 표현된다. 대표적 사례로는 오스트리아 비인의 예술가 훈더트 바써

<그림 9-18> 가우디의 주택 카사미라

(Hundert Wasser)를 들 수 있다. 또는 시대사조를 뛰어넘어 독창적인 예술적 표현을 달성한 사례로 스페인의 안토니오 가우디(Antonio Gaudi)를 들 수 있다.

상업적 표현 : 기업 자체를 위하거나, 고객에 대한 의지를 표현하며, 국내 최고를 표방하거나 아시아 최고를 표방하는 순간, 기업들은 그 가시적 형태를 위하여 건축을 이용하기도 한다. 한국에서 최고의 높이나 아시아에서 최고의 층수를 자랑하기 위하여 기업의 능력을 총동원하여 건축물을 높이 짓는다. 이러한 것은 국가의 경우도 크게 다르지 않다. 국내 대형 재벌기업에서의 태도에 이런 사항이 나타난다. 기업을 대표하는 상징적 건물은 상업성을 건물로 드러낸다.

(5) 예술적·정치적·민주적 표현

예술적 표현 : 예술적 표현은 일상적 표현보다는 좀 더 보편적이고, 항구적이고, 집단적인 가치에 바탕을 두고 있다. 시, 음악, 무용, 건축, 조각, 회화 등 각종 예술 장르들은 제각기 다른 수단과 방법으로 그런 가치들을 표현한다. 예술적 표현은 아름다움을 대상으로 한다. 그러나 아름다움이란 주관적으로 평가되기 때문에 사람, 시대, 장소에 따라 그 기준이 변하는 특성을 가진다. 급변하는 현대사회에서는 더욱 그렇다. 인류의 문화와 문명이 발달함에 따라 예술은 아름다움을 추구하는 전문적인 영역으로 발전했다.

무엇을 예술적인 표현이라 하는가? 숙련된 기능과 능숙한 기법을 연마하여 잘 할 수 있는 예술가에 의해 지어지는, 만들어지는 작품을 예술품이라 한다. 그와 같이 건축적 훈련을 받아 다른 사람이 할 수 없는 고도의 능력으로 만든 걸작으로서의 건물을 예술품으로서의 건물로 본다.

정치적 표현 : 고대, 중세 그리고 현대에 이르기까지 건축을 통하여 힘과 권력을 표현하려는 노력들은 항상 나타난다. 고대에 제사장들은 정치와 종교적인 힘을 하나의 형태로 표현하려고 시각적인 형태로 만들었다. 중세에는 성당이나 교회의 높은 탑들이 종교적인 권위를, 왕들은 궁전에서 왕권의 힘을 표현하였다. 독일의 히틀러는 당시 제3제국의 꿈을 다양한 건물을 통하여 표현하였으며, 심지어 빛을 이용하여 밤에 하늘을 향하여 쏘아올린 빛의

궁전을 만들어 나치당원들을 열광에 빠뜨리기도 하였다.

이런 경우에는 인간을 위한 건축보다 인간척도(human scale)를 넘어서는 방법을 활용하여, 지나치게 넓은 광장, 아주 높은 벽, 거대한 매스덩어리, 큰 폭의 돔 등 과도한 형태를 사용하여 사람들의 눈을 불편하게 하면서 권위적인 힘을 표현하려 했다. 미국 제4대 제퍼슨 대통령은 수학과를 졸업하고 건축을 독학으로 공부한 대통령인데, 후에 미국의 건국 초기 황량한 미국 벌판에서 유럽 스타일의 건물을 지어 국가의 권위를 표현하려 애썼다. 새로운 미국이라는 정치적 힘을 건축물에 표현하려 유럽의 고전주의 건축물들이 지닌 기둥과 기둥의 장식 등을 활용하여 고전주의정신을 표현하려 하였다. 여의도 국회의사당은 기능적이면서 한편으로 건물이 지닌 힘을 건물로 표현하고 있다.

민주적 표현 : 과거 프랑스 왕들의 권위적인 건물인 루브르 궁전이 지금은 루브르 미술관이 되었다. 루브르 미술관은 국가의 소유이자, 시민이면 누구나 미술품을 즐길 수 있는 장소이며, 그렇게 된지 프랑스 혁명(1789)으로부터 대략 230여년이 흘렀다. 최근에 지어지는 미술관들은 과거의 모습처럼 지어지지 않고, 많은 시민들이 이용하기에 편리하게 지어지고 있다. 대통령의 프로젝트로 알려진 '미래의 문'의 경우도 정치적 산물이라는 점을 볼 수 있다.

<그림 9-19> '미래의 문'-사회, 정치적 표현으로서의 건축

이런 건물에 비하면 새로 지어진 미술관들은 사용하는 시민들에게 편안하도록 설계되고 시공된다. 이때 건물의 태도는 민주적 생각이 많이 담기게 된다. 권위적인 모습을 버리고 위압적이지 않은 형태로 만들고, 계단을 적게 만들어 편안하게 접근하도록 하고, 인간적인 척도로 사람들에게 편안한 형태, 매스, 색채 등을 갖도록 한다.

9-4. 건축표현과 건축가

9-4-1. 건축표현의 방법 - 통일성/ 다양성/ 균형

<그림 9-20> 필립존슨 가든그로브교회, 외부유리를 통한 재료의 통일성

건축 형태를 만드는 가장 큰 원리 중 중요한 요소는 통일성이다. 형태를 만드는 기준으로서, 치수의 기준인 모듈의 활용, 재료의 통일, 색채의 통일, 형상의 통일 등이 이

루어져서 건물 전체에 통일성이 이루어진 경우, 또는 내, 외부 재료가 동일한 경우 형태의 통일성은 이루어진 것으로 볼 수 있다. 그러나 형태가 통일성이 지나치면 도리어 형태가 지루해지거나 건조해 질 수 있다. 적절한 변화가 있어야 할 것이다.

<그림 9-21> 필립존슨 가든그로브교회, 내부 유리재료 표현의 통일성

전체적으로 통일성을 유지하는 가운데, 부분적으로 다양한 치수, 재료, 색채, 형상 등이 나타난다면, 흥미로운 요소가 될 것이다. 이때 다양성이 지나쳐서 통일성을 깨뜨린다면, 과도한 다양성으로 혼란에 빠진 경우가 될 것이다. 다양성을 유지하면서 통일성을 보이는 것은 작가적 기질에 의한 미적 판단에 의하여 이루어진다.

전체와 부분 사이의 균형과 조화는, 건축이 이루어진 가운데, 고대로부터 주장된 제1원리이다. 통일성과 다양성에 대한 균형 있는 감각만이 형태 전체에 생명력을 부여하는 중요한 요소이다.

9-4-2. 건축가의 표현- 거장 및 지역주의 건축가

현대건축에서 대표적 건축가로 인정되는 20세기 거장 건축가들은 미국의 프랭크 로이드 라이트(Frank Lloyd Wright), 프랑스의 르 꼬르뷔제(Le Corbusier), 독일 태생의 미국건축가 미이스 반 델 로에(Mies van der Rohe)와 독일의 발터 그로피우스(Walter Gropius)를 예로 든다. 라이트를 공간과 형태의 거장으로, 꼬르뷔제를 기능과 형태의 거장으로, 미이스를 기능과 구조의 거장으로, 그로피우스를 구조와 공간의 거장으로 볼 수 있다. 거장들의 노력으로 다양한 건축과 공간이 등장하였고, 전세계에 국제주의양식(international style)이라는 공통적인 현상을 유포시키기도 하였다.

<그림 9-22> Wright의 유니테리언 교회

국제적으로 공통적인 건축 형태가 표현되는가 하면, 다양한 지역주의 건축가들도 자기의 지역과 풍토에 맞는 형태를 표현하기 시작한다. 핀란드의 알바 알토(Alvar Aalto), 멕시코의 루이스 바라간(Luis Barragan), 일본의 안도 다다오 (Ando Tadao)등 다양한 건축가들의 출현하고 있다. 세계적으로 통용될 한국을 대표할 한국의 지역

주의 건축가는 누구일까? 한국건축의 형태와 공간을 잘 표현할, 한국의 지역주의 건축가가 나타날 것이다.

■ 읽을 거리 ■

- 편집부 엮음, *미학사전*, 문예이론총서 7, 논장, 1988
- 담단경譚旦冏 외 , *중국예술사-회화편*, 金基珠역,
- 오광수, *한국현대미술사*, 열화당,
- S. Abererombic, *건축예술론*, 최종현 역, 세진사, 1996
- 허버트 리드, *현대예술형태의 해체*
- John Summerson, *The Classical Language of Architecture*, 1966,
- Charles Jencks, *The Language of Post-Modern Architecture*.

제 10 장 건물은 누가 어떤 과정을 통해 만드는가?

이 규 성 · 박 순 규

10-1. 건축 산업의 특성

10-2. 건축 프로젝트 수행 과정

10-3. 건축 프로젝트 참여자

10-4. 전문가의 소양

10-5. 건축 프로젝트와 대가

10-6. 분쟁과 조정

10-7. 자료와 정보

건축이라는 말은 명사와 동사적 의미를 함께 갖고 있다. 본 장에서는 건축 프로젝트가 어떠한 과정과 체계로 이루어지고 있는 가를 다루어 봄으로써 건축의 동사적 의미에 대한 이해를 돕고자 한다.

건축 행위는, '사람이 사는 집을 구상하고 만드는 행위'라고 할 수 있다. 과거에는 집을 만드는 행위는 기둥을 세우고, 벽돌을 쌓는 '건축'(建築) 그 자체로 충분했다. 최근에 복잡해진 건축 행위를 다소 체계적인 방법을 활용하여 설명해 보면 <그림 10-1>과 같이 된다. 건축은 토지 및 자재 등의 물적 자원과 건축주, 발주자, 설계자, 컨설턴트, 시공자, 감리자 등의 인적 자원을 활용하여 요구 성능, 경제성, 법, 제도 등의 제약조건을 만족하는 건물이라는 최종 목적물 만드는 행위로 기획, 설계, 시공 및 관리로 구성되어 있다.

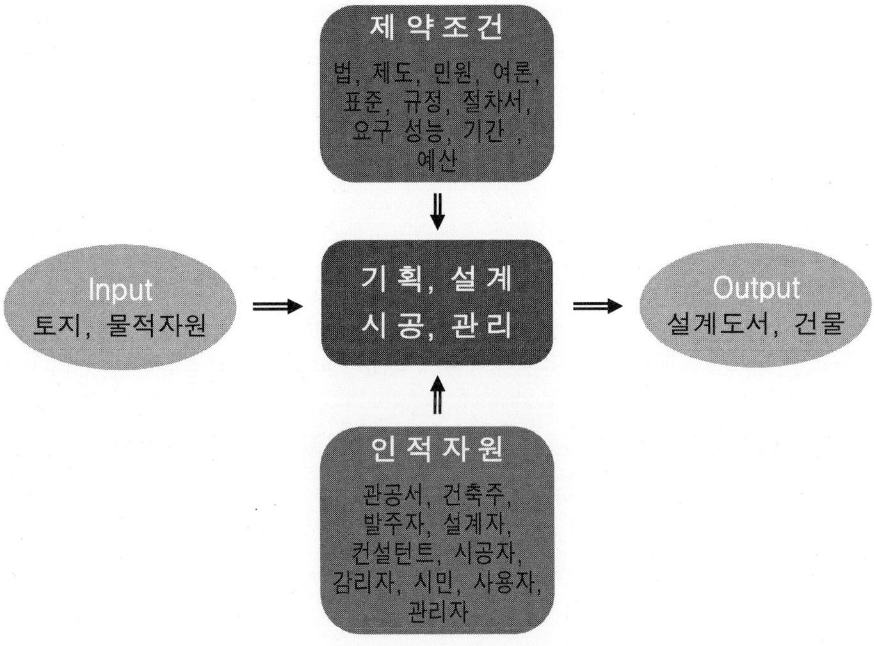

<그림 10-1> 건축 프로젝트

건물은 개인의 사유물로서의 효용 가치도 소중하나, 국가 공공시설로서의 위치도 중요하므로 공익성과 관련된 법, 제도, 민원, 여론 등의 제약조건도 무시할 수 없는 특

성이 있다. 건축과 관련된 전문성을 발휘하여 건축주의 다양한 요구에 부합하고, 공공에 이익이 되는 가치를 창출하는 것이 건축에 종사하는 사람들의 사회적 소임이기 때문이다.

10-1. 건축산업의 특성

프로젝트형 서비스산업이라는 말로서 건축의 특성을 설명할 수도 있을 것이다. 건축을 프로젝트형으로 구분하는 것은 건축주의 주문에 의하여 일회성의 생산품을 현장에서 그 때마다 특성 있게 생산하기 때문에, 동일 제품을 반복 재생산하는 제조업과 구분되기 때문이다. 건축 프로젝트는 단독주택, 상가 등과 같은 단순한 것에서부터, 테마파크, 도시 및 국토건설과 같이 복잡한 것에 이르기까지 매우 넓은 범위를 차지하고 있다. 또한 프로젝트 사업 시행주체에 따라 민간사업, 공공사업으로 구분할 수 있으며, 최근에는 민관합작사업 등 다양한 사업형식이 등장하고 있다.

건축이 서비스산업으로 분류되는 것은 고객을 대상으로 주로 인적자원을 활용하여 재화의 효용가치를 증대하는 산업이기 때문일 것이다. 건축산업은 국가경제에서 차지하는 비중도 대단히 크며, 경제적 혜택을 받는 사람들의 분포도 노동자에서 전문디자이너에 이르기까지 넓게 분포되어 있다. 이러한 점에서 정보화와 후기 산업사회에 접어들고 있는 오늘날에도 그 경제적 중요성은 지속되고 있는 것이다.

건설산업은 대내외적으로는 정보화, 국제화의 물결 속에 노출되어 있으며 내부적으로는 도시화, 고령화 및 노후화의 문제를 안고 있다. 다른 한편에서는 후대에게 물려줄 지속가능한 유산으로서 건축을 만들 것을 요구받고 있다. 이의 해결을 위해 건설산업의 시스템화와 고부가가치화가 도처에서 동시에 요구되고 있다. 이러한 동시다발적인 문제를 해결할 수 있는 묘약은 한 번에 쉽게 찾을 수 없으므로 끊임없는 노력이 필요하다.

프로젝트 관리의 실제 : 영국-프랑스 해저터널

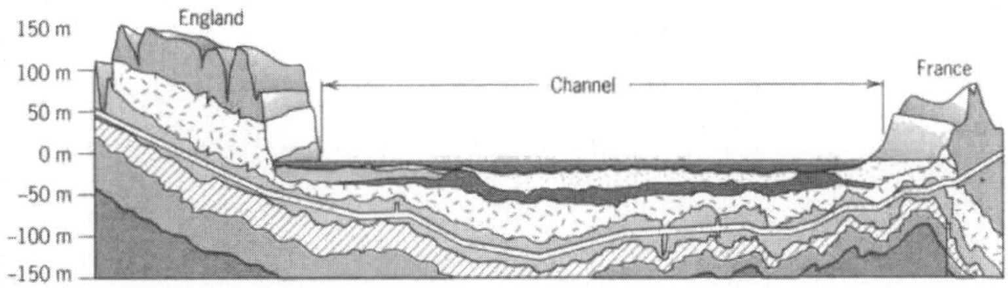

A cross-section of the Chunnel.

영불해협에 해저터널을 뚫는다는 구상은 나폴레옹시대에 이미 생각되었으며 1880년에는 실제 시도되기도 하였다. 그후 1975년에 다시 시도되었으나 또 실패하였다. 세계최대의 민간프로젝트로 기록될 이 터널은 사상 최대의 은행연합의 지원을 받으며 영국과 프랑스의 주요 건설회사 10개가 콘소시움을 형성하여 공사에 임하였다. 직경 약 20m, 길이 93km 가 되는 세 개의 터널을 바닷속으로 뚫는 작업인데 두 개의 터널은 사람과 물자를 시속 160km의 속도로 약 35분에 해협을 통과시키며 제3의 터널은 그 자체에 교통시스템을 갖춘 서비스용이다.

1986년 6명의 직원으로 사업이 시작되었는데 가장 작업이 활발할 때에는 인력이 14,500인까지 투입되었으며 하루 경비가 550만 달러에 이르렀다. 이 프로젝트는 단순히 굴만 뚫는 것이 아니고 양 끝에 인간과 물자를 나르기 위해 대형 터미널을 짓는 것까지 포함하고 있었다. 또한 지하에는 거대한 두 개의 교행을 위한 공간을 마련하였는데 인류역사상 가장 큰 인공 지하실이라고 할 수 있다. 그 공간의 크기는 길이 158m, 폭 18m에 높이 10.5m에 달한다. 그리고 터널의 유지를 위해 하수관, 냉각, 환기. 전기, 궤도작업, 소화작업, 전자제어 등을 위한 지원시스템을 갖추고 있다.

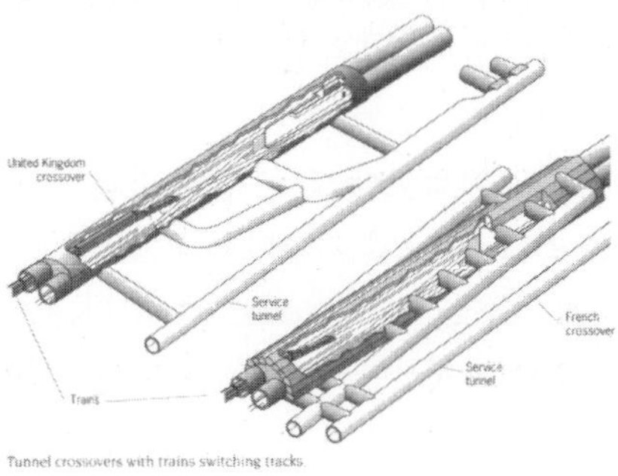

Tunnel crossovers with trains switching tracks

1986년에 영국과 프랑스정부는 민간공사이긴 하지만 건설과 관리를 보증하기 위해 캔터베리 협약을 맺어 이 공사를 가능하게 하였다. 1990년에 서비스터널이 완성되고 1991년에 본 터널 두개가 완성되었다. 이것은 계획보다 몇 개월 앞선 것인데 현대적 프로젝트관리 기법을 이용하였기 때문이다.

10-1-1. 건축 프로젝트의 추진 방식

프로젝트는 각기 주어진 조건에 따라 가장 효율적인 방식을 추구하기 위해 끊임없이 발전하고 있기 때문에 다양한 방식으로 추진되고 있다. 대표적인 건축 프로젝트 추진 방식은 전통적인 계약 방식과 더불어 CM방식, BOT방식, Design-Build 방식, 턴키(turn-key)방식 등이 최근에 활발하게 적용되고 있다. 또한 공사비 지불 방식에는 고정금액방식, 총액고정금액 계약, 단가고정금액계약, 일괄도급계약, 비용정산계약, 이익가산원가계약, 조기착공계약 등이 다양하게 사용되고 있다.

10-1-2. 건축 프로젝트의 수명주기

건축도 탄생, 삶, 그리고 소멸을 반복한다. 문명의 태동기와 발전기에는 주로 건축의 탄생에 주로 관심이 모아져지게 되며, 전성기를 지나 쇠퇴기에 접어들면 점차 소멸에도 관심을 갖게 된다. 고속 성장을 해온 현재까지 건물의 생산 쪽에 더 많은 관심을 기울여 온 셈이다. 건축 발전의 전성기를 지나가고 있기에 이제는 건축의 소멸 까지도 함께 고려해야 한다. 최근에 지속가능 건축이라는 개념의 등장으로 건축을 순환적 구조에서 바라볼 수 있게 된 것은 퍽 다행한 일이다.

개별적인 건축은 건축주에 의해 발주가 되고 전문가의 도움으로 설계되고 시공되며 일정한 기간 사용되다가 수명을 다하게 된다. 이와 같이 건축은 <표 10-1>과 같이 기획, 설계, 시공, 유지관리 및 해체라는 5단계의 수명주기를 갖고 있다. 건축 프로젝트에서 수명주기를 단계별로 구분하는 것은 각 단계마다 사업 진척과 계약상의 책임과 권한이 일단락 될 수 있고, 명시적으로 합의될 수 있기 때문이다. 이렇게 프로젝트를 단계별로 구분하여 추진하면 절차는 다소 번거로울 수 있으나, 각 단계별로 달성 목표를 명확히 하고 책임자를 선정할 수 있어 책임 소재를 분명하게 할 수 있음으로 누적되는 위험 요인을 방지할 수 있다는 장점이 있다.

일반적으로 기획 단계에서는 발주자의 요구 분석과 여건의 타당성 검토가 이루어지며, 설계 단계에서는 설계도서를 작성하게 된다. 설계 단계는 다시 개념설계, 기본설계, 실시설계 및 상세설계로 세분된다. 시공 단계에서는 설계도서에 의해 계약이 이루어지고 그에 따라 건물이 착공, 시공 및 준공된다. 시공이 완료되어 준공된 건물은 건축주나 관리회사에 이전되어 용도에 따라 사용된다. 건물의 효율적인 사용을 위해서 지속적인 유지관리가 필요하며, 수명이 다한 것은 해체되고 재건축을 하거나 리모델링을 하기 위한 새로운 프로젝트가 기획되기도 한다.

<표 10-1> 프로젝트 수명주기

단 계	세 부 내 용
기 획	요구 분석, 타당성 검토
설 계	개념설계, 기본설계, 실시설계, 상세설계
시 공	제품생산, 현장건설
유지관리	보수, 보강
해 체	해체, 재건축

10-2. 건축 프로젝트 수행 과정

10-2-1. 기 획

(1) 건축기획

건축주(owner or client)가 어떤 건축물을 짓기 위해서 내딛는 첫 번째 단계가 기획이다. 기획이란 앞으로 지어질 건물에 대하여 대지의 위치와 면적, 연면적, 기능별 면적, 층수, 높이, 양식(스타일), 공사비, 공사기간 등을 정해서 건축가(architect)가 설계하도록 지침을 만드는 일이라고 할 수 있다.

소규모 건축물의 경우에는 기획단계가 필요하지 않고 바로 설계단계로 들어가서 기획을 건축가가 간단하게 처리할 수 있다.

그러나 비교적 규모가 큰 호텔, 병원, 백화점, 쇼핑몰, 임대사무소, 영화관, 테마파크(대규모 유희시설), 아파트 및 주상복합건물 등의 기획은 건축주가 전문가에게 의뢰해서 작성한다. 이때의 전문가는 건축가가 될 수도 있으나 좀 더 전문성을 띤 용역업체나 CM회사에 맡기게 된다.

기획에 참여한 전문가는 소위 시장조사(market research)를 거쳐 의뢰된 건물에 대한 수요를 추정해서 건축물이나 시설의 규모를 산정해야 하는데 수요의 추정이 틀렸을 경우 경제적으로 큰 손해를 볼 수 있기 때문이다.

기획업무는 건축의 규모를 정하고 공사비와 공사기간을 정하는 점에서 건축가의 설계업무를 제약하는 면도 있으나 기획을 따로 설계보다 먼저 하는 가장 큰 이유는 잘된 기획에 의해 건축물이 경제적으로도 성공하도록 만들 수 있기 때문이다.

대지를 스스로 마련하고 설계, 시공 및 감리를 외부 용역으로 발주하여 건축물을 완성하고 수요자에게 분양하여 이익을 내는 사람을 디벨로퍼(developer)라고 한다. 디벨로퍼의 경우 기획업무를 얼마나 잘 하느냐가 그의 성공과 실패를 가르는 관건이 된다. 건축물에 대한 정확한 수요의 파악과 시장에서 얻을 수 있는 판매가(분양가)에 대한 예측의 성공이 그의 무기이다.

(2) 타당성 분석(feasibility study)

건축물을 짓는 이유는 여러 가지이지만 많은 경우 경제적 이득을 고려할 것인데 이러한 행위를 투자행위로 부를 수 있다. 이 경우에 기획업무는 타당성 분석으로 계속해서 진행되어야 한다. 타당성 분석이란 건축물을 지었을 때 생기는 경제적 이익을 계산하는 방법으로 경제성 분석이라고도 불리우는데 산업공학에서 이미 정형화해 놓았으며 건축학에서도 사용할 수 있다.

① 현금흐름도 작성

현금흐름은 시간에 따라서 발생하고 +나 -의 값을 갖으며 각각 수익(benefit)과 비용(cost)을 나타낸다. 그림은 어떤 건물을 지어서 n 년 동안 임대하여 수익을 얻다가 n

년 후 이 건물을 처분하는 투자안에 대한 현금흐름도이다. 건물이 완성된 시점을 0으로 하면 이때 초기투자가 끝나게 되며 매우 큰 하향의 화살표가 비용이 된다. 그 후로는 매년 임대수익을 얻게 되는데 유지관리비가 매년 비용으로 지출되지만 이는 총임대료에서 상쇄하고 현금흐름은 순임대료만 표시해도 된다. n 년이 지난 후 건물을 매각하여 새로운 투자자금을 마련하므로 시점 n 에서 상향의 큰 화살표가 생기게 된다.

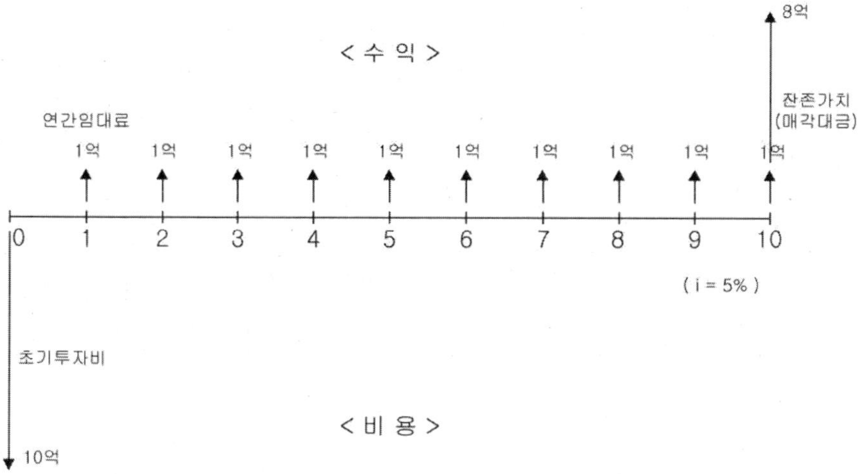

<그림 10-2> 투자안, 수익, 비용

② 돈의 시간가치

투자효과를 계산하기 위해서는 수익에서 비용을 빼 보았을 때 남은 금액이 양수(+)가 되는 것이 필요하다. 수익이나 비용이 같은 시점에서 발생할 때는 수익-비용이 의미를 갖는다. 그러나 수익과 비용의 발생은 시간차를 갖게 되므로 이 시간차로 돈의 가치를 보정해 줄 필요가 있다.

따라서 현금흐름도로 표시된 어떤 투자안을 평가하기 위해서는 평가시점을 현재나 미래, 또는 매년으로 통일할 필요가 있다.

이자율이 연 5%일 때 현재(시점 0)에서 100만원의 수익은 5년후(시점 5)127만 6,300원을 받는 것과 같으며 또한 이는 5년 동안 매년 말에 23만 1,000원씩 받는 것과 같다고 할 수 있다.

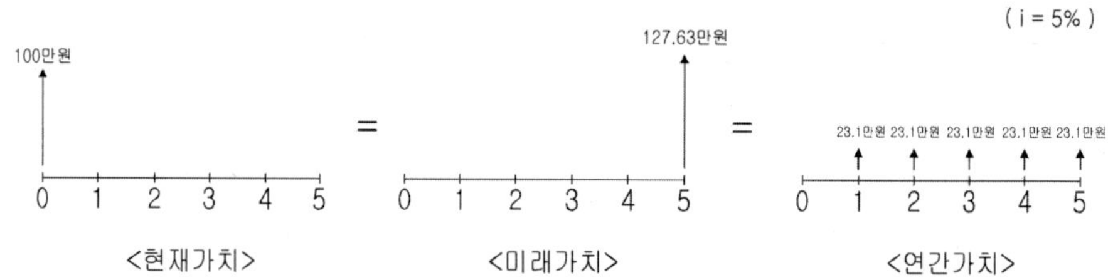

<그림 10-3> 3개의 현금흐름 (1)

③ 투자안의 가치 계산

n을 10으로 가정하고 <그림 10-3>의 현금흐름도에서 수익과 비용을 현재(시점 0), 미래(시점 10) 및 매년 말로 옮겨 단순화하면 <그림 10-4>와 같이 된다. 따라서 건물을 신축하여 임대하다가 10년 후 매각하는 이 투자안은 각각 2,633억원의 현재가치(PV=present value) 또는 4,289억원의 미래가치(FV=future value) 또는 0.341억원의 연간가치(AW=annual worth)를 가졌다고 할 수 있다.

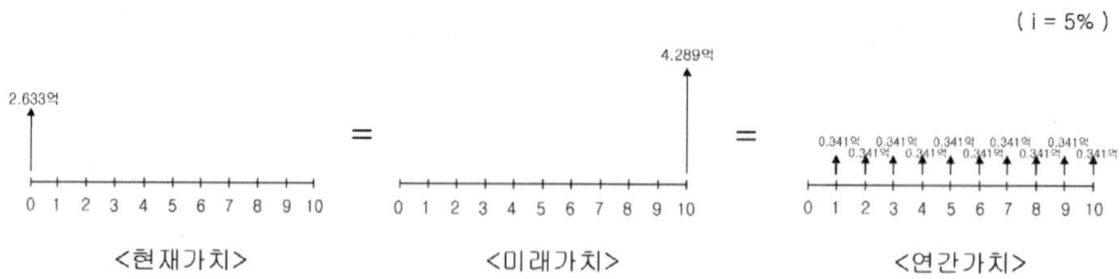

<그림 10-4> 3개의 현금흐름 (2)

④ 투자안의 평가

어떤 투자안(프로젝트라고도 함)의 현재가치가 양(+)이면, 미래가치 또는 연간가치도 절대값은 다르지만 반드시 양수가 되며 이 투자안은 투자할 가치가 있다고 평가한다. 여러 개의 투자 대안들이 있을 때에는 양의 절대값이 가장 클 경우가 가장 매력 있는 프로젝트라고 할 수 있다. 보통의 경우 초기투자에 들어가는 자본에는 한계가 있기 때문에 투자 대안들이 모두 가치가 있더라도 전부에 투자하는 것이 불가능하므로 가치계산을 하여 가장 가치가 큰 순서로 투자할 수 있는 것이다.

수익 부분의 현재가치의 합을 비용 부분의 현재가치의 합으로 나눈 것을 B/C(benefit/cost) ratio 또는 SIR (savings investment ratio)이라고 하는데 SIR이 1보다 크면 투자가능이며 SIR의 크기 순서가 투자의 우선순위가 된다.

10-2-2. 설 계

건축 프로젝트의 생애 중에서 건축 전문가가 깊이 관여하게 되는 부분이 기획, 설계 및 시공단계이다. 이 단계에서는 건축, 구조, 설비 이외에 토목 및 조경 등 외부공사와 관련된 전문가들이 참여하여 프로젝트의 목표를 성공적으로 달성하기 위해 일정한 역할을 수행하게 된다. 최근에 프로젝트의 규모가 대형화 되면서 자금조달과 사업성 검토를 위한 사업 기획의 중요성이 점차 부각되고 있다. 그럼에도 불구하고 대부분의 프로젝트에서 건축 전문가의 전문성이 가장 중요하게 요구되는 과정은 설계 단계이다.

설계는 주어진 조건을 만족하는 해를 구하는 개방형 문제(open problem)의 해결과정의 하나이다. 개방형 문제에서는 정답(exact solution)을 구하는 것이 아니라, 최적의 해(optimal solution) 혹은 가능한 해(feasible solution)를 선택적으로 구하게 된다는 점이 두드러진 특징이다. 프로젝트를 수행할 때마다 반복해서 요구조건을 분석하고, 해결 목표를 설정하고, 대안을 제시하고, 안을 선택하는 과정을 거듭해서 반복하게 된다.

설계 과정은 단순히 순차적인 과정에 머물지 않고 순환적으로 진화하는 독특한 과정을 반복하게 된다. 이와 같이 독특한 과정에도 불구하고 건축 프로젝트가 무리 없이 일관되게 수행될 수 있는 것은 생산 과정이 비교적 정연한 프로세스의 협업적 반복이라는 점에 기인한다.

설계 세부 단계별로 각 전문 분야에 의해서 수행되어야 하는 기본적인 업무와 관련된 서비스의 내용은 <표 10-

2>와 같다. 개념설계에서는 발주자의 요구 및 제반 조건에 근거하여 문제를 정의하고 개략적인 조건 분석을 바탕으로 주요 아이디어가 반영된 문제 해결의 방향을 제시하고 도출된 기본 개념을 바탕으로 개념적인 설계안을 제시하게 된다. 이를 발전시켜 기본설계 단계에서는 분야별로 구현이 가능한 주요 시스템을 결정하여 설계안을 확정하며 실시설계 단계에서는 각 분야별로 시공을 전제로 정밀

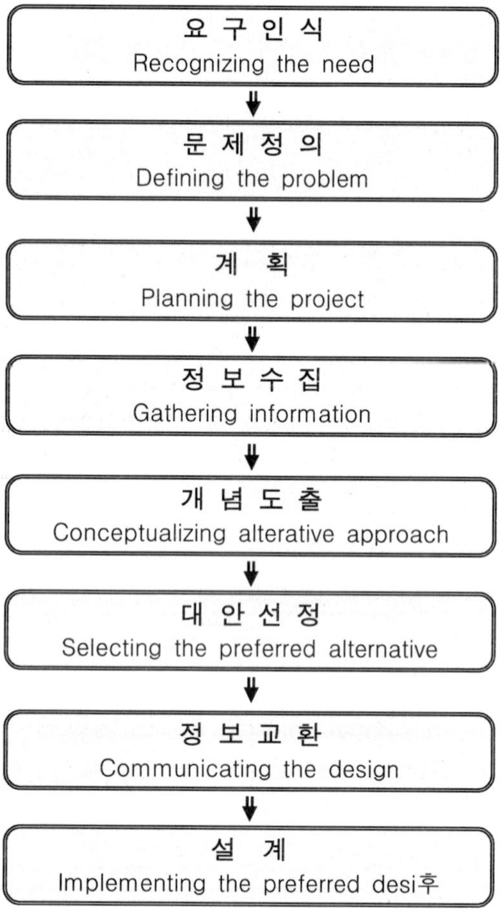

<그림 10-5> 설계 프로세스

한 분석을 실시하며, 건설공사 계약을 위한 도면, 시방서 및 내역서 등을 작성하여 발주자의 확인을 받게 된다. 완성된 설계 도서를 중심으로 시공업체를 선정하는 입찰 과정을 거쳐 시공 계약을 하게 된다. 시공 단계에서 는 제품

의 공장 제작, 가공 및 현장 건설을 위한 상세 설계 도면이 분야 별로 작성된다.

<표 10-2> 설계 서비스 단계

설계 서비스 단계	주요 사항	서비스 내용
개념설계 Concept Design	요구인식, 문제정의, 개략적인 조건 분석, 아이디어 및 해결 방향 제시, 기본개념 도출, 개념적 설계안 제시	다이아그램, 개념스케치, 스터디 모형
기본설계 Schematic Design	분야별 주요 시스템 분석 및 결정, 기본 설계안 제시	주요 구조시스템, 설비시스템, 배치, 평면, 입면, 단면도, 모형, 개략 적인 분석 자료, 공사비
실시설계 Design Development	분야별 정밀 분석, 계약도서 작성	배치, 평면, 입면, 단면도, 마감, 면적, 일조권, 재난, 색체, 상세, 조경, 구조 및 설비 시스템 관련 도서, 시방서, 내역서, 분야별 분석 자료
상세설계 Detail Design	분야별 현장시공도 작성	부품별 제작, 가공 및 현장 건설용 상세 도서, 상세 비용

10-2-3. 시 공

(1) 견적과 입찰 및 계약

설계가 완성되면 공사비를 계산하여야 한다. 이 작업을 견적이라고 하는데 견적은 먼저 적산으로 시작한다. 적산이란 공사에 들어가는 재료·품·단위공사의 물량을 산출하는 것인데 도면과 시방서등을 기준으로 공사종별로 수량을 산출하고 수량조서를 작성한다.

건축공사에 있어 주요 공종을 나누면 다음과 같이 13종으로 분류할 수 있다.

① 가설공사(temporary work) : 규준틀, 수평먹매김, 외부비계, 내부비계 등

② 토공사(site work) : 굴토(excavation), 되메우기(back fill), 다짐(copaction) 등

③ 콘크리트공사(concrete work) : 콘크리트(concrete), 철근(re-bar), 거푸집(form), P.C.

④ 조적공사(masonry work) : 블록공사(block work), 벽돌공사(brick), 돌공사(stone)

⑤ 철공사(metal work) : 철골공사(structural steel), 잡철공사(misc. metal)

⑥ 목공사(wood and plastics) : 목조공사(rough carpentry), 목마감공사(finish carpentry)

⑦ 방수·단열공사(thermal and moisture protection) : 방수(waterproofing), 단열(insulation), 지붕(sheet metal), 코킹(sealant)

⑧ 창호공사(doors and windows) - 창호공사, 금속공사(hardware). 유리공사(glass and glazing)

⑨ 마감공사(finishes)

i) 외부마감(exterior finish)

ii) 내부마감 : 바닥(flooring), 벽(plastering), 천장(ceiling)

iii) 도장공사(painting)

⑩ 잡공사(specialties)

⑪ 기구설치공사(equipment)

⑫ 가구공사(furniture and furnishing)

⑬ 특수공사(special construction)

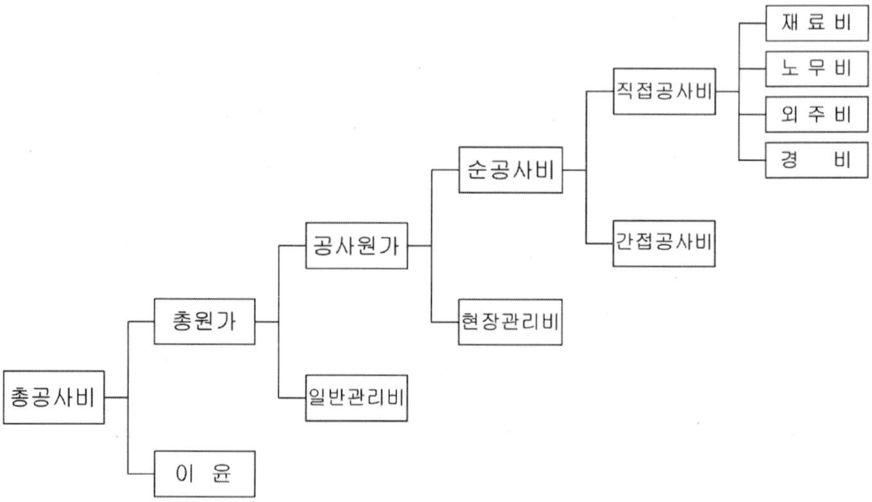

<그림 10-6> 공사비 구성

공종에 따라 산출된 수량에 단가를 곱하여 금액을 계산한 후 모든 금액과 부대비용을 합하여 총공사비를 산출하는 것을 견적이라고 한다.

총공사비는 보통 그림과 같이 분류한다.

① 재료비 : 가설 또는 공사목적물을 구성하기 위한 소재, 반제품, 제품 등의 비용

② 노무비 : 공사목적물을 위해 직접 또는 보조작업에 종사하는 노무자에게 지급하는 비용

③ 외주비 : 공사재료, 반제품, 제품의 제작공사의 일부를 외부에 위탁하고 지급하는 비용. 재료비와 노무비를 구분하여 계산함이 원칙

④ 경비 : 공사현장에서 발생하는 순공사비 이외의 관리비. 전력비, 운반비, 기계경비, 특허권사용료, 지급임차료, 시험검사비 등.

견적에 쓰이는 단가는 일종의 복합단가로서 일위대가라고 부른다.

<표 10-3> 1.0B 시멘트벽돌쌓기(표준형) 일위대가표

품 명	규 격	단 위	수 량	재료비		노무비		경 비		비 고
				단 가	금 액	단 가	금 액	단 가	금 액	
시멘트		kg	168.3	46.86	7,886					
모 래		㎥	0.363	9,000	3,267					
조적공		인	1.6			61,121	97,793			
인 부		인	1.23			31,886	39,195			
계					11,153		136,988			148,141

견적이 끝나면 시공자를 선정하여 시공계약을 체결해야 하는데 정부공사나 대규모의 공사에서는 보통 입찰에 의한 계약을 하게 된다.

발주자의 건축물에 대한 수요와 요구조건이 설계도서로

표현된 후 , 입찰참가자들이 제출한 제안서(가격 및 기술제안서)를 평가하여 최종적으로 낙찰자를 선정하여 계약을 체결한다.

우리나라 공공공사에서의 입찰 및 계약절차는 입찰공고, 현장설명, 입찰서작성 및 제출, 개찰 및 낙찰, 계약보증금 납부, 계약체결의 단계로 진행되는데 계약의 방식 및 공사의 규모, 종류 등에 따라 각 단계별로 소요되는 시일과 낙찰자의 선정방식은 다소 상이하다.

(2) 시공 및 감리

시공이란 현장에서 건축물을 실제로 구현하는 작업으로서 공정관리, 품질관리, 안전관리, 원가관리 등의 세부관리계획을 세워서 추진해야 한다.

공정관리를 위해서는 PERT/CPM으로 짜여진 공정표를 이용하기도 한다.

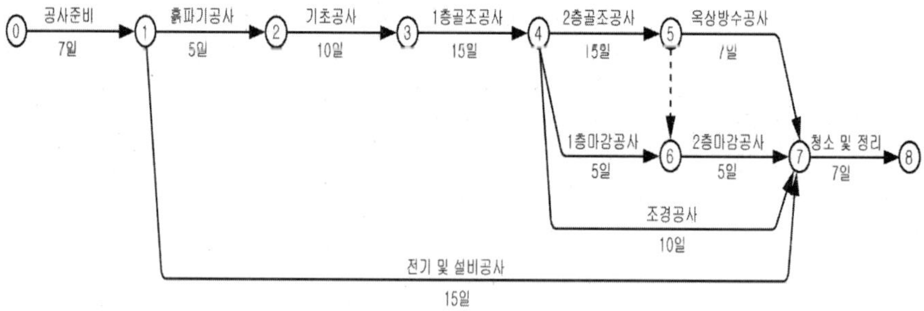

<그림 10-7> CPM 공정표

감리는 건축주의 의뢰를 받아 전문지식과 기술 및 경험을 활용하여 공사현장에서 시공자가 설계도서나 관계법규에 맞게 공사하는지를 점검, 확인하며 공사관리 및 기술지도를 하는 업무이다.

10-2-4. 유지관리

시공이 끝나면 건축주는 시설물의 안전성을 확보하면서 목표기간 동안 최적성능을 유지하도록 관리해야 한다. 과거에는 시설물의 설계단계에서 초기투자비 위주로 설계를 하였으나 최근에는 에너지 비용의 가격상승과 설비의 고도화로 유지관리비가 차지하는 비중이 커져서 초기투자비와 함께 유지관리비를 고려한 설계 및 시공을 하여야 한다. 유지관리비까지 포함시켜 투자분석하는 방법을 LCC (life cycle costing)라고 한다.

10-3. 건축 프로젝트 참여자

하나의 건물을 만들기 위해서는 다양한 분야의 사람들이 공동으로 참여하게 된다. 건축 프로젝트를 발주하고 소유하게 되는 건축주, 설계하고 전문기술을 컨설팅 하는 건축가, 전문컨설턴트, 건물을 현장에서 시공하는 시공자, 그 외에 건물을 사용하는 사용자, 시민, 건물 관리자 등이 포함된다.

<표 10-4> 프로젝트 참여자

참여자	세부 내용	참여자	세부 내용
관공서	지방, 중앙정부	PM	PM, CM
건축주	개인, 기업, 정부	감리자	감리회사, 설계자
시행자	시행전문가, 금융전문가,	관리자	유자관리, 해체전문가
설계자	건축가, 컨설턴트	사용자	공공시설, 주택, 상업시설사용자
시공자	건설회사, 전문회사	시민	지역주민, 언론, NGO

좋은 건축은 참여하는 모든 사람들의 원활한 협동 체계 속에서 의하여 이루어진다. 효과적인 협동 체계를 위해서는 구성원들 사이의 책임과 의무 관계가 명확하고 그들이 좋은 팀워크 속에서 원활한 커뮤니케이션을 이룰 수 있어야 한다. 그러나 근대적인 계약 관행에 미숙한 국내에서는 아직도 참여자들 사이에서 책임과 의무 관계가 불분명

하여 비효율적인 프로젝트를 수행하고 있는 경우도 드물지 않다.

10-3-1. 건축주

건축주는 건축 행위에 투입되는 자원에 대한 재정을 지불하고 완성된 건축물을 소유하게 된다. 건축주는 건축사업의 시행자, 혹은 발주자로서 역할을 수행한다. 최근에 재정 부담과 사업의 시행 방법이 다양하게 개발되어 건축주와는 별도로 이루어지는 경우도 간혹 있다. 그러나 대부분의 건축 프로젝트에서는 최종적인 의사 결정권이 건축주에게 있다. 그러므로 프로젝트를 성공적으로 이끌기 위해서는 건축주가 어떠한 방식으로 의사결정을 내리는지 알아볼 필요가 있다.

건축주가 설계안을 채택하는 방식에는 건축물의 품질에 높은 비중을 두는 품질우선(qualification based selection), 공사비 등 건설비용에 비중을 두는 가격우선(cost based selection), 건축적 디자인을 높이 사는 디자인우선(design based selection)의 유형으로 구분할 수 있다. 또한, 건축주의 가치 체계는 사업의 성공 여부에 중점을 두는 성과(promotion)중심, 건축물 자체에 가치를 두는 건축(product)중심, 아는 사람에게 일을 맡기고 싶어 하는 인맥(people)중심, 지역성을 따지는 지연(place)중심, 경제적인 이익에 관심이 높은 경제성(price)중심으로 구분하고 있다.

건축주의 의사결정 방법과 가치 체계를 정확히 파악해서 시행착오를 최소화하는 것이 바람직할 것이다. 아울러 프로젝트 수행 초기에 건축주를 만나면 건축주의 재정적인 건전도, 프로젝트 수행 능력, 프로젝트의 범위와 형식, 건축주의 요구사항, 입찰 계획 및 건물 입주 계획 등에 대한 것을 파악하여 건축을 할 필요가 있다.

좋은 건축은 좋은 건축주로부터 시작된다는 말이 있다. 건축 전문가는 건축주와 긴밀하게 협조하고 세심하게 배려하여 고객인 그가 좋은 건축주가 될 수 있도록 노력해야 한다.

10-3-2. 건축가

근대적인 산업이 발전하기 이전에 건축가는 집을 짓는데 관계되는 모든 일들을 도맡아 수행하였다. 전통 건축에서의 도목수는 그러한 역할을 해왔다고 볼 수 있다. 건축 과정이 세분화되고 복잡해진 오늘날, 건축가는 건축주에 의해서 요구된 건축을 설계하는 역할을 주로 수행하게 된다. 경우에 따라서는 건축주를 도와 건축 사업의 기본 방향을 정하는 기획 업무에 컨설팅하기도 하고 설계된 건축이 제대로 건설되는 가를 감리하는 역할을 수행하기도 한다.

건축가의 업무를 원활히 수행하기 위해서는 건축가는 전문적인 건축 분야의 설계 능력을 갖고 있어야 한다. 설계 과정에서는 개방형 문제를 해결하기 위하여 여건을 분석하고 대안을 종합하여 창의적으로 해결안을 도출하는 문제해결 능력이 요구된다. 또한 프로젝트 수행 과정 중에 조직과 인력을 이끌고 갈 리더로서의 자질도 건축가에게는 요구되고 있다. 구성원들 사이에서 의견을 조율하여 합의점을 도출하고 시너지 효과를 창출할 수 있는 열린 마음과 긍정적 자세를 지닌 코디네이터(cordinator)로서의 역할이 요구된다. 이러한 소양은 하루아침에 이루어지는 것이 아니므로 시행착오를 두려워하지 말고 기회가 있을 때 마다 꾸준히 노력하여 발전시켜야 한다.

10-3-3. 전문 컨설턴트

건축은 기획, 설계, 시공에 이르기까지 다양한 분야의 전문가가 능동적으로 협조할 때 총체적으로 발전할 수 있는 산업분야이다. 하나의 건물을 완성하기 위해서는 건축뿐 만아니라 구조, 설비, 코스트, 토목과 조경 등 외부공사와 관련된 분야에서 다양한 전문가의 도움과 협조가 필요하다. 전문 컨설턴트는 각기 책임진 분야와 전체 과정에 있어서 최고의 전문지식을 지닌 의사 결정권자로서의 역할을 하게 된다.

전문 컨설턴트도 건축가가 건축이라는 전문분야에서 그

렇듯이 각기 전문 분야에서 문제해결 능력과 더불어 팀워크, 커뮤니케이션, 설계능력 등을 고루 갖고 있어야 한다. 자칫하면 전문 컨설턴트는 엔지니어로서 주어진 문제의 해석 및 분석이라는 공학적 문제풀이 능력만 요구되는 것으로 한정하기 쉬운데, 이는 사실과 다른 것으로 주의를 기울여야 한다.

건축가와 전문 컨설턴트의 관계는 서로 수평적 협조 관계를 유지해야 한다. 건축가와 전문가와의 관계를 수직적이고 지배적인 관계로 잘못 오해하는 경우가 종종 있다. 소중한 파트너인 전문가를 아이디어 뱅크로서 적극적으로 활용하지 못하고 수동적인 기능 인력으로 전락시키는 경우가 주변에 허다하다. 전문가의 능동적이고 창의적인 협조를 얻지 못하게 되면, 건축가는 다양한 아이디어를 창출할 기회를 상실하게 된다.

아직도 각 전문 분야의 역할 분담이 애매모호한 상태에 있는 우리의 현실에서 전문가들 사이에서 유기적인 협조 체제가 이루어지지 못하고 있는 것은 안타까운 일이다. 미분화 된 채 건축가 중심에 머물러 있는 우리의 전문 컨설턴트 협조 체계는 건축 발전에 상당한 장애가 되고 있는 것이 사실이다.

10-3-4. 시공자

시공은 건축의 5단계 수명주기 중 기획, 설계 다음 단계에 해당되는 말이다. 건축, 구조, 설비, 토목 및 조경 등 모든 전문 분야에서 설계된 도면에 의해 지상에 실제로 대상물이 만들어지는 단계를 나타내는 말이다. 시공이라는 말이 건축, 구조, 설비 등의 전문 분야와 서로 배타적인 관계인 것으로 사용되는 관행은 다소 오해가 있는 것으로 생각된다.

시공자는 설계 도서를 근간으로 이루어진 계약에 의해 공사를 수행하는 사람이다. 건축공사는 주어진 시간과 비용 안에서 요구하는 품질의 건물을 생산하는 것을 목표로 하고 있다. 그러므로 시공자는 동원 가용한 인적, 물적 자원을 활용하여 최적의 비용과 품질을 제 기간 안에 생산해 낼 수 있는 능력이 있어야 한다. 시공자는 개인적으로 활동을 하는 경우도 있지만 대부분 시공회사에 소속되어 프로젝트를 수행할 때마다 현장에 필요한 팀을 구성하게 된다. 건설 현장을 책임지는 소장의 역할은 단일 회사 사장의 역할과 흡사하기도 하다.

시공회사는 종합 건설회사와 전문 건설회사로 구분된다. 종합 건설회사는 모든 전문 분야의 시공을 수행할 수 있는 조직과 능력을 갖고 있으며, 전문 건설회사는 각기 해당 전문 분야에 한해서 시공을 수행할 수 있다. 건설회사는 영업, 업무, 재정, 인사와 관련된 일반 회사 조직과 개발 및 계약, 기술지원, 공사 수행과 관련된 건설관련 전문조직으로 구성되어 있다. 종합 건설회사는 발주처로부터 모든 분야의 공사를 일괄 수주하는 본도급자가 되며, 전문 건설회사와는 하도급이라는 계약관계에 의해 공사를 수행하게 된다.

10-3-5. 프로젝트 매니저 (PM : project manager)

프로젝트 매니저는 프로젝트를 책임지고 경영하는 project management의 전문가다. 건설 분야에서 CM(construction manager)라고 전문화하여 사용하기도 한다. 일반적으로 각기 전문 분야에서 15년 이상의 경험을 쌓은 후 전문지식과 경영능력을 겸비하게 되면 PM 역할을 수행하게 된다. 다양한 사람들의 상반된 이해관계 속에서 공동의 목표를 달성하기 위해서는 복잡한 프로세스와 다양한 조직을 이끌고 갈 능력 있는 PM이 필요하며, 프로젝트의 성공과 실패는 바로 PM에 달려 있다고 해도 과언이 아니다. PM은 프로젝트의 특성에 따라 다양하게 정해질 수 있다. 관행적으로는 기획 단계에서는 기획 컨설턴트, 설계 단계에서는 건축가 및 전문 컨설턴트, 시공 단계에서는 시공회사에서 PM의 역할을 맡게 된다. 국내에서는 대규모 프로젝트에 한하여 전 과정을 통틀어서 동일한 PM이 수행하는 경우도 있다.

10-4. 전문가의 소양

건축 행위는 개인의 욕구 충족의 차원을 넘어 국가 경제, 사회 및 문화재로서 가치도 동시에 창출해야 하는 공익성을 지니고 있기에 보다 높은 수준의 소양을 요구하고 있다. 건축에 종사하는 전문가는 산업계, 관계, 및 학계 등 다양한 분야에서 일하게 된다. 건설전문가에게는 공통적으로 전문지식과 창의력, 판단력, 리더십, 신뢰성, 윤리의식과 도덕성이 필요하다. 특별히 설계사무소, 시공회사, 엔지니어링회사 등 산업계에서 종사하려는 사람은 사업을 추진하는 실행력, 구성원의 이해관계를 조절하는 설득력 및 결단력이 필요하다. 공직에 근무하고자 하는 사람은 공공심, 결단력이, 학계 및 연구 전문직에 종사하고자 하는 사람은 독창력, 조정능력 등이 필요하다.

10-4-1. 창의력

건축 행위에서 높은 부가가치를 창출할 수 있는 곳은 설계 부분일 것이다. 설계의 종류도 문제의 유형에 따라 정형화된 것에서부터 고도의 창의력이 필요한 부분까지 다양하다. 설계를 문제해결 수준에 따라 구분하면 선택설계(selection design), 배치설계(configuration design), 변수설계(parametric design) 및 창의적 설계(original design) 4단계로 구분할 수 있다. 선택설계의 예는 카탈로그에서 적당한 품목을 선정하는 것과 같은 것이고, 배치설계는 건축 평면 배치와 같은 설계이며, 변수 설계는 건물의 형상비 등과 같이 설계변수의 크기를 결정하는 것과 같은 설계이다. 창의적 설계는 롱샹교회와 같이 사고의 전환과 발상이 요구되는 설계이다.

그 중에서도 우리가 가장 관심을 끄는 것은 창의적 설계 부분이다. 왜냐하면 창의적 설계가 건축 전문가의 고유 영역인 동시에 부가가치 또한 가장 높기 때문이다. 창의력을 기르기 위해서는 자유롭게 사고하고 표현하는 습관이 요구된다. 그러나 자유로운 사고는 고정관념에 의해 저지당하고 있다. 자유로운 사고를 저해하는 요인으로는 인식의 장애(perceptual barriers), 문화적 장애(cultural barriers), 환경적 장애(environmental barriers), 감성의 장애(emotional barriers), 지식의 장애(intellectual barriers) 등이 있다.

이러한 장애 요인의 극복을 위해서는 수평적 사고(lateral thinking), 브레인 스토밍(brainstorming)과 같은 사고력 확장 훈련과 아이디어를 교환하는 습관이 필요하다.

창의적 문제해결 과정 단계를 보면 준비(preparation), 숙성(incubation), 도출(illumination), 검증(verification)으로 구성되어 있음을 알 수 있다. 이 가운데에서 문제의 해결이 도출되는 단계를 '유레카 현상'(Eureka phenomenon)이라고 한다. 이러한 현상이 일어나기 위해서는 반드시 장기간의 숙성기간을 필요로 하는 것을 알 수 있다. 그러므로 창의력을 기르기 위해서는 집중력을 갖고 밀도 있는 사고(intensive thinking)를 지속하여 끝까지 문제를 해결하는 훈련이 필요하다. 중도에서 쉽게 포기하거나 타협하기 보다는 다소 부족하더라도 생각을 발전시켜 본인의 의도를 관철하려는 노력이 필요하다.

창의적인 소양은 타고나는 것이기도 하지만 끊임없는 노력에 의해 서서히 성장하는 것이기도 하다. 상상력과 창의력을 기르기 위해서는 그에 장애가 되는 고정된 관념을 가급적 탈피하고자 열린 마음으로 다양한 시도를 포함하여 새롭게 도전하는 자세가 필요하다.

10-4-2. 팀워크와 리더십

건축 과정에서 흥미로운 면은 설정한 목표와 성과물의 정의가 끊임없이 조율되어 새로운 가능성이 생겨나며 마침내 프로젝트의 성격을 규정하게 된다는 점이다. 다양한 가능성들이 건축주, 설계자, 컨설턴트, 시공자들의 상호교류에 의해 성장하기에, 서로 이해하려 노력하며, 돕고, 융통성을 발휘하며, 열린 마음으로 다른 전문가의 의견을 경청하고 수용하는 자세가 필요하게 된다. 이를 위해 고도의 교육과 잘 훈련된 전문가의 틀 안에서 원활하게 형성되는 협동하는 서비스 모델의 구축을 위해 꾸준히 노력해야 한다. 자주 사용되는 건축 서비스 모델로는 협업(collaboration), 팀 작업(team builder), 전문가 자문(trusted-advisor model) 등이 있다. 프로젝트에 따라 적당한 모델을 적용하여 건축 전문가는 팀워크와 리더십을 함양하여 서비스의 품질이 향상될 수 있도록 노력한다.

10-4-3. 윤리 의식

국내에서는 건설 산업에 종사하는 사람들은 종종 뇌물, 수뢰, 지위특권남용, 국가기밀누설, 소득은폐, 정보은닉, 폭력단, 사기, 공갈 협박과 같은 비윤리적 사건에 쉽게 노출되기도 한다. 이러한 관점에서 건설 전문가가 이해해야 할 윤리관에 대해서 알아보면 다음과 같다.

나라에 따라 전문가에게 요구하는 윤리적 가치 기준의 적용이 다소 차이가 있다. 예를 들어 미국과 독일에서는 '네가 바라는 바를 남에게 하라' 라는 적극적인 자세를 강조하는 황금률이 적용되고 있으며, 일본에서는 '네가 바라지 않는 것을 남에게 하지 마라' 라는 엽은의 무사정신을 강조하고 있다. 또한 규범의 실행에 있어서도 미국과 독일에서는 규범적이고 매뉴얼과 성문화된 관료적인 운영이 주류를 이루고 있으며, 한국과 일본에서는 연령자를 우대한다든지 하는 가족적 차원에 머물러 있다.

윤리적 인간이란, 스스로 고유의 가치관과 규범을 가지고 그에 따라 사회생활을 하고 있는 경우, 자기가 속한 집단의 고유 가치관과 규범을 자신의 것으로 하고 그에 따라 사회생활을 하는 경우, 보편적 가치관과 규범을 자신의 것으로 생각하고 거기에 따라 사회생활을 하고 있는 경우로 정의 되고 있다. 아직 전문직의 윤리 강령이 제정되어 활용되고 있지 않은 국내의 현실에서는 각자 균형 있는 가치관을 정립할 필요가 있다.

10-4-4. 인간 중시

건축에 종사하는 사람들은 건축 행위에 참여함으로써 자아를 실현할 수 있는 기회를 갖게 된다. 그러나 건축물이라는 대상물에 집착하다 보면 정작 건축주나 사용자가 사이에서 발생하는 인간적 가치는 가볍게 여기게 된다.

최근의 경향을 보면 건축 산업은 점차 훌륭한 건축을 만드는 상품 중심의 사고에서 발주자의 요구를 충족시키며 인간적으로 만족을 주는 서비스 중심으로 가치 변환이 일어나고 있다. 발주자를 감동시키기 위해서 전문성과 일반성(specialization vs generalization)의 조화, 서비스 범위의 확장(expanded service), 지속적 고객관리(client retention) 등에 대한 노력이 필요해 지고 있다. 점점 더 긴밀하게 인간관계를 유지해야 할 필요성이 증대하고 있는 것을 알 수 있다. 프로젝트에 성공하는 길은 건축물이라는 상품 그 자체보다도 건축주와 서로 인간적 가치를 공유하는 데에 있다는 것을 유념할 필요가 있다.

<표 10-5> 전문가의 가치

상품 중시 전문가	가치 중시 전문가
디자인을 통한 문제 해결	클라이언트와 함께 일하기
사람과 성과 관리	전체에 미치는 영향력 중시
불분명한 실행 과정	명쾌한 실행 과정
문제 해결 전문가 역할	신뢰할 수 있는 자문
프리젠테이션 능력	매끄러운 진행
클라이언트 교육	해결과정 공유
무한 책임 부담	책임 분담
전문적 해석	눈높이 설명
클라이언트 요구 사항 만족	성과 예측 및 경영
협상력	프로젝트 문제점 인식 및 조정

10-5. 건축 프로젝트와 대가

건축 전문가는 프로젝트 수행을 위한 서비스를 제공하고 그 대가를 받게 된다. 건축 서비스의 대가는 비용 대가(fee-based), 전문서비스 대가(services), 가치 대가(value-position)로 구분된다. 비용 대가는 직접 투입된 비용에 의해 산출되고, 전문서비스 대가는 전문가의 지식을 활용한 것에 대한 비용으로 산출되며, 가치 대가는 건축 행위에 의한 부가 가치 상승에 의해서 산출된다.

서비스 대가를 책정하는 방법에는 발주자 요구조건, 서비스 범위, 서비스 내용, 리스크 및 여유 비용, 기업 가치와 이익, 기존사례 비교 등이 사용되고 있다. 대가의 지불방식에는 고정비용방식, 실비방식, 단가방식 및 공사비지분방식 등이 사용되고 있다.

서비스의 정상적인 대가는 건축 산업의 발전을 위해 가장 중요한 조건이다. 그러나 오랜 전통에 의해 직접 투입된 노동력에 국한된 서비스의 대가를 지불 받고 있는 국내의 현실은 암담하기까지 하다. 이러한 관행을 극복하기 위해 건축 서비스 대가의 속성에 대한 이해와 이를 바탕으로 건축주를 설득하려는 노력이 절실히 요구되고 있다. 건축에 종사하는 전문가는 각각 전문지식에 대한 서비스와 가치 상승에 대한 대가를 정상적으로 지불받도록 노력해야 할 것이다.

10-6. 분쟁과 조정

건축 프로젝트를 수행하다 보면 참여자들 사이에서 이해관계가 대립되어 원만하게 해결되지 못하면 분쟁이 발생하게 된다. 설계도서는 건축 프로젝트 계약의 주요한 계약 문서가 된다. 그러므로 설계서의 내용이 불분명하거나, 누락, 오류, 상호모순, 현장의 내용이 설계도와 다른 경우에는 분쟁의 가능성이 높아진다. 또한 새로운 기술, 공법의 사용으로 공사비 절감, 공기단축 등 효과가 현저

할 때, 기타 발주기관이 설계서 변경을 요구할 때 설계변경 행위가 발생할 경우, 준공대가의 지급, 지체상금의 지급, 기타 손해배상에 관한 책임과 관련하여 분쟁이 발생하게 된다.

건설 분쟁의 처리절차는 일반적으로 클레임(claim), 협상(negotiation), 조정(mediation), 중재(arbitration), 소송(litigation)의 5단계가 있다. 클레임은 계약 당사자 간에 인정된 이의 제기로 원 건설계약의 조건에 더하여 추가적으로 발생되는 원 계약 이외의 모든 부가적인 사항에 관한 모든 것을 포함한다. 클레임의 통지는 문서 행위로 해야 그 효력을 인정받을 수 있음으로 서면으로 정당한 요구를 받았을 때는 이를 성실히 검토하여 회신해야 한다. 협상은 당사자간에 타결이 도출되는 최선의 해결책이다. 조정은 제3자인 조정인(mediator)에 의해 타결이 도출되는 것으로 제3자는 조언하되 결론은 내리지 않고 다만 화해를 유도할 뿐이다. 중재는 분규 당사자간의 합의로 선정한 3인의 중재위원들이 결정을 내리는 절차로 대안해결방법(alternative dispute resolution)의 일종이다. 소송은 사법적인 절차에 따라 전문적이고 객관적인 법관의 판단에 따르는 방법이다.

모든 분쟁은 발생하면 해결에는 시간과 비용이 발생하기 마련이다. 그러므로 분쟁을 최소화하기 위해서는 계약의 근거가 되는 설계도서의 완벽한 작성이 무엇보다도 중요하다.

10-7. 자료와 정보

건축 프로젝트의 성공 여부는 얼마나 풍부한 자료를 리서치 했는가에 달려 있다고 해도 과언이 아니다. 그러므로 프로젝트를 효과적으로 수행하기 위해서는 다양하고 풍부한 자료의 리서치가 필수적이다. 우리 주위에는 다양한 정보가 정리되어 제공되고 있으므로 조금만 관심을 갖고 주변을 둘러보면 <표 10-6>에서와 같이 프로젝트 수행에 필요한 자료는 어렵지 않게 찾아볼 수 있다.

자료의 리서치에 못지않게 중요한 것은 정보 및 기술을 프로젝트 참여자 사이에서 공유하고 수평적으로 원활하게 교환하는 것이다. 지식 정보화 시대를 현명하게 대처하는 방법 중의 하나는 함께 정보를 찾고, 함께 공유하는 것이다. 아직도 우리는 전문가들 사이에서 정보를 교환하며 공동으로 문제를 해결하는 데 익숙하지 않다. 팀 작업을 통해서 원활한 휴먼 인터페이스를 구축하고 체험하여 정보의 폐쇄성이라는 문화적 폐단을 없애기 위하여 지속적으로 노력해야 할 것이다.

<표 10-6> 자료의 위계

순 서	자 료	순 서	자 료
1	전문분야 사전	6	논문, 보고서
2	백과사전	7	잡지
3	핸드북, 매뉴얼	8	카탈로그, 소책자
4	표준자료 모음집	9	인터넷
5	전문서적	10	현장 답사

또한 프로젝트의 과정은 계속해서 반복되기 때문에 한 번 사용된 자료는 폐기 처분하거나 개인의 소장품으로 간직하기 보다는 체계적으로 정리 하여 다음 프로젝트에 활용될 수 있도록 해야 한다.

■ 읽을 거리 ■

- 한국건설산업연구원 편저, *건설관리 및 경영*, 보성각, 1997
- Jack R. Meredith et al., *Project Management*, Wiley, 1995
- James J. O'Brien et al. *CPM in Construction Management*, McGraw-Hill, 1999
- 안용선·김진호 공역, *21세기의 건설관리와 신공법*, 보성각, 2001
- PMI Standards Committee, *A Guide to The Project Management Body of Knowledge*, 1996

제 11 장 집이 모여 동네가 되고 동네가 모여 도시가 된다

김 선 범

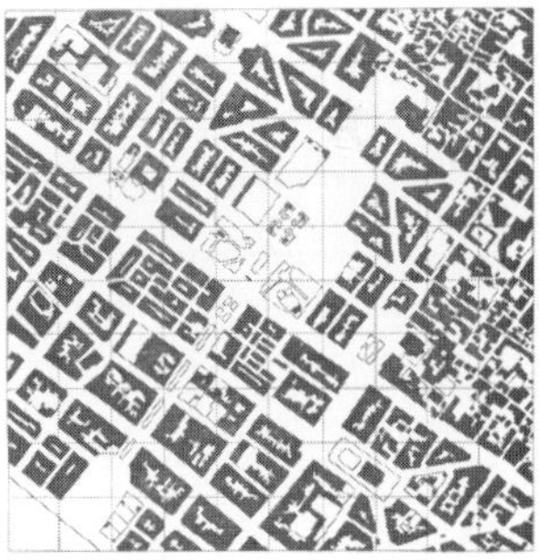

11-1. '도시'란 무엇일까?

11-1-1. 도시의 개념

일찍이 미국의 소설가 헨리 처칠(Henry Churchill)은 '도시란 사람이다'라고 말했다. 그렇다면 '사람'이란 무엇인가? 이 답도 그리 간단치 않다.

인간은 모든 동물과 같은 생물학적인 신체구조를 갖고 있지만 다른 동물과는 달리 이성과 사상, 윤리와 철학 등을 갖고 있는 복잡하고 특별한 생명체이다. 그만큼 인간을 정의하기란 쉽지 않다. 도시를 사람에 비유한 것도 도시가 우리 인간처럼 아주 복잡하고 한 마디로 정의하기가 쉽지 않다는 의미일 것이다. 다시 말하면 인간을 정의하는 것만큼이나 도시를 정의하기는 어려운 문제이다.

<그림 11-1> 현대의 대도시(독일/Frankfurt)

도시에 대한 여러 개념 중에서 의미 있는 것은 도시와 자연, 혹은 도시와 자연[농촌]의 관계를 빌어 정의한 것이다.

18세기 영국의 시인 윌리엄 쿠퍼(William Cowper)는 '신(神)은 자연을 만들었고 인간은 도시를 만들었다'(god made the country, man made the town)고 말하였다. 이 말은 무엇을 의미할까? 자연은 조물주의 의지로, 다시 말해서 인간의 의지가 아닌, 인간의 차원을 넘어서 존재하는 것이라면, 도시는 인간이 만들어 낸 인간 차원의 피조물이라는 의미이다.

한편으로 도시는 자연과 달리 지역적, 인문적, 사회적 특성 등이 상대적으로 다른 개념이라는 의미이기도 하다.

흔히 도시를 '살아있는 유기체'(living organism)라고 한다. 이것은 인간처럼 살아 움직이는 유기체적 요소가 아주 흡사하여 그렇게 부르게 된 것이다. 사람은 태어나서 늙고 병들어 죽는 생노병사의 존재이다. 도시도 새로 태어나고[신도시] 늙고[역사도시, 구도시] 병들어[공해도시] 사라지기도[죽음의 도시] 한다. 단지 그 수명이 인간과 달리 아주 길 뿐이다. 또 인간은 유년기-청년기-노년기의 성장단계를 거치는 것과 마찬가지로 도시도 성장과 쇠퇴의 과정을 거친다. 인간은 아침이 되면 잠에서 깨어 식사를 통해 열량을 섭취하고 그 에너지로 낮 동안 활동하다가 저녁이 되면 일과를 마치고 집으로 돌아와 휴식을 취하고 잠자리에 든다. 이 과정에서 체내의 노폐물[대소변, 땀, 배기]을 배출한다.

도시도 그렇다. 도시도 아침이 오면 잠에서 깨어 하루의 활동을 시작하고 밤이 되면 활동을 멈춘다. 이 과정에서 도시는 전기, 가스, 석유 등 여러 에너지를 사용하여 활동하고 생산하고 그 결과로 쓰레기[생활쓰레기, 산업폐기물]나 노폐물[생활하수, 공장폐수, 배기가스]을 배출한다. 이런 면에서 보면 도시와 인간은 아주 유사한 유기체적 순환체계를 갖는 존재인 것이다.

도시는 영어로 town, city, urban, civic 등으로 다양하게 쓰인다. 이 말들은 모두 같은 어원에서 파생되었고 규모나 성격에 따라 다르게 일컬어져왔다. 현재 도시의 영어식 표현으로 가장 많이 쓰이는 'urban'의 어원은 라틴어 'urbanu'에서 연유하였는데 '중심, 원, 뜰, 마당'이라는 의미이다. 슬라브어 'gorod'도 마찬가지다.

재미있는 것은 옛 부터 사용되던 도시 이름이나 지명의 어미(語尾)가 동서양이 모두 '성곽'(城廓)을 의미했다는 사실이다. 우리나라의 한성(漢城-서울), 화성(華城-수원), 완산성(完山城-전주), 개성(開城) 등은 물론, 일본의 오사카(大阪), 도쿄(東京), 중국의 베이징(北京) 등도 모두 성곽도시였다.

서양의 도시도 예외가 아니어서, 폴리스(polis)는 고대 그리스의 아크로폴리스(Acropolis;언덕 위의 도시)에서 시작하여 현대에 와서도 기술도시(technopolis), 생태도시(ecopolis), 농업도시(agropolis) 등으로 쓰이고 있다.

뿐만 아니라 독일, 프랑스, 영국, 러시아 등지의 도시명이나 지명에 어미로 쓰였던 -burg(Hamburg), -bourg(Strasbourg), -burgh(Edinburgh), -chester(Manchester), -gorod, -grad(Stalingrad=Volgagrad) 등도 모두 '성곽'이나 '요새'를 의미하는 것을 보면 무척 흥미롭다.

11-1-2. 도시의 정의

앞에서 살펴본 바와 같이 도시는 정의하기가 무척 어려운 존재임에도 불구하고 흔히 '살아있는 유기체', '기계'(machine), '온갖 악(惡)의 산실' 등 다양하게 일컬어져 왔고, 사람에 따라, 관점이나 시대에 따라 각기 다르게 정의되어 왔다. 도시는 인간에게 어쩌면 '영원한 미완성품'으로서 '영원한 수수께끼'로 남을지도 모른다.

여기서 도시를 한자의 어의로 해석해 보자.

도시(都市)의 '都'[도읍 '도']는 도읍(都邑), 도회지(都會地), 도성(都城), 도심(都心), 도호부(都護府), 도하(都下), 왕도(王都) 등에 쓰여 정치적, 행정적 중심지를 나타내며, 왕이 사는 장소로 나라의 수도를 뜻하였다.

한편 '市'[저자 '시']는 시가지(市街地), 시장(市場), 시전(市廛) 등에 쓰이는 말로 상업적, 경제적 중심지를 나타내며 물건을 사고 파는 곳[시장]을 뜻하였다.

따라서 도시란 都와 市의 합성으로 정치·경제 활동을 위해 많은 사람들이 모여 사는 장소, 성곽과 시장의 소재지이며 다수의 사람이 모이는 곳으로 정의할 수 있다.

그리이스의 건축가이자 도시계획가인 독시아디스(C.A.Doxiadis)는 그의 저서 <에키스틱스>(Ekistics)에서 도시의 공간위계

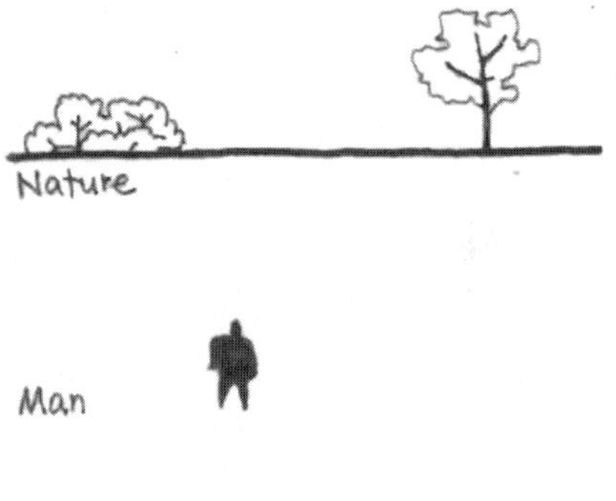

<그림 11-2> 독시아디스의 인간정주의 5요소

를 다음과 같이 설명하였다. 가장 작은 공간 단위를 man(한 사람)으로 보고 다음으로 몇 사람이 들어가는 room(방), 그리고 사람이 늘어나 가족의 dwelling unit(주거단위)가 되고, 이것이 모이면 neighborhood(이웃)이 되고, 다시 이웃이 모여 small town(작은 도시)과 town(도시)이 되고, 도시가 모여 metropolis(대도시)가, 대도시가 모여 megalopolis(거대도시)가, 거대도시가 모여 도시화 대륙(urbanized continent)이, 이것이 모여 궁극적으로 세계도시, 즉 에큐메노폴리스(Ecumenopolis)가 된다고 설명하였다.

지금까지 수많은 사람들이 도시에 대하여 나름대로 정의를 내려왔지만 아직까지 정답은 없다. 사람을 정의하기 어려운 것처럼 도시를 정의한다는 것이 간단한 일이 아니고 아주 어려운 일이기 때문일 것이다. 아마도 도시를 정의하는 일은 인류의 영원한 숙제일지도 모른다.

<표 11-1> 독시아디스의 정주체계

커뮤니티 규모	면 적	인 구	대분류
man	3㎡	1	근 린
room	15㎡	2	
dwelling	50㎡	4	
dwelling group	0.005㎢	40	hamlet
small neighborhood	0.03㎢	250	
neighbohood	0.2㎢	1,500	
small town	1.2㎢	9,000	도 시
town	7㎢	5만	
large city	40㎢	30만	
metropolis	300㎢	200만	
conurbation	5,000㎢	1,400만	
megalopolis	8만㎢	1억	
urban region	80만㎢	7억	대도시권
urbanized continent	600만㎢	50억	
Ecumenopolis	4,000만㎢	300억	

지금까지 많은 도시학자나 문명사가, 문학자 들이 나름대로 도시를 정의하여 왔는데, 몇 가지만 살펴보면 다음과 같다.

도시란?

□ Lewis Mumford (美/도시문명비평가/The City in History/1961)
- "도시는 시민이 평등한 입장에서 대화하며 상호 변증법적으로 향상되어 가도록 마련되어 있는 장소"
- "도시는 자체의 언어를 갖고 있는 인간의 위대한 예술품"
- "도시는 사회행위의 예술이며 극장"
- "도시는 가능성의 상징이며 이념의 투영(ideal projection)"
- "도시는 개인 조직이나 모든 기관의 활동을 유지·확장하도록 에너지를 투입·배분·규제하기 위해 고안된 정교한 용기(容器,container)"

□ Claude Levi-Strauss (Tristes Tropigues/1974,슬픈 열매)
- "도시는 교향곡, 시(詩), 인간의 가장 뛰어난 발명품"

□ Oswald Spengler
- "인간은 도시를 세운 동물"
- "모든 위대한 문화는 도시를 탄생시켰고, 세계 역사는 도시인의 역사"
- "도시는 그 자체의 문화를 갖고 있으며, 문화인에게는 집과 같다."

□ Max Weber
- "도시는 인구가 집중되어 밀도가 조밀한 것이 그 표징"

□ William Cowper (英/시인,18c)
- "God made the country, man made the town"
  (신은 자연[농촌]을 만들었고, 인간은 도시를 만들었다.)
- "도시는 계획된 지역사회"(planned community)

□ Henry Churchill (美/소설가)
- "도시는 사람이다." cf. Sir Winston Leonard Spencer Churchill(英/정치가)

□ 平川保一
- "도시는 다수 인구가 밀집되어 정치적·상공업적·문화적·군사적·소비적 요소 중 둘 이상의 요소를 가져야 한다."

□ Louis Wirth (Urbanism as a way of life/1938)
- "relatively large, dense & permanent settlement of socially heterogeneous individuals"(사회적으로 이질적인 개인들이 비교적 대규모로, 밀집한 영구적 취락)

□ Graham Greene (The Lawless Roads/1971)
- "사람이 도시를 어떻게 표현할 수 있는가? 나이든 거주자라도 그건 불가능하다. 단지 하나의 단순화된 것(계획안, 집, 공원 등)만을 (전체의 상징으로서) 표현할 뿐이다."

□ 藤田弘夫 (후지다 히로오)
- "도시는 인간의 다양한 모습을 비추는 거울"

11-1-3. 도시의 발생과 진화

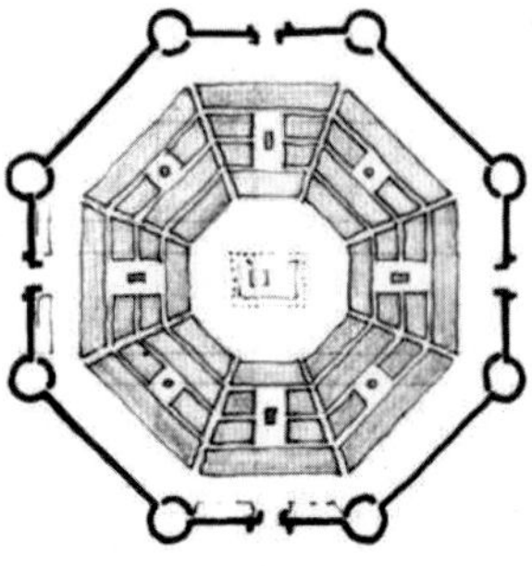

<그림 11-3>
Vitruvius의 이상도시

도시는 언제 어떻게 태어났고 어떻게 발전하여 왔을까?

한 마디로 도시는 인류의 문명과 그 기원을 같이 해왔다. 인류가 존재하는 곳에 도시는 존재해 왔고, 도시가 존재한다는 것은 바로 인간이 살고 있다는 반증이기 때문이다.

독일의 철학자 슈펭글러(Spengler)는 '세계사는 도시의 역사'라고 했고, 인간의 역사는 전쟁의 역사라고 말한다. 도시는 인류문명의 발상과 궤를 같이 해왔다면 그 발생지도 인류문명의 발상지와 같이 하천이나 강을 끼고 발생하거나, 도로의 결절점을 이루는 곳에, 각종 자원이 모이는 중심지에, 정치 · 행정 · 문화의 중심지에서 발생하게 마련이었다.

그렇다면 지구상에서 가장 오래된 도시는 언제 쯤 생겼을까?

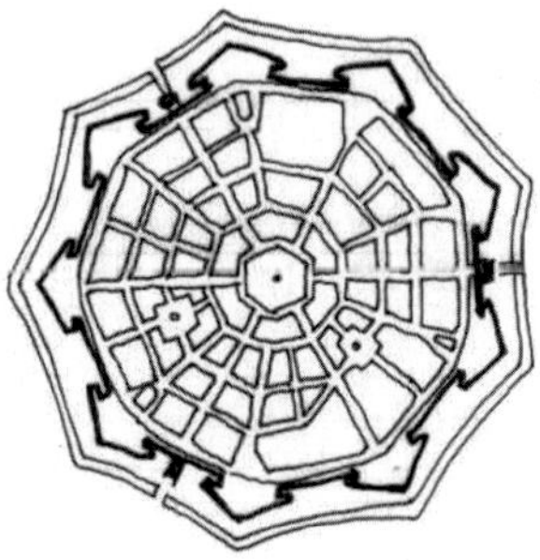

<그림 11-4>
Scamizzi의 이상도시
(Palma Nuova)

아직도 최고(最古)의 도시가 새로 밝혀지고 있으나 현재까지 학술적 · 박물적으로 검증된 고대도시의 기원은 기원전 4000년 경까지 거슬러 올라갈 수 있으며, 특히 세계 4대강 유역, 특히 메소포타미아에서 발생한 도시를 꼽을 수 있다. 세계문화의 발상지인 4대강 유역에 도시나 도시계획 문화도 발달하였다.

이후 중세에 접어들면서 도시는 거의가 폐쇄 · 보루형에다 이상적인 도시(ideal city)의 형태를 갖게 된다. 폐쇄 · 보루형 도시는 당시의 전쟁 방식(창과 칼을 이용하여 1:1로 직접 부딪혀 싸우는 방식)에 따른 당연한 결과였다. 따라서 이 시기의 도시들은 방어를 위해 도시의 경계나 울타리에 성곽을 쌓아 외침에 대비하면서, 폐쇄적 형태의 도시가 만들어지게 된 것이다. 이러한 성곽도시들은 동서

<그림 11-5> 도시 속의
성곽-독일/München

<그림 11-6> 도시속의
성곽-중국/西安

<그림 11-7> 도시 속의
성곽-스위스/Luzern

양을 막론하고 가장 일반적이고 기하학적인 형태로 발전하였고, 대부분 실현되지 못한 채 제안으로만 끝난 이상도시도 하나의 전형으로 남게 되었다.

이러한 중세의 폐쇄·보루형 도시는 근대에 와서 개방형 도시로 변화하게 된다.

폐쇄형에서 개방형 도시로 변화하게 된 직접적인 원인은 화약의 발명에 의한 전쟁방식의 변화였다. 과거에는 직접 대면하여 창과 칼로 싸우는 방식에서 화약이라고 하는 무기가 출현하면서 직접대면방식의 전쟁은 무의미해졌고, 서로 맞닿을 수 있는 근거리에서만 가능했던 전쟁도 화약을 이용한 원거리 공격이 가능해지면서 높은 성곽이나 보루 · 요새도 공격이 가능하게 되었다. 이후 성곽은 방어용 관방시설로서의 기능을 완전히 상실하였지만 도시의 역사적인 전통공간으로서 세계 곳곳에 남아있다. 지금도 국내외의 오랜 역사를 갖는 도시들은 거의 모두 도심부에 성곽의 흔적이 남아있어 도심부의 역사적 상징경관을 이루고 있고, 도시형태나 공간구조에 큰 영향을 끼치면서 현대도시로 변모하여왔다.

<그림 11-8>
전쟁방식의 변화-고대의 전쟁-돌과 몽둥이

이렇게 변화하여 온 도시는 1880년대 이후 새로운 도시계획에 의하여 새롭고 다양한 모습의 도시들이 만들어지거나 새로운 개념의 도시계획안들이 출현하게 된다. 이제까지 공간계획에 대한 이념은 있었으나 실용화 · 체계화되지 않았던 도시계획이라는 새로운 개념에 따라 여러 형태의 도시들이 선보였는데 그 중 대표적인 것이 하워드(E. Howard)의 전원도시(garden city)와 테일러(R. Taylor)의 위성도시(satellite town)였다. 그러나 이렇게 계획개념이 현실적으로 실현된 도시가 있었는가 하면 단지 아이디어나 제안으로만 끝난 꼬르뷔제 (Le Corbusier)의 <빛나는 도시>(radiant city)같은 획기적인 계획안도 있었다. 특히 기존의 도시에서 나타난 골치 아픈 도시문제를 해결하거나 개선하기 위한 대안으로서의

<그림 11-9>
전쟁방식의 변화-화약의 발명과 전쟁

자 료 : 모두가 몽둥이와 돌맹이로 시작되었다(It all started with stones and clubs, R.Armour), 1978, p.17,122.

도시계획안들이 많았는데 가르니에(T. Garnier)의 공업도시(industrial town), 마타(Soria Y Mata)의 선상도시(linear town) 등이 이런 차원에서 제시된 도시였다. 이후 미국에선 페리(C. A. Perry)의 근린주구(neighborhood)이론과 스타인(C. Stein)의 보차분리 및 수퍼블럭(super block) 등의 새로운 수법들이 도시계획에 적용되기 시작하였다.

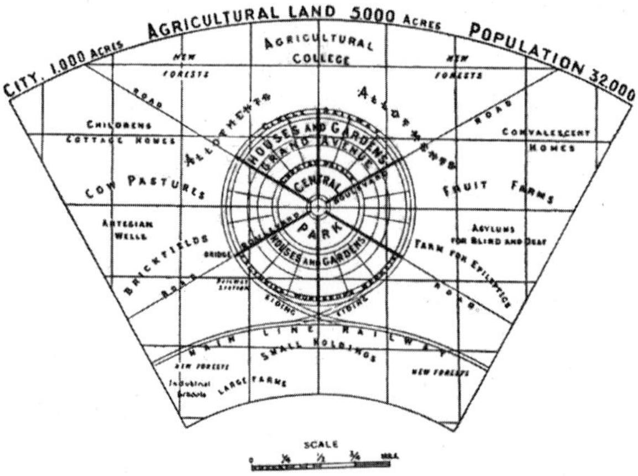

<그림 11-10> 전원도시(E. Howard)

앞으로 21세기의 새로운 도시는 어떤 모습일까?

많은 건축가나 도시계획가들이 미래도시의 다양한 제안들을 20세기에 쏟아냈다. 그 이름도 다양하고 생소한 플러그인 도시(plug-in city), 걸어가는 도시(walking city), 해상도시(sea city), 여가도시(leisure city), 분화구 도시(crater city) 등 헤아릴 수 없을 만큼 다양하다. 특히 21세기 첨단기술(high tech) 혁명으로 인한 미래도시는 밤과 낮 구별 없이 24시간 기능하는 초도시(超都市, super city)가 될 것으로 전문가들은 예측하고 있고, 특히 선진국을 중심으로 다양한 기술집약형, 지능첨단형, 과학연구형 기술도시(technopolis)가 출현하고 있다. 특히 최근 범지구적으로 지속가능성(sustainability)에 대한 관심이 높아지면서 환경친화적인 다양한 형태의 생태도시(ecopols)가 출현하고 있기도 하다.

<그림 11-11>
walking city (R. Herron)

<그림 11-12>
생태공원(서울/여의도공원)

현재는 미래도시에 관한 한 백가쟁명의 시대이고 새로운 도시의 출현은 도시에 대한 전통적인 개념조차도 바꿔버릴 정도로 도시변화의 물결은 거세다. 특히 여가와 위락을 위한 도시(joypolis), 확장되는 거대도시(metropolis, megalopolis), 정보통신의 무한 발달에 따른 네트워크 도시(netropolis), 지능형 도시(intelligent city), 사이버 도시(cyber city) 등 예측불허의 진화도시가 출현할 가능성도 배제할 수 없다.

<그림 11-13>
생태하천(서울/양재천)

11-2. 도시는 어떤 특성이 있고 무엇이 문제인가?

11-2-1. 도시의 요소

일반적으로 도시공간은 아주 다양한 요소들을 포함하고 있다.

다음 그림을 보면 도시공간을 이루는 요소들을 이해할 수 있다.

도시의 요소는 물리적(physical)인 것과 비물리적(non physical)인 것으로 나누어 볼 수 있다. '물리적'이란 쉽게 말하면 '눈에 보이고 손에 잡히는 것'을 말한다. 따라서 도시의 물리적 요소라고 하면 도시에서 눈에 보이고 손에 잡히는 요소들이다. 또 비물리적 요소란 일반적으로 눈에 보이지도 잡히지도 않는 요소로서 사회·경제적 요소를 말한다.

여기서 물리적인 요소, 즉 도시에서 눈에 보이고 손에 잡히는 요소에는 다음의 세 가지가 기본이다.

첫째, 착수 인자(initial factor)라고 불리는 인구, 즉 '사람'이다.

도시공간에서 생활을 영위하는 건 바로 인간이다. 이 인간이 도시의 물리적 실체로서는 가장 중요한 역할과 기능을 하는 도시의 공간 주체인 것이다. 비록 사물로서의 인간은 아니지만 도시활동과 공간매니저로서의 인간은 다양한 도시활동을 전개하면서 도시공간을 활용하고 그 결과로 도시의 운영과 관리의 주체가 될 수 있는 것이다.

<그림 11-14> 도시의 3요소

둘째, 도시의 가장 기본이 되는 물리적 토대인 '토지'이다.

토지 위에서 인간의 활동도 가능하며 도시기능도 발휘할 수 있다. 토지 위에 건물도 짓고 도로도 놓고 다리도 놓게 된다. 또 가장 넓은 물리적 실체도 토지이다. 산업의 종류에 관계없이 도시공간의 기초는 토지이다. 도시계획에서 가장 중요한 대상이 바로 이러한 토지를 어떻게 이용하고 관리할 것인가 하는 토지이용계획인 것이다. 따라서 도시계획의 가장 중요한 실체적 계획대상인 동시에 불확장성과 부동성에 따라 자산가치가 천차만별인 요소도 바로 토지이다.

셋째, 토지에 인간활동을 담으려면 반드시 필요한 것이 '시설'이다.

이 시설들은 규모도 다양하고 기능도 확실해야 하므로 정밀한 계획과 설계가 필요한 대상이다. 이 시설은 주로 건축가나 토목기술자들에 의해서 설계되고 건설회사에 의해서 지어지는데 설계도서에 따라 설치되는 도시공간의 물리적인 구성요소인 것이다.

이러한 도시의 (물리적) 3요소 이외에 도시의 '문화'를 도시의 새로운 구성요소로 보는 시각이 있는데, 이는 도시를 보는 시대적 관점과 기술적 틀에 따라 다양한 접근과 태도가 가능한 문제로 일률적으로 재단해서 볼 필요는 없다.

11-2-2. 도시의 성격

<그림 11-15>
도시와 자석 (Howard의 전원도시안)

도시의 속성은 보통 '그릇'(container)이나 '자석'(magnet)에 비유된다.

이것은 건축이 사람의 삶을 담는 그릇이듯, 인간의 집단활동이나 도시생활을 담는 그릇이 도시라는 의미이다. 또한 쇠붙이를 끌어당기거나(pull) 밀어내는(push) 자석처럼, 도시도 인간이나 도시활동을 안으로 유입하거나 밖으로 압출하기도 한다. 도시는 매력이 있어 사람이나 특정 기능을 도시 안으로 끌어당기기도 하지만, 반대로 매력이나 기능이 떨어져 사람이나 특정 기능을 도시 밖으로 밀어내기도 하는 것이다.

도시는 일반적으로 도로와 도로가 만나는 결절점(road junction)에서 도시가 발생하고, 물자의 교환장소(trade center)가 도시로 발전하며, 시간이 경과하면서 공간적으로 팽창·확산(urban sprawl)하면서, 안팎으로 인구가 이동(migration ; immigration, emigration)하는 특성을 갖는다.

일반적으로 도시는 몇 가지 특성이 있다.

첫째, 도시는 일정한 공간에 많은 인구가 모여 있다.

한정된 공간에 많은 사람들이 모이다 보니 주거밀도가 높아지고 교통과 경제활동도 활발해진다. 뿐만 아니라 각종 정치·사회적 기회가 다양한 사람들에 의해 집적된다.

둘째, 도시는 1차산업보다는 2·3·4차산업 인구가 많다.

이른바 비농업화나 산업화 경향을 띈다. 따라서 도시일수록 농·임·어업 등의 1차산업 인구보다는 공업, 상업, 업무, 정보산업 인구가 압도적으로 높다.

셋째, 도시는 분화된 기능이 집적하면서 필요한 도시시설이 집중배치 된다.

따라서 도시의 기능이 업종을 따라 다양하게 분화되어 있고 그런 다양한 기능을 수행하기 위한 관련시설들이 집중하게 된다.

넷째, 도시는 이질성, 개성화, 익명성을 전제로 한다.

도시는 여러 지역에서 다양한 직종의 사람들이 모여들어 아주 이질적인 모습을 띄는 동시에 각기 다른 문화적·사회적 배경으로 인해 혹은 도시가 갖는 이질성이 개인화하면서 각기 독특한 개성을 갖게 된다. 특히 도시는 많은 인구와 다양한 기능들이 집적하면서 개인은 숨어버리는 익명성을 그 특징으로 한다. 다양한 사람들이 다양한 모습으로 활동하면서도 극히 일부를 제외하고는 철저하게 비공개로 자신을 감출 수 있어 각종 사회적 범죄나 도덕적 해이가 빈발할 가능성이 상대적으로 높은 구조적 특성을 갖게 된다.

11-2-3. 도시의 문제

도시가 인류의 발자취와 함께 유구한 역사를 갖고 발전·성장하여 지금에 이르렀지만 그 과정에서 큰 시행착오를 겪으면서 현대도시로 발전하여 왔다.

특히 도시의 성장과 발전의 그늘에서 크고 작은 구조적이고도 필연적인 문제들이 잉태되어 왔다. 인구, 교통, 환경, 복지, 여성 등 범위나 종류도 다양하였다. 이러한 도시의 성장·발전과정에서의 도시문제는 피할 수 없는 도시화의 과정적 산물이기도 하지만, 도시계획이 이러한 도시문제를 해결하면서 도시의 정상적인 발전을 기대할 수 있는 유일한 대책인가 하는 점에서는 아직 이론의 여지가 있다. 그러나 기본적인 것은 도시계획이라는 것도 인류의 보편적 가치에 기준해야 할 것이라는 점이다.

인류의 보편적인 가치를 도시문제에 대입해 본다면 도시문제의 출현과 도시문제의 해결을 위한 방법들도 '도시적 가치의 실현'이 우선이며, 도시적 가치란 도시에 사는 사람들의 정신적·경제적·사회적 건강성의 회복과 물리적 아름다움[심미성]의 추구 그리고 삶의 질 개선을 위한 가치 있는 공간창조일 것이다. 이러한 가치를 최상으로 할 때 도시의 계획이나 설계가 추구하는 이상도 실현에 의미가 있고 그 가치도 빛이 날 것이다.

21세기 최대의 지구적 문제는 끝없이 늘어나는 인구문제, 절대적으로 유한한 자원문제 그리고 우리가 공통으로 갖고 있는 도시문제들이다. 이제 도시문제는 하나의 도시에 국한된 문제가 아니고 한 나라의 한 지역의 문제도 아닌 전 지구적으로 고민하고 해결해야할 대상이다. 궁극적으로는 생태적으로 건전하고 지속가능한 개발(ESSD ; ecologically sound and sustainable development)을 통한 도시 아젠다에 충실한 도시의 실현일 것이다.

11-3. 건축과 도시는 어떤 관계일까?

11-3-1. 건축의 도시적 배경 ;건축화 도시, 도시화 건축

현대 도시건축의 특징 중의 하나는 복합적이고 다목적적인 건축의 출현이다.

과거처럼 건축이 하나의 기능 즉 주거용이면 주거용, 상업용이면 상업용도로만 쓰이는 것이 아니라 적어도 하나의 건축물이 두 세 가지의 기능을 복합적으로 갖는 따위의 건축이 도시에서는 일반화하고 있다는 것이다.

건축이 건축에만 국한하지 않고 '도시화' 함으로써 도시 건축과 건축설계에 도시적 활동요소가 추가되고 있다. 바꿔 말하면 '건축의 도시화'가 진행되고 있다. 이제는 건축물이 도시와 거의 같은 기능을 담당하게 되었다는 말이다.

또한 건축이 도시화 할 뿐 아니라 도시가 다시 '건축화' 함으로써 건축과 도시에 명확한 경계선이 애매해 지기도 한다. '건축화'하는 도시도 출현하고 있다. 건축화하는 도시의 효시로서 대표적인 예는 미국 시카고의 Marina City이다. 또한 우리나라에 2000년대 초부터 불기 시작한 주상복합아파트나 공장형 아파트도 이러한 맥락에서 이해할 수 있는 부분이다.

<그림 11-16>
도시화하는 건축(일본/豊田)

<그림 11-17>
건축화하는 도시 (일본/東京)

이와 같이 도시를 둘러싼 건축의 현대적 상황은 인간의 생활주기는 짧고, 도시적 시설[건축물 등]의 주기는 긴 구조적 문제를 해결해야하는 상황으로, 인간을 도시의 중심적 존재로 끌어들이면서 인간회복과 도시의 인간화를 주장하게 되었다. 새로운 도시주의(new urbanism)의 출현이 시사하는 대목이다.

20세기를 지나면서 세계 도시건축의 커다란 흐름에서 주목할 만한 것은 도시건축이 고층화·입체화·복합화·거대화하고 있다는 점이다. 도시건축이 건축 스케일에 머물지 않고 도시 스케일로 확대되면서 도시적 맥락을 수용할 수 있는 대규모 건축단지가 출현하였고, 그에 상응하는 건축은 도시생활을 하나의 건축이나 한 개의 단지 내에서 수용할 수 있도록 도시구조를 바꾸어 가고 있다.

<그림 11-18> 도시건축의 고층·복합·국제화(홍콩)

이와 같은 흐름은 도시건축이 건축 하나로 기능하는 것이 아니라 도시와 같이 기능하도록 하는 것이고, 이러한 도시적 상황은 건축과 도시의 개념상 경계가 이미 허물어지고 있음을 반증하는 것이기도 하다.

<그림 11-19> 지속가능한 도시(브라질/Curiziba)

<그림 11-20> 지속가능한 도시(호주/Sydney)

한편으로 도시의 비인간화와 환경오염에 대한 자각과 반성이 일어나면서 도시의 생태적 접근의 필요성이 제기되었고 이에 따라 생태도시(ecopolis)가 주창되었는데 이에 따른 '생태도시계획'이 현대 도시계획의 새로운 화두로 부상하게 되었다. 생태도시는 기본적으로 환경친화적 도시를 목표로 하는데 근본은 '생태적으로 건전하고 지속가능한 개발' (ESSD)이라는 환경철학에 기초한다.

최근에는 건축과 생태학의 통합을 통한 생태건축(Arcology= Architecture + Ecology)은 물론 경제학과 생태학의 통합인 생태경제학(ecolo-economy = ecology + economy)이라는 분야도 출현하였다.

바야흐로 21세기의 도시 및 건축에서의 최대의 화두는 '지속가능성'(sustainability)에서 찾아야 할 것이다.

11-3-2. 건축과 도시는 어떤 관계일까?

그러면 도시와 건축은 도대체 어떤 관계일까?

건축은 도시에 어떠한 영향을 주며 다시 도시는 건축에 어떤 영향을 서로 주고 받을까? 이 둘은 어떤 관계 속에서 존재하고 통합하는가?

간단하게 생각한다면 도시보다 작은 공간단위는 동네[지역사회]라는 단위가 될 것이고, 동네보다 작은 공간단위는 건축이라는 위계상에서 실마리를 찾아야 할 것이다.

비행기를 타고 도시 상공을 날고 있다고 가정해 보자. 8,000m 상공에서 차창 밖으로 바라보이는 넓고 푸른 숲 그리고 파아란 바다, 성냥갑 같은 아파트 단지들, 옹기종기 붙어있는 작은 주택들, 하얀 실처럼 꼬불꼬불 연결되어 있는 도로 그리고 그 위를 달리는 장난감같은 자동차들... 여기서 5,000m 상공에서 내려다 보이는 것은 도시 전체의 모습일 것이다. 다시 500m 상공에서 내려다 보이는 것은 동네나 마을일 것이다. 다시 200m 상공이라면 아파트 단지나 단독주택이 보일 것이다. 여기서 우리는 도시-마을-단지-주택으로 이어지는 공간위계를 생각할 수 있다. 도시에서 건축물까지의 위계를 상상해 보자.

여기서 도시나 동네에서의 입자(grain)는 바로 개개의 건축물이 될 것이다. 이렇듯 공간단위의 위계로 보면 건축이 모여 마을을 이루고 마을이 모여 도시를 이루는 것이다.

그렇다면 도시와 건축의 관계는 어떻게 보아야 할까?

단순하게 보아 건축이라는 부분이 모여 도시라는 전체를 이루기 때문에 도시와 건축의 관계는 '전체'와 '부분'의 관계로 보면 될 것이다. 단지 여기서 '전체'와 '부분'은 단순한 기계적 · 산술적 관계가 아닌 유기적 관계라는 것만 다를 뿐이다.

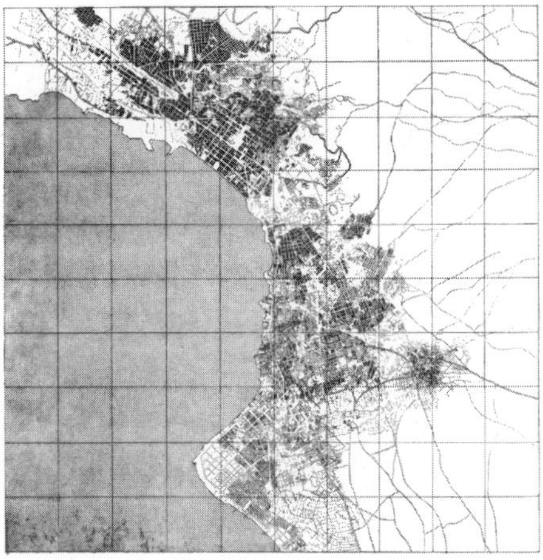

<그림 11-21> 전 체

다시 말하면 '전체'[도시]는 '부분[건축]의 합(合)'이기는 하지만, '전체'는 전체대로 '단일체'로서, '부분'은 부분대로 '개별체'로서의 활동구조를 갖고 상호작용 아래 움직인다. '부분'으로서의 건축은 개체로서의 이익과 자유를 최대화하고, '전체'로서의 도시는 개체로서의 질서와 조화를, 또 이익을 바란다.

여기서 건축을 공부하는 우리는 도시의 한 부분으로서의 건축을 이해하고 하나의 건축이 형성할 주변에의 영향은 물론 주변지역의 도시적인 상황들이 건축에 어떤 의미로 존재하는지를 파악하고 설계에 임해야 할 것이다. 똑 같은 건축물을 서울 종로 네거리에 세우는 것과 울산 구도심부에 세우는 것은 당연히 다를 것이고, 일본 도쿄 중심부에 세울 수 없는 것과 같은 이치로, 건축과 도시는 각각의 처한 상황과 맥락으로 맞물려 있어 이것이 건축설계와 도시계획에 영향을 미치기 때문이다.

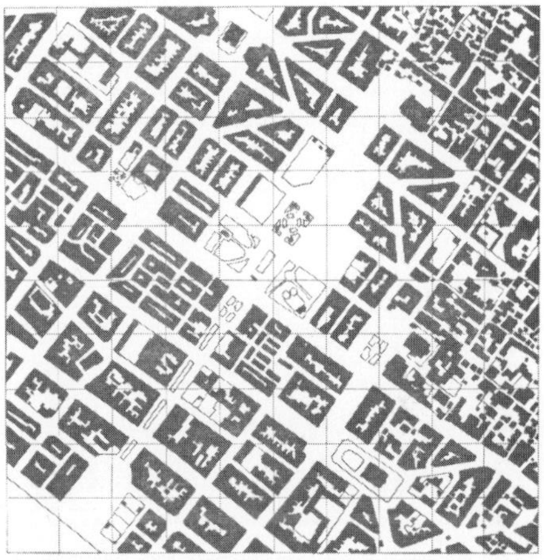

<그림 11-22> 부 분

따라서 도시와 건축의 관계인 '전체'와 '부분'의 관계는 서로 균형을 이루면서도 서로 대립적인, 그리고 지배논리가 아닌 병존논리로서 의미가 있다.

11-4. 도시계획은 무엇인가?

11-4-1. 도시 계획

도시계획(urban planning, city planning, town planning)이란 무엇일까?

도시계획은 '선견지명(先見之明)의 운용'이라고 했다. 또한 도시학자 패트릭 게데스(Patrick Geddes)는 도시계획은 단순히 도시활동의 장소와 도시시설을 계획하는 물리적 계획(physical planning) 만을 의미하는 것이 아니고 도시의 활동계획인 사회·경제적 계획(socio-economic planning)을 포함하는 아주 광범위한 계획으로 정의하였다.

도시계획은 미래를 준비하는 과학이며 기술이고 정책이다. 도시계획은 응용과학인 동시에 예술이며 여러 가지 기능을 예측하고 조직화하는 것이다.

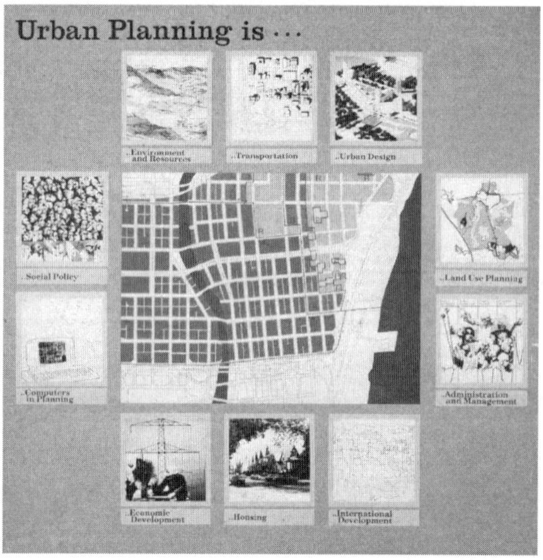

<그림 11-23> 도시계획의 여러 분야

도시의 궁극적 목적(goal)은 국가나 도시에 따라 같으나, 구체적인 목표(target)는 당연히 다르다. '계획'은 장차 어떤 시점에서의 목표를 선택, 설정하고 목표와 현실을 대비한 다음, 현실을 목표에 동일화해 나가는 것으로, 실천적·기술적 개념이다.

도시계획은 일반적으로 다음과 같은 세 가지의 중요한 원칙을 갖는다.

첫째, 강제성(anti-laissez-faire)이다.

도시계획은 방임되어 개인이 마음대로 할 수 있는 것이 아니라 철저하게 법으로 집행될 수 있는 강제력을 가진다. 사회주의 국가가 아니더라도 민주국가의 도시계획은 사전에 충분한 수립절차를 거쳐 공공성을 전제로 수많은 단계를 통해 수립되지만 일단 수립되면 도시계획의 실행에는 법적 허용범위 안에서는 철저하게 강제력을 갖는다.

둘째, 공공복리성(public welfare)이다.

도시계획은 철저한 공공성을 전제로 한다. 공공성은 공공복리이기도 하고 공공선을 대전제로 한다. 이것은 도시계획의 확실한 대의명분이 된다. 이러한 명분이 없다면 법적 강제력도 무의미하기 때문이다. 도시계획 선 하나로 한쪽이 손해를 보기도 하지만 다른 한쪽은 이득이 발생할 수 있다. 따라서 도시계획은 개인의 어떠한 이익도 전제되지 않은 공공의 이익을 최우선으로 한다.

셋째, 예산 반영(budgeting)이다.

도시계획은 실현을 위한 예산의 뒷받침이 없으면 사상누각이며 백지계획이 될 수 있기 때문이다. 도로든 건축이든 도시계획으로 지정되고 수립되는 모든 시설은 공공기관의 예산 범위 내에서 수립되고 집행될 수 있다. 따라서 도시를 계획하고 관리하는 일은 철저한 검증과 과학적 토대 위에 합리적인 예산이 반영되어 있어야 실현되는 것이다.

11-4-2. 도시계획과 건축

도시계획은 원래 건축의 한 부분이었다.

그래서 초기의 건축가들은 동시에 도시계획가이기도 하였다. 르 꼬르뷔제, 그로피우스, 루치오 코스타, 독시아디스 등 쟁쟁한 건축가들은 당연히 도시계획가이기도 하였다. 그러다가 도시계획은 조경학과 함께 건축학에서 분리되어 지금에 이르렀지만 건축과 도시계획은 속성상 별개로 취급할 수 없는 관계에 있다.

그것은 전체와 부분의 유기적 관계라는 측면 말고도 도시라는 영역 안에서의 입자에 해당하는 것이 건축이기 때문이다. 아무리 하나의 건축물이 기능적으로 완벽하고 훌륭해도, 도시적 맥락에서 보면 건축은 하나의 부분이며, 역으로, 아무리 하나의 도시가 기능적으로 완벽하고 훌륭하다 해도 건축적 맥락에서 보면 도시라는 실체는 개개 건축물의 집합체에 지나지 않기 때문이다.

따라서 건축과 도시의 이러한 유기적 관계에 유의한다면 도시계획이 건축에 혹은 건축이 도시계획에 미치는 영향이나 효과는 상호적일 수밖에 없고 이러한 상호적 관계가 무시될 때 실패한 도시계획이 될 수 있고 이러한 상관관계를 무시된 채 건축이 제각각의 소리를 낼 때 그 도시는 무감각한 도시, 색깔이 없는 도시, 개성이 없는 도시가 되어버릴 것이다.

일본의 구마모토(熊本)시는 1992년 KAP(Kumamoto Art Polis)라는 프로젝트를 시행한 바 있다. 건축 이미지의 도시 이미지화를 위해 특별한 건축물들을 국제현상공모를 통하여 연계·배치하면서 도시 전체를 하나의 일관된 개념의 건축물로 꾸미는 데 성공하였다. 한 예에 불과하지만 하나의 건축물이 어떻게 도시공간에 혼을 담고 어떻게 도시공간을 채색할 수 있는지를 보여준 훌륭한 예라고 평가받고 있다.

<그림 11-24>
KAP-공공기관(熊本북경찰서)

<그림 11-25> KAP-교회

여기서 건축과 도시의 관계에 대하여 다시 논의할 필요는 없지만 건축설계가, 아니 건축활동이 도시공간에 어떻게 투영되고 도시공간을 업그레이드 시키는 지는 충분히 짐작할 수 있다. 건축설계 하나 하나는 그저 그럴 수 있고 그저 하나의 독립된 프로젝트일 수 있다. 그러나 하나의 건축물이 도시공간에 홀로 서 있다면 문제는 다르지만 하나의 건축물이 도시공간에 홀로 서 있는 경우는 없다. 따라서 바로 옆의 건축물 혹은 주변의 건축물과 나란히 서 있게 된다. 그렇다면 군대의 열병 모습처럼 똑같은 건물이 도열해 있어도 조화롭지 못해 어색하고 제각기 다른 얼굴의 건축이 제각각 서 있어도 혼란스러워 어색하다. 문제는 어떻게 도시와 건축이 조화롭게 공존의 룰을 지키면서 질서 있게 서 있느냐 하는 것이다. 또 도시 주변의 역사적·사회적 맥락에 따른 공간 변화를 어떻게 건축에서 활용하고 어떻게 건축에 활용하며 어떻게 건축공간에 대입하는가 하는 점은 그 지역이나 도시의 품격과 건축의 질에 달린 문제일 것이다.

아무렇게나 서있는 집들, 아무렇게나 나있는 도로, 아무렇게나 배치된 도시시설들, 공공건물들을 상상해 보자. 이러한 제대로 된 도시계획이 없는 도시에서 제대로 된 건축이 세워질 리 없다. 따라서 제대로 된 건축설계가 이루어지려면 제대로 된 도시계획이 따라주지 않으면 안 된다. 그렇다면 바람직한 도시계획과 건축은 어떤 것인가?

첫째, 건축과 도시계획의 협응체제이다.

도시계획가와 건축가가 자기 영역만을 고수하지 않고건축-도시공간에 대한 공유하는 공간철학이 있어야 한다. 그러나 우선은 도시계획이 제대로 세워져야 건축이 제대로 된다. 용도지역·지구·구역의 지정으로 끝나는 것이 도시계획이 아니라 그곳에 건축이 들어섰을 때 어떤 상황이 전개될지를 3차원적으로 검토해야 하는데 이것은 도시계획이 아닌 건축이 할 수 있는 일이다. 도시계획과 건축의 협응체제야 말로 시급한 사항이 아닐 수 없다.

<그림 11-26> KAP-주거A

둘째, 도시계획과 건축이 법적·제도적으로 상응하는 것이어야 한다.

건축적으로 훌륭한 것이 도시계획적으로도 훌륭하다는 보장은 없고, 그 역도 마찬가지다. 따라서 공유하는 제도적 장치가 필요하다. 다행히 최근의 도시계획법[국토의 계획 및 이용에 관한 법률]은 도시계획과 건축의 통합이 훨씬 수월해졌다. 동시에 건축의 도시계획적 역할과 책임이 더욱 커졌다.

셋째, 건축화하는 도시, 도시화하는 건축에 대한 이해가 필요하다.

건축이 도시화하고 도시가 건축화하면서 건축과 도시의 경계는 점차 희미해지고 있고 애매해지고 있다. 따라서 건축과 도시계획을 이분법적으로 보지 말고 하나로 공동체로 인식하는 태도가 절실하다. 이러한 시대 상황을 대변하듯 제도적으로는 도시설계[지구단위계획]라는 건축-도시계획을 잇는 교량이 마련되었으므로 도시계획에서의 건축가의 역할과 책임에 대하여 재인식하는 계기가 될 것이다.

<그림 11-27> KAP-주거B

11-4-3. 도시 설계

20세기 들어 새롭게 자각을 하게 된 도시 분야가 도시설계(urban design)이다.

도시설계란 단순히 도시를 설계하는 것이 아니라, 도시계획과 건축설계의 다리 역할을 하는 것이다. 도시계획이면 도시계획, 건축이면 건축이지, 이 둘을 연결해주는 다리는 왜 필요한 것인가?

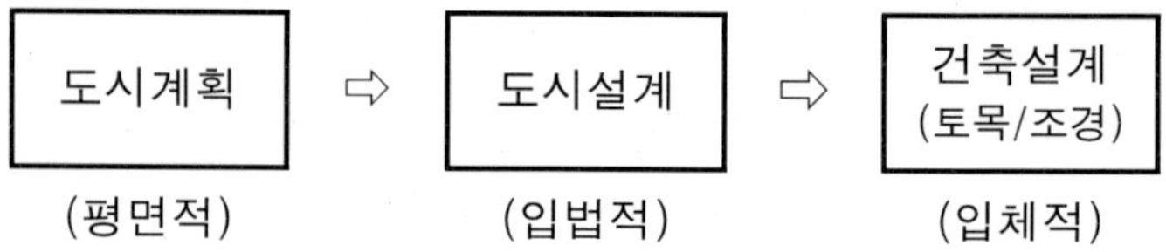

<그림 11-28> 도시설계의 역할

이제까지 도시계획은 주로 평면적인 계획에 그쳐왔다. 토지이용이나 교통이나 2차원 평면인 도시계획 도면만 있으면, 지적도 상에 표시만 되어있으면 족했다. 그러나 그 도시계획의 결과로 나타나는 3차원 공간의 변화와, 그 변화에 어떻게 대처해야 할 것인가? 하는 문제가 제기되면서 이제까지의 평면적인 도시계획 문제가 대두되었다.

3차원 공간계획이 배제됨으로써 2차원 평면상에 도시시설이나 도시요소들이 제각각 입체화되어감에 따라 도시의 입체적 관리나 입면관리 및 도시경관 등의 요소를 고려할 여지가 없었다. 그저 도시계획은 2차원 평면으로 주거·상업지역으로 지정해 놓고 나면 3차원 입체건축물이 그 도시공간을 채워왔다. 건축이 도시공간을 단순히 채우는 것이라면 몰라도 주변의 도시맥락을 공유하고 주변과의 조화가 필요한 경우 도무지 손을 쓸 방도가 없어진다. 그저 해당 건축주나 설계자가 그런 것을 고려해주기만을 기다릴 뿐이었다. 그러나 일단 건축물이 지어지고 나면 그 공간은 오랫동안 다시 손을 댈 수 없는 상황에 직면한다. 애당초 도시공간의 질을 고려할 여지가 없었기 때문이다. 도시공간이 건축으로 채워지고 나면 어떤 형상의 도시경관이나 도시스카이라인이 이루어질 것인지는 전혀 고려하지도 못한다. 이에 대한 자각을 하게 되면서 근본 문제가 무엇인가를 고민하게 되었다.

결국 2차원적인 도시계획 따로, 3차원적인 건축설계 따로인 상태로 도시공간이 채워지면서 도시공간의 무질서와 도시관리의 곤란, 도시공간의 질의 하락을 초래한다는 자각을 뒤늦게 하게 된 것이다.

따라서 2차원적 도시계획이 3차원적인 건축설계와의 통합을 통하여 도시공간에 투영되어야 만이 진정한 도시공간의 바람직한 계획이 가능하다. 이를 위하여 이 둘 사이의 즉 건축설계와 도시계획 사이를 연결해주는 역할을 도시설계라는 제도로 엮어주는 것이다.

우리나라의 경우 이러한 도시설계의 필요성이 제기되면서 지구상세계획, 도시설계 등의 용어로 건축법과 도시관련법에 적용되어오다가 2001년 드디어 지구단위계획이라는 이름의 도시설계가 제도적으로 뿌리를 내리게 되었다.

독시아디스(Doxiadis)와 에키스틱스(EKISTICS)

'인간정주(人間定住)의 과학'이라는 의미의 그리스어가 어원이다. 그리스의 유명한 건축가이며 도시계획가인 독시아디스(C.A.Doxiadis)가 그의 역저 <EKISTICS: an introduction to the science of human settlements>(1968)에서 처음 사용하였다.

독시아디스는 아테네 공대에서 건축학을 전공하였고 후에 도시설계에 큰 공헌을 한 유명한 도시계획가이다. 그는 인간 생활에 있어 정주 환경의 다양성을 연구·발전시켰다. 그는 현대 사회가 기능 위주의 비인간적 도시 환경으로 변화하는 것을 크게 우려하여 '아테네 헌장'을 마련하는데 주도적 역할을 한 바 있다. 특히 파키스탄의 신수도 이슬라마바드의 계획·건설을 담당하였으며 미국 도시 재개발 계획에도 참여하여 디트로이트 재개발 계획을 수립하였다.

한편, 세계가 한 도시국가의 형태로 발전한 '세계 도시'인 에큐메노폴리스(Ecumenopolis)를 주장, 앞으로 인류는 21세기 초에 들어 단위 국가내 단위 도시들의 도시 성장에 머무르지 않고 공간적, 기능면에서 전 세계가 한 도시(urbanized world) 안에서 생활하는 세계적 도시 사회가 이루어질 것이라고 예언한 바 있다. 최근 컴퓨터 기술을 이용한 네트워크, 위성과 광통신의 발달로 시간 거리가 급속도로 단축되고 있어 지역간의 접근성은 높아가고 있고 공간 활동도 일일 생활권을 향하여 급속도로 발전하고 있다.

현재 <Ekistics>라는 권위 있는 인간 정주 환경 전문지가 그리스에서 월간지로 발간되고 있다.

에베네저 하워드(Ebenezer Howard)

하워드는 그의 유명한 저서 <내일의 전원도시>(Garden Cities of Tomorrow)(1902)에서 도시생활의 편리함과 전원(농촌)생활의 신선함을 동시에 누릴 수 있는 이상적인 전원도시를 주장하고, 건축가 스와송(Louis de Soissons)이 설계하고 그가 건설한 웰윈 전원도시(Welwyn Garden City)에 살면서 전원도시 운동을 주도한 실천적 도시계획가였다. 저서 <내일의 전원도시>의 원제는 4년 전인 1898년에 펴낸 <내일 ; 진정한 개혁에 이르는 평화로운 길>(Tomorrow : A Peaceful Path to Real Reform)이었다.

전원도시의 개념은 도시, 농촌, 도농 지역을 3개의 말발굽 자석에 비유하여 장단점을 고찰한 후 도시와 농촌의 이점을 취한다는 구상이었다. 규모는 인구 5만 8천명의 중심도시와 이를 둘러싼 인구 3만 2천명의 작은 전원도시를 거느린 도시군의 개념으로 되어있다. 그는 '건강한 생활과 산업활동이 가능하고 너무 크거나 작지도 않은 적당한 규모의 전원지대로 둘러싸여 있는 도시'로 전원도시를 설정하고, 위성도시와 같이 모도시에 의존적이 아닌 경제적 자립을 통한 독립된 도시로서 도시팽창을 억제하는 도시를 강조하였다. 그의 전원도시 개념은 현대의 신도시와 위성도시 개념의 모태가 되어있다.

그는 재력가늘의 지원으로 전원도시회사를 설립한 후 2개의 전원도시 레치워스(Letchworth)와 웰윈(Welwyn)을 건설하였다. 하워드는 웰윈에서 세상을 떠났고 1927년 그 공로를 인정받아 나이트 작위를 받았다. 최초의 전원도시로 일컬어지고 있는 레치워스의 하워드공원과 웰윈의 하워즈게이트에 그의 기념비가 남아있다.

■ 읽을거리 ■

- <도시공간의 이해>, 김철수, 기문당, 2001
- <도시의 이해>, 권용우 외, 박영사, 1998
- <도시의 논리>, 藤田弘夫(후지다 히로오)-이정형 역, 도서출판 국제, 1995
- <도시학 개론>, Hartshorn 저-안재학 역, 새날, 1998
- <삶의 문화와 도시계획>, 강병기, 나남, 1995
- <The History of the City> (L. Benevolo) (번역판, 세계도시사)

제 12 장 건축에서 컴퓨터는 어떻게 이용될까?

이 광 희

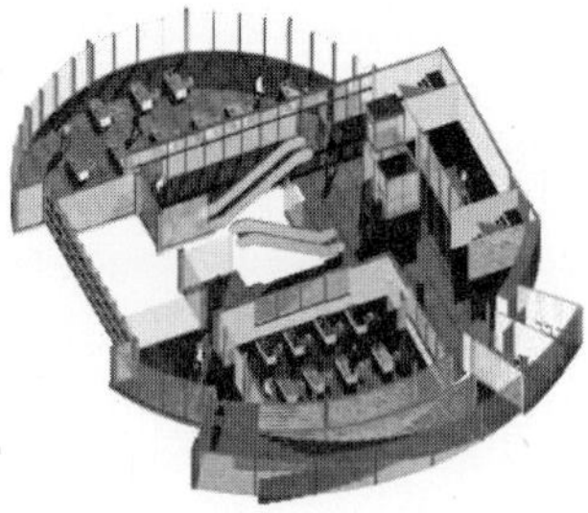

12-1. 컴퓨터의 도입

12-2. 건축과정에서의 컴퓨터 환경

12-3. 미래의 발전방향

12-1. 컴퓨터의 도입

기획, 설계, 시공, 사후보전 등 건축의 전 과정에 걸쳐 수행되는 작업들의 규모와 범위가 점차 방대해지고 복합화 됨에 따라 수작업으로는 한계점에 도달하였으며, 1980년대 중반부터 PC의 보급과 컴퓨터 기술의 발전으로 건축과정에도 컴퓨터가 도입되어 활용되고 있다. 주로 자동차, 선박, 항공기 제작업체 같은 대형 기계분야의 경우 일찍부터 컴퓨터의 장점과 실효성을 인지하고 1960년대 초반부터 컴퓨터를 이용한 기술개발에 박차를 가해왔으며 현재는 제작공정의 전 과정이 컴퓨터에 의해 제어되고 있는 실정이다. 하지만 우리 건축분야에서는 주문생산, 현장생산, 고유생산이라는 건축산업의 특성으로 많은 제약이 있었으며, 설계업체의 영세성으로 인하여 컴퓨터를 이용한 건축기술개발이 다소 부진하였다.

20세기에 들어와 고도화된 사회적 영향으로 인하여 건축분야도 대형화·복합화·첨단화된 다기능적 건축물들이 요구되고 있으며, 이에 따른 고품질의 디자인에 대한 사회적 욕구에 부흥하여 컴퓨터적용 기술의 개발은 필연적이라 할 수 있다. 따라서 우리 건축계도 최근의 하드웨어와 소프트웨어의 눈부신 발전에 힘입어 설계분야와 더불어 구조·시공·환경 등의 분야에도 컴퓨터의 역할이 급속히 확산되고 있으며, 뚜렷한 가시적 성과에 힘입어 건축과정에서의 컴퓨터의 중요성은 더욱 더 증대되고 있다.

12-2. 건축과정에서의 컴퓨터 환경

건축과정에 적용되는 모든 컴퓨터의 활용을 일컬어 architectural computing(건축전산 환경)이라 하며 그 종류와 활용범위는 다음과 같이 분류되고 있다.

12-2-1. 사무자동화 시스템(OA : office automation)

종래의 사무환경에서 60, 70년대 전화기, 팩시밀리, 복사기의 등장, 그리고 1990년대의 개인 컴퓨터의 보급으로 사무혁명이 발생하였다. 현재 모든 사무환경이 컴퓨터를 중심으로 한 네트워크화·디지털화·시스템화 되고 있는 시점에서 보다 나은 성과물에 대한 기대는 시간이 흐를수록 그 비중이 더욱 더 커져만 가고 있다.

공식적으로 채택된 사무자동화의 개념은 1978년 미국에서 개최된 국제 컴퓨터 회의(National Computer Conference : NCC)에서의 채택한 개념으로 사무실에서의 정보 이동 및 정보 유통의 자동화를 말하는 것으로 컴퓨터를 이용한 사무 처리 업무를 단위로 사무원의 생산성 향상과 장비 수행 업무의 통일화를 이룩하는데 있다. 대표적 소프트웨어로는 워드 프로세서와 Spread Sheet 등이 있다.

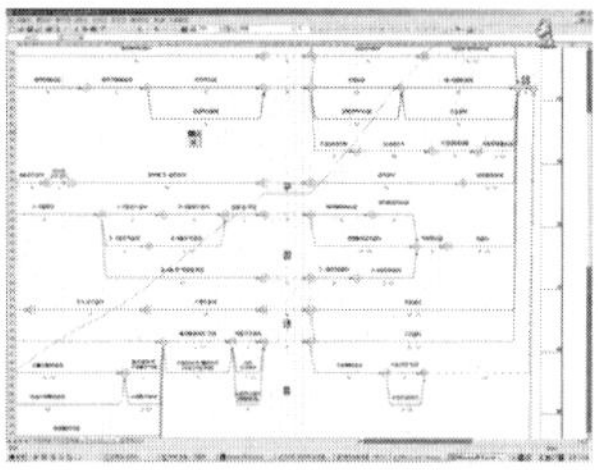

<그림 12-1> Spread Sheet를 이용한 공정표

12-2-2. Computer-Aided Design (CAD)

CAD는 Computer-Aided Design의 약어로서 기본적으로는 컴퓨터를 활용한 설계를 의미한다. 컴퓨터의 도움을 얻어 설계행위를 발전시켜 나가는 개념으로, 설계의 초기 개념 단계에서부터 최종 마무리 단계인 엔지니어링 해석(CAE : Computer-Assisted Engineering)까지의 전 과정에 걸쳐서 컴퓨터를 활용하여 설계하는 방식이라고 할 수 있다. 특히 자동적으로 도면을 작성하는 설계자동화(design automation)의 개념을 포함하기도 하며, 강력한 데이터 처리능력을 이용하여 설계에 필요한 자료를 그림의 형태로 나타내어 사용자 혹은 설계자의 이해를 돕게 해 주는 역할을 하기도 한다.

이와 같은 개념에 의한 CAD적용 단계는 다음과 같이 구분 할 수 있다.

<그림 12-2>
Computer-Aided Drafting

(1) 2차원 도면작성(Computer-Aided Drafting)

종전에는 제도책상에서 자와 연필을 이용한 수작업으로 도면을 작성하였으나, 현재는 거의 CAD 소프트웨어를 이용하여 도면작업을 수행하고 있다. 따라서 건축설계회사에서도 90년대 초반부터 기존의 제도책상을 컴퓨터로 대체하여 설계업무환경의 변화를 가져오게 되었으며, 설계와 시공업무간의 도면전달도 기존의 청사진 대신 디지털 화일로 이루어지고 있다. 그리고 최근에 들어와 인터넷 온라인상에서 건축설계, 구조설계, 환경설계 등 설계 각 분야의 담당자들이 동시에 로그인하여 컴퓨터 화면을 통한 원격설계도 가능하게 되었다. CAD시스템의 주요 장점으로는 중복작업으로 인한 작업시간의 절감과 도면 라이브러리의 구축, 협업의 수월성, 도면보관 장소의 용이성 등을 들 수 있다.

<그림 12-3> 프랭크 게리의 빌바오 구겐하임 미술관

(2) 3차원 모델링에 의한 설계 (Computer-Aided Architectural Design)

3차원 디지털 모델은 X, Y축의 2차원 평면좌표에서 높이축의 Z좌표를 부가하여 건축물의 형태를 묘사한 것으로, 건축디자인을 위한 가장 필수적인 요소로 평가받고 있다. 주로 사각형과 원형으로 구성된 기존의 정형적 건축형태에서 벗어나 사고의 자유로움과 창의적 의외성을 부각시킨 최근의 비정형 자유곡선의 건축물들은 3차원 CAD 모델링 기술로 구현 가능한 것으로, 디지털 모델링 기법과 건축형태구상작업을 접목하여 디지털 건축(digital architecture)이라는 새로운 분야가 생겨나게 되었다.

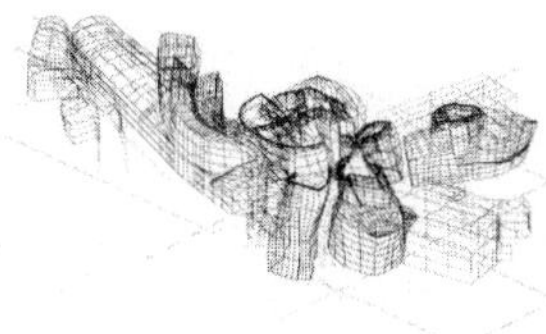

<그림 12-4> 빌바오 구겐하임 미술관 디지털 wireframe 모델

디지털 건축의 등장으로 건축형태의 구현방법, 공간개념, 형태구성, 구축방식의 변화가 예견되고 있으며, 규칙과 질서에 얽매어 있는 기존의 사고형식을 깨뜨리며 우연과 영감에 의해 형성되는 의외의 자유로운 곡선과 매스, 그리고 새로운 디자인 프로세스 패러다임으로의 변환이 주요 특징이다.

디지털 건축의 대표적 건축가로는 피터 아이젠만과 프랭크 게리를 들 수 있다. 정통적 현대건축이론을 중시하는 아이젠만의 디지털기법은 형태구성단계에 주로 국한되고 있다. 그의 형태형성과정은 기하학적 원시도형에서의 출발로, 유클리드 기하학과 위상기하학 기반의 중복적 전개방식이 특징이며, 원시도형의 변화과정은 임의적으로 진행되는 중복적 생성과 간접적 변형이 주로 적용된다.

<그림 12-5> 피터 아이젠만의 Max Reinhardt Haus

이에 반하여 프랭크 게리의 디지털 기법은 초기 형태구

성 단계부터 건물의 물리적 구축단계에까지 포함되며, 영감과 우발적 변형에 의해 형성되는 의외적 자유곡선 형태를 주변의 환경에 대비하여 창출한다. 이렇게 생성된 디지털 모형을 형상화하기 위하여 수작업 실물모형을 제작한 후, 3차원 스캐너와 같은 미디어로 3차원 디지털 정보로 변환하여 자유롭고 독창적인 기하학적 형태를 실현하고 있다.

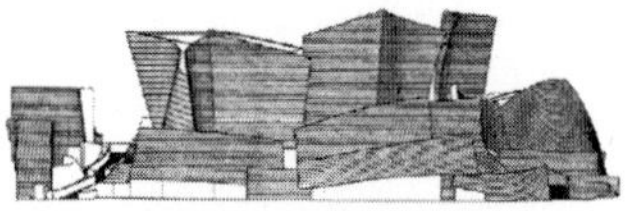
<그림 12-6> 프랭크 게리의 월트 디즈니 콘서트 홀

12-2-3. 컴퓨터 그래픽 (Computer Graphics)

컴퓨터그래픽은 소프트웨어와 하드웨어 테크놀로지에 의해 컴퓨터에서 생성되고 표현되는 디지털 이미지로서 다양한 형태생성 기능과, 색채와 재질의 표현 능력, 그리고 동적화상의 구현, 가상현실의 구성 등으로 건축분야에 적극적으로 활용되고 있다.

<그림 12-7> 컴퓨터 그래픽의 색채와 재질합성으로 도시건축물의 가로경관을 구성해 본 예

(1) 색채/재질의 표현

최근에 들어와 건축물의 형태미와 더불어 건축물의 내•외부를 감싸고 있는 색채와 재질의 표현도 건축미를 구성하는 중요한 요소가 되었다. 건축물의 디지털 모델을 이용하여 컴퓨터 그래픽 소프트웨어로 다양한 색채와 재질을 적용해 본 후 건축물의 형태미와 볼륨감을 가장 적절히 표현하며 주위 환경과 조화될 수 있는 색채와 재질을 미리 선정할 수가 있으며 사실적(photorealistic)인 투시도와 조감도의 작성도 가능하다.

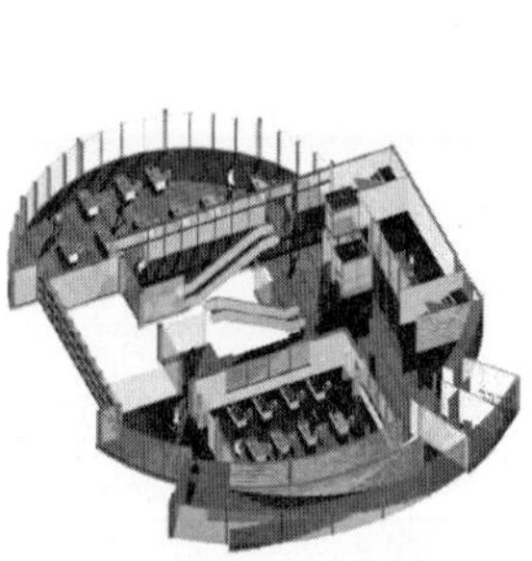
<그림 12-8> 컴퓨터 그래픽을 이용하여 효율적으로 표현한 건축물 실내

(2) 이미지 합성

계획된 건축물이 완공되었을 때 계획부지의 주변 환경과 건축물이 어울리는 모습을 사전에 체크하기 위하여 부지를 포함한 주위환경의 디지털 이미지를 구성하고 컴퓨터 그래픽을 활용하여 부지위치에 건축물의 디지털 모델을 합성해 보는 기법이다. 이로서 건축물이 준공되기 이전에 다양한 시각적 뷰를 구성하여 계획 건축물과 주변환경이 어울리는 모습을 여러 측면에서 점검할 수 있다.

<그림 12-9> 계획건축물의 이미지합성 예

(3) 동적 화상 (animation)

컴퓨터 그래픽의 애니메이션 기법을 활용하여 건축물 디지털 모델 내·외부에 카메라를 설치한 후 카메라 위치의 변화에 따른 다양한 시각적 뷰를 형성하고 이를 일련적으로 재생함으로써, 마치 건축물 내·외부를 이동하며 형태와 공간을 감상할 수 있도록 하는 기법이다. 따라서 건축물이 실지 시공되기 전에 형태의 외관을 점검할 수 있으며 또한 내부공간의 변화를 사전 검토하며 설계오류를 미리 발견할 수 있어 고품질의 설계안을 창출할 수 있다. 그리고 건축도면에 익숙하지 않은 비건축인 고객들에게 설계안을 효율적으로 이해시킬 수 있다.

<그림 12-10> 가상 모델하우스의 예

(4) 가상현실 (virtual reality)

가상현실(virtual reality)은 실제로는 존재하지 않는 특정한 환경과 상황을 컴퓨터를 이용한 모의실험을 통하여, 인간의 오감에 일종의 착오를 가져오게 해서 마치 실제 세계에 있는 것처럼 느끼게 하는 인간-컴퓨터간의 인터페이스이다. 인체의 모든 감각기관이 인공적으로 창조된 세계에 몰입됨으로써 자신이 바로 그 곳에 있는 듯한 착각에 빠지게 되는 cyber space(가상공간)이라고 할 수 있다. 예를 들면 건축설계에서 도면상으로 계획된 건물에 들어가 문을 열거나 안을 들여다보거나 또는 수도꼭지를 틀어 볼 수 있는 일들을 가상속에서 체험해 볼 수 있다. 즉, 동화상처럼 일방적으로 보기만 하는 것이 아니라 자기 의지대로 행위를 가해 변화시키고 그 결과를 체험할 수 있는 것이다. 이것은 컴퓨터와 입체화상기술을 응용함으로써 실현되었다. 필요한 장치는 몸의 움직임을 검색하는 센서와 화상을 표시해 주는 특별한 안경, 즉 HMD(헤드마운트 디스플레이)으로 이뤄져 있다.

<그림 12-11> HMD

12-2-4. Computer-Assisted Engineering (CAE : 컴퓨터에 의한 공학적 해석/분석)

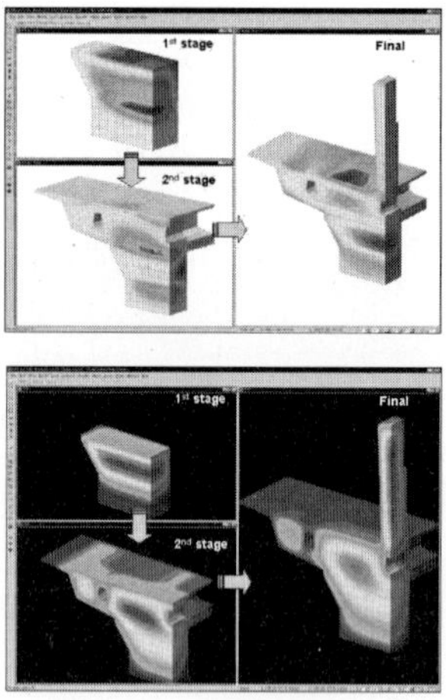

<그림 12-12> CAE 프로그램에 의한 구조해석 예

CAE(Computer-Assisted Engineering)는 컴퓨터를 이용한 공학해석/분석(engineering analysis) 등의 분야를 의미한다. 건축설계단계에서 컴퓨터를 응용하는 새로운 기술로서 컴퓨터를 이용한 모의실험(시뮬레이션)을 통하여 구조의 안정성, 설비, 음향, 조명 등 건축환경의 적정성, 토공, 배관, 배근 등 시공 상의 오류에 대한 사전파악 및 작업 용이성 점검 등의 공학적 해석과 시공비용의 추산, 공정 계획 등 건축 설계단계에서의 모든 기술적 과정을 통합하는 개념이다.

R&D(research and development) 단계에서 효용성이 높으며, 시공 전에 직접 디지털 시제품을 만들어 건물의 안전성, 효율성, 정확성을 입력시켜 건물의 상태를 파악하여 영상으로 처리하는 주요단계이며, 시공오류 및 비용을 대폭 감소시킬 수 있는 기술이다.

12-2-5. EDB (Engineering Database)

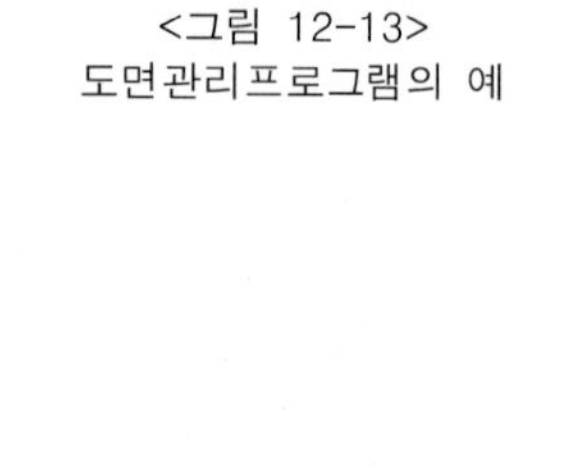

<그림 12-13> 도면관리프로그램의 예

최근 건축물의 대형화, 복합화로 인하여 프로젝트의 수행과정에서 방대한 정보와 자료들이 산출되게 되었다. 효율적인 프로젝트의 진행을 위하여 그러한 정보와 자료들이 유기적으로 연결되고, 프로젝트의 전 과정에 걸쳐 각 분야의 참여원들에게 공유되어 정보의 부가가치를 향상시킬 필요성이 높아졌다. 따라서 생성된 모든 자료들이 체계적으로 분류되고, 컴퓨터의 데이터베이스에 입력되어 관리의 효율성을 지향하고, 프로젝트의 모든 구성원들이 온라인상에서 정보공유의 개념으로 필요한 정보를 손쉽게 습득·가공할 수 있음으로서 자료의 중복생성을 방지하고 원활한 협업체제가 가능하여졌다. 데이터베이스의 대표적 사례로는 도면관리프로그램을 들 수 있으며, 시공에 필요한 모든 도면들이 디지털방식으로 저장되어 효율적으로 관리되고, 프로젝트 진행과정에서 흔히 발생하는 협업과 도면수정 등을 일괄적으로 처리할 수 있는 장점을 가지고

있다. 기타 프로그램으로는 표준상세도 라이브러리, 시방서, 공법, 기술논문, 건축물 품평회자료 등의 기술정보관리, 각종 공사자재목록관리 프로그램이 있다.

12-2-6. CIC (Computer-Integrated Construction : 시공자동화시스템)

건축 시공과정 전반에 걸쳐 컴퓨터 그래픽, 데이터베이스 기술을 활용하여 품질과 생산성이 뛰어난 요소기술의 개발을 의미하며 궁극적으로는 시공의 자동화를 목표로 한다. 특히 최근에는 컴퓨터 하드웨어가 방대한 양의 디지털 데이터를 실시간으로 보여줄 수 있을 정도로 발전하였고, CAD 데이터와 일정데이터를 연결할 수 있는 소프트웨어도 빠르게 발전하고 있다. 이러한 기술적 발전으로 특히 가상현실 모델은 시뮬레이션 결과를 보여주기 위한 도구로써 사용되고 있으며 이를 이용하여 현장 진행상황에 대한 검토와 계획을 지원하여 공사가 진행됨에 따라 현장관련 시설물과 시공이 수행되는 과정을 검토할 수 있게 되었다. 그 중 가장 대표적인 사례는 「건설공정 그래픽 시뮬레이션 시스템」으로, 시공관리 차원에서도 3차원 디지털 모델을 이용하여 실제 건물의 시공 상황을 원격관리한다면 현장에서 시공관계자의 작업을 훨씬 용이하도록 할 수 있을 것이다. 기타 프로그램으로는 공정관리 시스템(PERT/CPM 공정표 작성), 아파트 및 오피스 건설사업타당성 검토 시스템, 형틀구조계산시스템 등이 있다.

12-2-7. GIS/FM(Geographic Information System/Facility Management : 지리정보시스템/시설관리시스템)

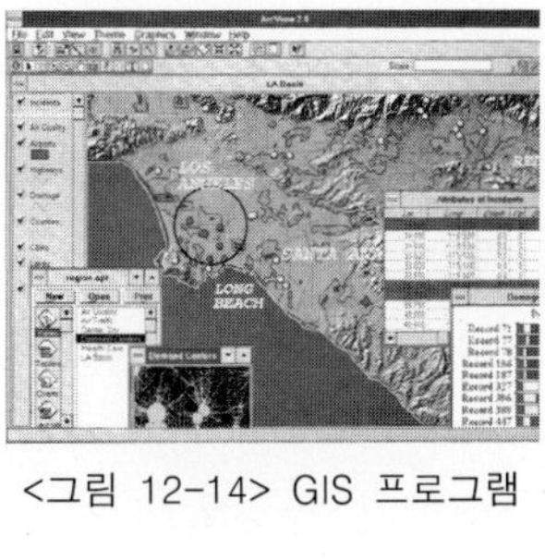

<그림 12-14> GIS 프로그램

(1) GIS(지리정보시스템)

GIS(지리정보시스템)은 지리적 정보를 모으고, 조작하고, 분석하는 컴퓨터 기반의 데이터 처리 도구이다. 즉 지리·공간 데이터를 분석·가공하여 도시시설, 교통, 통신 등의 분야에 활용할 수 있는 시스템이다. 따라서 시설물의 위치와 제원 등 관련정보를 효율적으로 관리할 수 있게 되어, 관련시설의 공사내역, 시설보수 등 각종 현황의 집계가 신속·정확해지고 관련정보의 과학적 분석으로 합리적인 기본계획 및 유지보수 계획의 수립이 가능하게 되어 방대한 시설물에 대한 원활한 관리를 기대할 수 있다.

예로는 지하시설물정보관리시스템, 지반정보관리시스템, 도시계획정보관리시스템, 도로관리시스템, 하천관리시스템 등으로 활용범위가 매우 다양하다.

(2) FM (시설관리시스템)

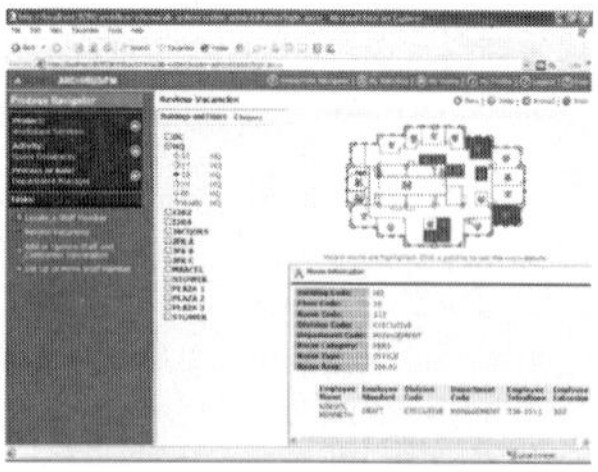

<그림 12-15> CAFM 프로그램

FM(시설관리시스템)은 지역이나 건물 내·외부의 모든 시설과 환경을 종합적으로 기획·관리·활용하는 것으로 정의할 수 있다. FM이 급속하게 발전·보급될 수 있었던 것은 필요성과 효과가 크다는 점이 원인이지만 동시에 이를 가능하게 하고 촉진하는 요인으로서 정보기술, 특히 컴퓨터와 그 응용기술 발전에 있다. 방대한 양의 시설설비 상태를 항상 정확히 파악하고 적절히 관리하는데 있어서 컴퓨터의 데이터베이스와 검색기술이 일반화됨에 따라 가능하게 되었다. FM을 특화하여 개발된 컴퓨터의 응용방식을 CAFM(Computer-Aided Facility Management)이라고 한다.

12-2-8. 건설 CALS (건설업무의 통합화)

CALS는 미국방성(Department of Defense)의 후방보급지원 개선업무의 일환으로 시작되었다. 방대한 분량의 문서처리와 고질화된 보급지원의 지연 등에 대한 해결방안으로 CALS (Computer-Aided Logistics Support : 컴퓨터 군수조달체계) 프로젝트를 착수하였으며, 컴퓨터의 정보처리량과 네트워크를 통한 자료전송능력을 활용하여 물자보급지원에 있어 문서에 의한 기존의 조달방식으로 파생되는 시간과 비용의 비효율성을 획기적으로 개선하고자 한 것이 CALS의 근본 취지인 것이다.

사회적 변화에 따라 CALS의 개념은 다소 변경되어 왔다. 현재 제조업분야에서는 Commerce at Light Speed

(광속상거래)의 의미로 정착되었으며, 건축분야에서는 Continuous Acquisition & Life-Cycle Support로서 '지속적 조달과 건물수명주기 기간의 지원'이 가장 적절한 의미일 것이다. 건축과정에는 건축주와 시행자, 설계자, 시공자, 하도급자, 감리자, 자재공급업자, 관공서, 금융 및 보증/보험업체 등 여러 프로젝트 관련자들이 있으며, 이들 간에 발생하는 방대한 정보의 원활한 전달과 지속적 공유가 프로젝트의 성공여부를 보장하고 있다.

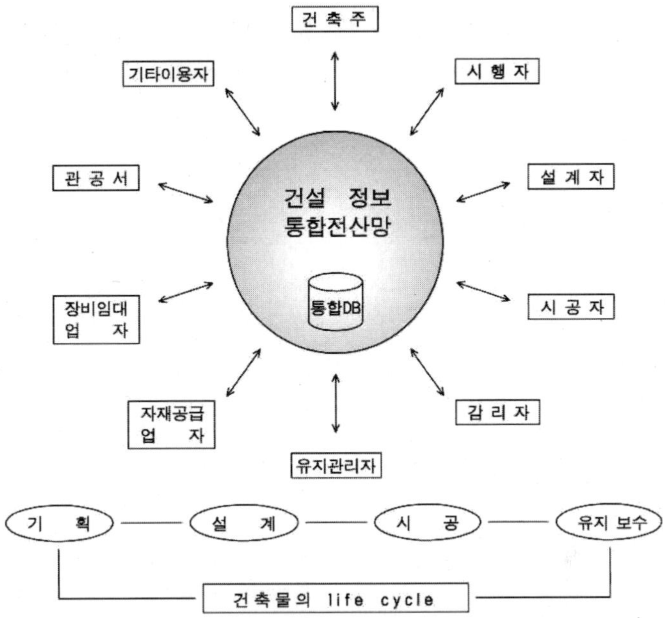

<그림 12-16> 건설 CALS의 구성 개념도

따라서 건설 CALS란 건축공사의 기획에서 설계, 시공, 유지관리에 이르는 라이프사이클 전반 단계에서 발생되는 각종 정보를 데이터베이스로 통합관리하고, 네트워크의 정보통신망을 통하여 공유, 교환, 연계함으로써 공기의 단축, 비용절감, 생산성의 향상 등을 도모하려는 새로운 전략이라고 할 수 있다.

12-3. 미래의 발전방향

1980년대 초반 저가형 퍼스널 컴퓨터(PC)의 보급으로 건축설계분야에 확산되어 도면작성(제도)방식의 혁명을 일으킨 컴퓨터는 지난 20년간 짧은 역사에도 불구하고 건축학자와 실무자들의 노력으로 건축의 각 과정으로 그 범위를 넓혀 역할을 수행하고 있다. 건축의 업무특성상 전산화가 불가능해 보이던 시공분야의 여러 작업들도 소프트웨어 요소기술의 발전으로 점차 컴퓨터의 활용도를 넓혀가고 있으며 현재 시공자동화의 목표를 추구하기 위해 한 걸음씩 나아가고 있다. 그리고 도면작성에 집중되었던 설계분야의 컴퓨터의 적용범위도 이제는 디자인의 본질적 문제에 접근하여 전혀 새로운 건축형태를 생성해내고 있으며 건축설계방법(design methodology)의 새 패러다임을 형성하고 있다.

하지만 진정한 디자인보조도구로서의 컴퓨터의 접목은 아직 요원하게 보이며 그 이유는 다음의 몇 가지 사항으로 판단할 수 있을 것이다. 첫째로는 건축설계회사의 환경이 3차원 설계기술개발에 매진할 만큼 여유롭지 못하며, 설계과정에서 컴퓨터가 기여할 수 있는 역할과 잠재능력에 대한 건축가들의 무관심과, 표준화에 대한 필수적 요구, 전통적 설계도구에 비해 여전히 불편한 컴퓨터 주변도구들의 비능률적인 조작을 들 수 있다. 그리고 아직 많은 건축가들은 설계행위는 온전히 건축가의 직관적이고 경험적인 사고행위이므로 수치적이고 제어적인 컴퓨터의 기능은 적합하지 않다는 시각 또한 농후하다.

90년대 초반 디자인분야에 삼차원 CAD시스템이 도입될 무렵 전문가들은 이 시스템의 발전방향에 대하여 다음 세 가지를 예견하였다.

첫째로는 냅킨 소프트웨어(napkin software)로 작품을 구상중인 건축가가 음식점에서 냅킨위에 무언가를 긁적거리듯이 건축가의 오래된 작업습성을 잘 반영한 편안한 스케치 기능을 갖춘 가벼운 3차원 모델링 프로그램의 개발을 예상하였다.

둘째로는 전문가시스템(expert system)으로 설계지식을 담은 인공지능 CAD시스템의 개발방향을 뜻한다. 십여년 전 미국의 한 대학에서 주어진 대지조건과 건축조건으로 프랭크 로이트 라이트가 주택을 설계했을 때를 가정하는 평면 레이아웃이 자동적으로 생성되는 초보적인 전문가 CAD시스템을 개발하였을 때의 진전에 비해 그간의 개발속도는 빠르지 않으며 완성단계는 아직 요원하게 느껴진다.

셋째로는 가상현실의 접목으로 사용자들이 직접 마우스를 조작, 원하는 공간으로 자유롭게 이동하며 펼쳐지는 공간의 변화를 쉽게 체크할 수 있는 기회를 제공한다. 최근에 들어와 이 세 가지 중 가상현실만이 상업적인 목적과 맞물려 가시적 성과를 보이고 있으나 그 외는 아직 큰 진척을 보이지 못하고 있다. 냅킨시스템은 편안하고 효율적인 3차원 인터페이스와 스케치 기능의 기술개발이 관건이며, 나머지는 데이터베이스 기술개발에 맞물려 있어 추후 개발속도의 가속이 주목된다.

건축행위는 기초적인 개념설정에서부터 마지막 해결단계까지에 이르기까지 일련적이고 반복적인 아이디어의 구체화과정이며, 그 과정을 개발하고 기록하고 표현하는 미디어의 도움은 필수적이다. 이러한 필요성과 사용자의 개발노력은 가까운 장래에 건축가의 습성과 사고를 대신해 주는 컴퓨터의 완성을 반드시 가져다 줄 것이다.

■ 읽을 거리 ■

- William Mitchell & Malcolm McCullough, *Digital Design Media - A Handbook for Architects & Design Professional*, Van Nostrand Reinhold, 1991
  디지털 디자인 미디어에 대한 근본 원리를 알기 쉽게 잘 설명한 책이다.
- Migayrou & Brayer, *ArchiLab - Radical Experiments in Global Architecture*, Thames & Hudson, 2001
  디지털 디자인의 적용사례들의 다양한 예시를 화보와 함께 소개한 책이다.

찾 아 보 기

집 필 진

장	집 필	e-mail
제 1, 7장	임 충 신	cslim@ulsan.ac.kr
제 2장	강 영 환	yhkang@ulsan.ac.kr
제 3장	유 호 천	hcyoo@ulsan.ac.kr
제 4, 5장	신 재 억	jaishin@ulsan.ac.kr
제 6장	한 삼 건	sghan@ulsan.ac.kr
제 8장	강 석 봉 · 김 이 두	sbkang@ulsan.ac.kr edookim@ulsan.ac.kr
제 9장	성 인 수	isseong@ulsan.ac.kr
제 10장	이 규 성 · 박 순 규	ksmount@ulsan.ac.kr pask@ulsan.ac.kr
제 11장	김 선 범	sbkim@ulsan.ac.kr
제 12장	이 광 희	khlee@ulsan.ac.kr

- 발간주관/표지디자인 : 김 선 범
- 편 집 : 최 호 현
- C G : 임 정 원